Photoshop+CorelDRAW

平面设计
案例实战

从入门到精通

视频自学全彩版

创锐设计 编著

机械工业出版社
China Machine Press

图书在版编目（CIP）数据

Photoshop + CorelDRAW 平面设计案例实战从入门到精通：视频自学全彩版 / 创锐设计编著 . — 北京：机械工业出版社，2021.8
ISBN 978-7-111-68936-2

Ⅰ．①P… Ⅱ．①创… Ⅲ．①平面设计－图像处理软件 Ⅳ．① TP391.413

中国版本图书馆 CIP 数据核字（2021）第 164343 号

本书以平面设计的典型应用为主线，通过多个精心设计的典型案例，全面讲解了如何结合使用 Photoshop 和 CorelDRAW 完成不同类型、不同风格的平面设计项目。

全书共 10 章。第 1 章讲解平面设计的基础知识，主要内容包括平面设计的概念和要素、平面设计的相关术语、Photoshop 和 CorelDRAW 的基本操作等。第 2 ~ 10 章为项目实战，涵盖 VI 设计、网络广告设计、海报设计、宣传单设计、书籍封面设计、画册设计、包装设计、移动 UI 设计、网页设计等平面设计的分支领域，每一章详解两个具有代表性的案例。通过学习本书，读者不仅能掌握相关的软件功能和应用技巧，而且能获得设计灵感，开拓设计思路，提升综合设计能力。

本书适合 Photoshop 和 CorelDRAW 的初级、中级用户，以及有志于从事平面设计相关工作的人员阅读，也可作为培训机构、大中专院校相关专业的教材。

Photoshop + CorelDRAW 平面设计案例实战从入门到精通（视频自学全彩版）

出版发行：机械工业出版社（北京市西城区百万庄大街 22 号 邮政编码：100037）
责任编辑：陈佳媛　　　　　　　　　　　　　　责任校对：庄　瑜
印　　刷：北京富博印刷有限公司　　　　　　版　　次：2021 年 9 月第 1 版第 1 次印刷
开　　本：185mm×260mm　1/16　　　　　　印　　张：17
书　　号：ISBN 978-7-111-68936-2　　　　　定　　价：99.00 元

客服电话：（010）88361066　88379833　68326294　　投稿热线：（010）88379604
华章网站：www.hzbook.com　　　　　　　　　　　读者信箱：hzit@hzbook.com

PREFACE　前　言

在当今社会，计算机技术已渗透到工作和生活的方方面面，平面设计也随之迈入了数码时代。平面设计软件在平面设计中的应用不仅大大提高了工作效率，而且为设计师提供了更广阔的创意空间和更高的创作自由度。熟练使用主流的平面设计软件，已经成为设计行业从业人员的基本素养。

平面设计软件种类繁多，其中备受设计师青睐的是 Adobe 公司出品的 Photoshop 和 Corel 公司出品的 CorelDRAW，它们分别擅长处理位图和矢量图，并且都有鲜明的功能特色。本书将通过丰富的实战案例讲解如何结合使用这两款软件，充分发挥它们各自的优势和特长，把创意转化为精美的平面设计作品。

◎内容结构

全书共 10 章。第 1 章讲解平面设计的基础知识，主要内容包括平面设计的概念和要素、平面设计的相关术语、Photoshop 和 CorelDRAW 的基本操作等。

第 2～10 章为项目实战，涵盖 VI 设计、网络广告设计、海报设计、宣传单设计、书籍封面设计、画册设计、包装设计、移动 UI 设计、网页设计等平面设计的分支领域。每一章选择两个具有代表性的案例，详细讲解设计步骤，帮助读者提高综合设计能力。

◎编写特色

案例典型，学以致用：本书通过精心设计，将知识点融入贴近实际商业应用的典型案例，让学习过程变得轻松、不枯燥。书中还穿插了许多从实践中总结出来的"技巧提示"，让读者在掌握软件操作的同时吸取专业经验，快速提高实战能力。

视频教学，轻松自学：本书配套的学习资源提供所有案例的相关文件和操作视频。读者按照书中讲解，结合文件和视频边看、边学、边练，学习效果立竿见影。

课后练习，巩固所学：第 2～10 章的末尾提供了课后练习题，每道题都有操作要点的提示。读者可以回顾前面所学的内容，根据提示完成练习，检验并巩固自己的学习效果。

◎读者对象

本书适合 Photoshop 和 CorelDRAW 的初级、中级用户，以及有志于从事平面设计相关工作的人员阅读，也可作为培训机构、大中专院校相关专业的教材。

需要说明的是，本书的案例仅供展示设计步骤之用，案例中出现的机构名称、产品名称、电话、地址、电子邮箱等信息均为虚构，如有雷同，纯属巧合。

由于编者水平有限，书中难免有不足之处，恳请广大读者批评指正。读者除了可扫描封底上的二维码关注公众号获取资讯以外，也可加入 QQ 群 111083348 与我们交流。

编　者
2021 年 7 月

如何获取学习资源

一 扫描关注微信公众号

在手机微信的"发现"页面中点击"扫一扫"功能,进入"扫二维码/条码/小程序码"界面,将手机摄像头对准封底上的二维码,扫描识别后进入"详细资料"页面,点击"关注公众号"按钮,关注我们的微信公众号。

二 获取资源下载地址和提取码

点击公众号主页面左下角的小键盘图标,进入输入状态,在输入框中输入"pscdr",点击"发送"按钮,即可获取本书学习资源的下载地址和提取码,如右图所示。

三 打开资源下载页面

在计算机的网页浏览器地址栏中输入前面获取的下载地址(输入时注意区分大小写),如右图所示,按【Enter】键即可打开资源下载页面。

四 输入提取码并下载文件

在资源下载页面的"请输入提取码"文本框中输入前面获取的提取码(输入时注意区分大小写),再单击"提取文件"按钮。在新页面中单击打开资源文件夹,在要下载的文件名后单击"下载"按钮,即可将其下载到计算机中。如果页面中提示选择"高速下载"或"普通下载",请选择"普通下载"。下载的文件如果为压缩包,可使用 7-Zip、WinRAR 等软件解压。

> **提示**
>
> 读者在下载和使用学习资源的过程中如果遇到解决不了的问题,请加入 QQ 群 111083348,下载群文件中的详细说明,或者向群管理员寻求帮助。

CONTENTS

第2章 VI设计

第3章 网络广告设计

第4章 海报设计

第 5 章　宣传单设计

第 6 章　书籍封面设计

第 7 章　画册设计

第 8 章　包装设计

第 9 章　移动 UI 设计

第 10 章　网页设计

第1章
平面设计基础

在日常生活中,我们每天都会接触到各式各样的平面设计作品,大到街头的巨幅海报,小到一张宣传单,甚至手机 App 的界面,都属于平面设计的范畴。本章先讲解平面设计的概念、构成要素、专业术语等平面设计的基础知识,然后讲解 Photoshop 和 CorelDRAW 这两款平面设计软件的基本操作。

1.1 认识平面设计

平面设计(graphic design)是一门包含设计学、信息学、心理学、经济学等多个领域知识的创造性视觉艺术学科。它基于二维空间进行表现,并通过图案、文字和颜色等元素的编排和设计实现视觉沟通和信息传达。

当我们翻开一本杂志时,目光总会被一些精心设计的广告所吸引。这就是平面设计的魅力,它能把一种概念或思想通过精美的构图、版式和颜色传达给用户。平面设计的表现形式多种多样,比较常见的有 VI 设计、广告设计、海报设计、书籍装帧设计、包装设计等。如下所示的两幅图分别为广告设计和包装设计的作品。

1.2 平面设计的三大要素

平面设计的基本要素主要包括图案、文字和颜色。这三大要素以不同的形式相互组合,构成了一幅幅千变万化的平面设计作品。

1.2.1 图案

当我们看到一幅平面设计作品时,首先注意到的就是图案,其次是标题,最后才是正文。标题和正文作为符号化的文字,其传播效果会受到地域、语言背景等因素的限制,而图案则不受这些因素的限制，它是一种通行于世界的设计语言，具有广泛的传播性。

图案具有形象化、具体化、直接化的特征，它能够形象地表现设计主题。因此，设计者在确定了设计主题后，就需要根据主题选取和运用合适的图案。图案可以是黑白或彩色的绘画、摄影作品等，其表现手法可以有写实、象征、卡通等。如下所示的两幅作品就分别应用了不同的图案来进行富有创意的设计。

1.2.2 文字

文字是最基本的信息传递符号，是平面设计的第二个核心要素。在平面设计中，相对于图案而言，文字是最直接的内容表现方式，因此，文字的设计安排相当重要。在平面设计作品中，文字的字体造型和编排方式都会直接影响作品的效果和表现力。文字在版面中主要以标题、正文、广告语等形式出现。如下所示的两幅作品就是文字在平面设计中的应用效果。

1.2.3 颜色

相对于图案和文字而言，颜色对于"美"的传递与展现更为直观，具有更加突出的感染力和视觉冲击力。不同颜色的搭配、排列、融合，能带给人不同的视觉体验和情感体验。颜色在平面设计中不是独立存在的，必须结合具体的形象，运用不同的颜色表现作品中图案和文字等其他元素的质感和特点。在运用颜色时，不仅要考虑设计主题、企业形象、推广地域等因素，而且要考虑颜色的象征意义。例如，红色是一种强有力的颜色，富有生命力和视觉冲击力，能使人感到紧张、兴奋；橙色给人温暖的感觉，能使人自然而然地联想到时尚、温馨。如下页图所示的 3 幅作品就分别使用了不同的颜色来表现口香糖的多种口味。

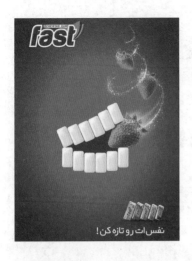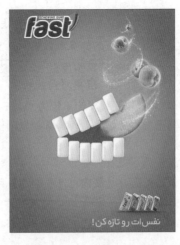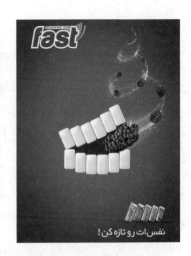

1.3 平面设计的专业术语

在学习平面设计前，首先要了解一些图形图像方面的专业术语，如像素与分辨率、位图与矢量图、颜色模式等。

1.3.1 像素和分辨率

像素（pixel）是组成位图图像的最基本单元。将位图图像放大到足够大时，就可以看到组成图像的一个个像素。像素作为单位使用时，其符号为 px。

分辨率是描述图像精密程度的术语。根据使用领域的不同，分辨率又分为图像分辨率、屏幕分辨率和输出分辨率，下面分别介绍。

1. 图像分辨率

在 Photoshop 中，图像分辨率是指单位长度内的像素数量，单位为"像素/英寸"或"像素/厘米"，其中常用的是"像素/英寸"，即 ppi（pixels per inch）。在尺寸相同时，高分辨率的图像包含的像素比低分辨率的图像包含的像素多。例如，一幅尺寸为 1 in×1 in（1 in = 2.54 cm）的图像，如果分辨率为 72 ppi，那么这幅图像就包含 5184 个像素（72×72 = 5184）；如果分辨率为 300 ppi，那么这幅图像就包含 90000 个像素（300×300 = 90000）。相同尺寸的图像，分辨率越高，画面内容就越精细。下左图和下右图分别为分辨率 72 ppi 和 300 ppi 时的显示效果。

2．屏幕分辨率

屏幕分辨率是指显示器对角线上每英寸长度内的像素数量，单位为 ppi，计算公式如下：

$$屏幕分辨率 = \frac{\sqrt{屏幕宽度^2 + 屏幕高度^2}}{屏幕对角线长度}$$

其中屏幕宽度和高度的单位为 px，对角线长度的单位为 in。在 Photoshop 中，图像像素被直接转换成显示器像素，当图像分辨率高于屏幕分辨率时，屏幕中显示出的图像会比实际尺寸大。

3．输出分辨率

输出分辨率是打印机等输出设备在每英寸长度内可产生的油墨点数，单位为"点 / 英寸"，即 dpi（dots per inch）。打印机的分辨率一般为 300 ～ 600 dpi，最高可达 18000 dpi。打印时可以根据需求选择不同的分辨率等级。

1.3.2 │ 位图和矢量图

计算机中的图像可以分为位图和矢量图两大类。这两种图像具有不同的优缺点，在平面设计过程中可以将它们结合使用，以实现最理想的设计效果。

1．位图

位图又称为点阵图，它是由许多像素组成的，每个像素都有特定的位置和颜色值。不同颜色值的像素排列在一起，就组成了一幅幅色彩丰富的图像。位图图像的显示效果与像素是紧密联系在一起的，图像包含的像素越多，图像的分辨率越高，图像的显示效果就越精细，但是图像文件所占用的存储空间也会越大。下左图为一张数码照片（位图），下右图为将其放大显示的效果，可以清晰地看到一个个小方块形状的像素及像素的颜色。

位图的优点是只要有足够多不同颜色值的像素点，就可以呈现色彩层次丰富而逼真的图像；缺点是画质与分辨率有关，如果在屏幕上以较大的倍数放大显示图像，或以低于创建时的分辨率打印图像，图像就会出现锯齿状的边缘，并且会丢失细节。目前最流行的位图编辑软件是 Adobe 公司出品的 Photoshop，本书就将使用它来编辑位图图像。

2．矢量图

矢量图也称为向量图，它基于图形的几何特征来描述图像内容。矢量图中的各种图形元素被称为对象，每个对象都是独立的个体，都具有大小、颜色、形状、轮廓、屏幕位置等特征。矢量图的优点是画质与分辨率无关，占用的存储空间较小。将矢量图缩放到任意大小都不会出现锯齿状的边缘，在任何分辨率下显示或打印矢量图都不会丢失细节。下左图为一幅矢量图作品，下右图为将其放大显示的效果，可以看到清晰度不变。

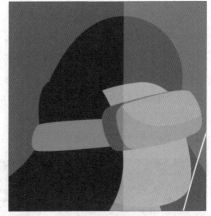

矢量图的缺点是不擅长表现色调丰富的图像，从而无法像位图那样精确地描绘各种绚丽的景象。常用的矢量绘图软件有 Adobe 公司出品的 Illustrator 和 Corel 公司出品的 CorelDRAW，本书将使用 CorelDRAW 来绘制矢量图形。

1.3.3 图像的颜色模式

颜色模式是作品能否成功呈现在屏幕和印刷介质上的重要决定因素。常用的颜色模式有 RGB 模式、CMYK 模式、灰度模式、Lab 模式等。

1．RGB 模式

RGB 模式是一种加色颜色模式，它通过红、绿、蓝 3 种颜色的叠加形成更多的颜色。一幅 24 位颜色范围的 RGB 图像有红色（R）、绿色（G）和蓝色（B）3 个颜色信息通道。在 Photoshop 中，当图像为 RGB 模式时，"通道"面板的内容如下左图所示，而"颜色"面板在 RGB 模式下的调色界面如下中图所示。在 CorelDRAW 中绘制图形后，可以应用"Color"泊坞窗指定图形的轮廓颜色或填充颜色的 RGB 值，如下右图所示。

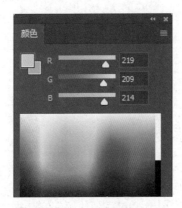

在 RGB 图像中，每一个像素颜色的 R、G、B 分量分别有一个 0～255 范围内的强度值，因此，这 3 种颜色中的每一种都有 256 种强度。不同强度的 3 种颜色相互叠加，可得到 256×256×256 种

颜色，这 1670 多万种颜色足以表现出绚丽多彩的世界。RGB 模式是数码照片、网络视频等电子媒体的常用颜色模式。

2．CMYK 模式

CMYK 模式是一种减色颜色模式。CMYK 代表印刷上使用的 4 种油墨色：青色（C）、洋红（M）、黄色（Y）、黑色（K）。在实际应用中，用青色（C）、洋红（M）、黄色（Y）很难调配出真正的黑色，因此还需要用黑色（K）来强化暗部的颜色，得到更为纯正的黑色。由于油墨存在纯度问题，CMYK 模式无法表现 RGB 模式下的所有颜色。

在 Photoshop 中，当图像为 CMYK 模式时，"通道"面板的内容如下左图所示。而在"颜色"面板中要切换至 CMYK 模式，❶可单击面板右上角的扩展按钮，❷在弹出的列表中单击"CMYK 滑块"选项，如下中图所示。随后面板中就会显示 CMYK 滑块，如下右图所示。

在 CorelDRAW 的 "Color" 泊坞窗中，如果要从 RGB 模式切换到 CMYK 模式，可在"色彩模型"下拉列表框中选择"CMYK"选项，如下左图所示。然后就可以在 CMYK 模式下指定具体的颜色值，如下右图所示。

 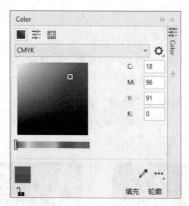

在 Photoshop 中处理图像时，一般不使用 CMYK 模式，因为这种模式的文件体积较大，会占用较多的系统资源，给图像编辑带来诸多不便。通常是在 RGB 模式下处理图像，最后需要印刷时才将图像转换为 CMYK 模式。

3．灰度模式

灰度模式是一种黑白的颜色模式，从白色到黑色共 256 种等级的明度变化。灰度模式的图像不包含颜色信息，当把一幅彩色图像转换为灰度模式图像时，所有的颜色信息都将丢失。虽然可以再次将灰度模式图像转换为彩色模式图像，但是丢失的颜色信息是无法还原的，因此，在将图像转换为灰度模式前，需要做好图像的备份。

因为灰度模式的图像只有明度值，没有颜色信息，所以在 Photoshop 中将图像转换为灰度模式时，

"通道"面板中只显示一个灰色通道，如下左图所示。而灰度模式下的"颜色"面板只有一个 K 滑块，用于设置黑色油墨的用量，0% 代表白，100% 代表黑，如下右图所示。

 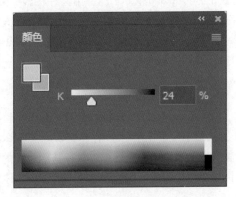

4．Lab 模式

Lab 模式由 3 个通道组成：一个是明度通道，用 L 表示；另外两个是颜色通道，分别用 a 和 b 表示，其中 a 通道包括的颜色从深绿色到灰色再到亮粉色，b 通道包括的颜色从亮蓝色到灰色再到焦黄色。

Lab 模式在理论上包含人眼可见的所有颜色，从而弥补了 RGB 模式和 CMYK 模式的不足。在 Lab 模式下，图像的处理速度比在 CMYK 模式下快很多，接近 RGB 模式下的速度。将 RGB 模式的图像转换为 Lab 模式后，如果再将其转换为 CMYK 模式，图像中的所有颜色信息都不会失真或丢失。

在 Photoshop 中，将图像转换为 Lab 模式后，"通道"面板的内容如右图所示。

1.3.4　常用的图像文件格式

完成平面设计作品的制作后，需要选择一种合适的文件格式来存储作品。本书采用的平面设计软件 Photoshop 和 CorelDRAW 支持多种图像文件格式，既有这两款软件专用的格式，也有兼容性较好、可用于在不同程序之间交换信息的格式。下面就来介绍几种比较常用的图像文件格式。

1．PSD 格式

PSD 格式是 Photoshop 的专用文件格式，文件扩展名为 ".psd"。PSD 格式可以存储所有的图层、通道、颜色模式、参考线和注解等原始图像数据，修改起来比较方便。因此，在最终定稿之前，最好将使用 Photoshop 编辑的图像存储为此格式。因为 PSD 格式文件包含的图像数据较多，所以其体积要比其他格式的文件大得多。

2．CDR 格式

CDR 格式是 CorelDRAW 的专用文件格式，文件扩展名为 ".cdr"。CorelDRAW 是矢量绘图软件，所以 CDR 格式可以记录图形对象的属性、位置和分页等。但此格式的兼容性比较差，所有 Corel 公司出品的应用程序均支持此格式，但其他公司出品的图像编辑软件往往打不开此格式的文件。

3. AI 格式

AI 格式是 Adobe Illustrator 的专用文件格式，文件扩展名为 ".ai"。Illustrator 是矢量绘图软件，所以 AI 格式是一种矢量格式，可在任何尺寸下按最高分辨率输出。此格式还支持图层，用户可以将图形对象放置在不同的图层中。AI 格式文件体积小，打开速度快，并且兼容性好，可以在 Corel-DRAW 中打开。

4. EPS 格式

EPS（Encapsulated PostScript）是一种跨平台的标准格式，主要用于存储矢量图和位图。EPS 格式文件的扩展名在 PC 平台上是 ".eps"，在 Macintosh 平台上是 ".epsf"。EPS 格式采用 PostScript 语言描述图像信息，并且可以保存其他类型的信息，如多色调曲线、Alpha 通道、分色、剪辑路径、挂网信息等，因此，EPS 格式常用于印刷或打印输出。

5. JPEG 格式

JPEG（Joint Photographic Experts Group）格式一般简称为 JPG 格式，是一种跨平台的位图图像格式，文件扩展名为 ".jpg" 或 ".jpeg"。此格式利用较先进的有损压缩算法去除冗余的图像和颜色数据，可以在占用较少的存储空间的同时保持较好的图像质量。该格式提供多个压缩比率，通常在 10:1～40:1 之间。压缩比率越高，得到的图像质量越差，占用的存储空间也越小。用户利用这些压缩比率可以灵活地在图像质量和文件大小之间取得平衡。

6. PNG 格式

PNG（Portable Network Graphics）是一种跨平台的位图图像格式，文件扩展名为 ".png"。PNG 格式支持高级别无损压缩，用于存储灰度图像时，图像深度最高可达 16 位，用于存储彩色图像时，图像深度最高可达 48 位。此外，PNG 格式还支持 Alpha 通道透明度和交错处理，因而被广泛应用于网页制作，在游戏和手机 App 开发等领域也得到大量应用。

7. TIFF 格式

TIFF（Tagged Image File Format）格式的文件扩展名为 ".tif" 或 ".tiff"。此格式支持 256 色、24 位真彩色、32 位色、48 位色等多种颜色位数，同时支持 RGB、CMYK 等多种颜色模式。另外，TIFF 格式支持以 LZW、ZIP、JPEG 等多种压缩方式进行存储，以缩小文件体积。几乎所有的绘画、图像编辑和页面排版软件都支持 TIFF 格式。

1.4 页面尺寸和图像大小的设置

不同的平面设计作品有不同的尺寸规范，例如，大号信封为 320 mm×228 mm，普通宣传册为 210 mm×285 mm，名片为 90 mm×54 mm，等等。因此，在平面设计软件中需要根据设计需求设置文档的页面尺寸。此外，对于一些素材图像，还需要根据设计需求调整其大小。本节就来讲解相关的操作。

1.4.1 在 Photoshop 中设置页面尺寸

在 Photoshop 中，可以在新建文档时设置页面尺寸。Photoshop 内置了大量的文档预设，根据常见印刷品或常用设备的规格预先设置好了尺寸、单位、方向、颜色模式和分辨率等，用户可以直接选用，让设计过程变得更加轻松。

　　假设现在要设计一幅海报。启动 Photoshop，❶执行"文件 > 新建"菜单命令，如下左图所示；打开"新建文档"对话框，❷单击"图稿和插图"标签，展开对应的选项卡，❸单击下方的"海报"预设，如下中图所示；选择预设后，单击对话框右下角的"创建"按钮，即可创建一个相应预设尺寸的空白文档，如下右图所示。

　　如果 Photoshop 内置的预设不能满足自己的设计需求，也可以自定义页面尺寸。在"新建文档"对话框右侧显示了"预设详细信息""宽度""高度""方向""分辨率"等多个选项，用户可以根据需求修改这些选项。例如，设置"预设详细信息"为"B6 号信封"，"宽度"和"高度"分别为17.6 cm 和 12.5 cm，如下左图所示；然后单击"创建"按钮，即可创建如下右图所示的空白文档。

　　需要注意的是"分辨率"选项的设置：如果作品最终是用于计算机浏览或上传到网络，可将分辨率设置为 72 ppi；如果作品最终是用于打印输出，最好将分辨率设置为输出设备的半调网屏频率的1.5～2 倍，一般设置为 300 ppi。

技巧提示　保存自定义预设

　　修改完文档选项后，可将其保存下来，方便以后使用。单击"预设详细信息"右侧的 按钮，在弹出的文本框中输入名称，再单击"保存预设"按钮，这组预设就会显示在"已保存"选项卡下。

1.4.2 │ 在 CorelDRAW 中设置页面尺寸

　　在 CorelDRAW 中，既可以在新建文档时指定页面尺寸，也可以在编辑现有文档时利用属性栏或"页面大小"命令调整页面尺寸。

1. 在"创建新文档"对话框中设置页面尺寸

在 CorelDRAW 中创建新文档时，可在"创建新文档"对话框中指定新文档的页面尺寸。

启动 CorelDRAW，❶执行"文件 > 新建"菜单命令，如下左图所示，即可打开"创建新文档"对话框；❷根据需要输入页面的宽度、高度等，如下中图所示；单击"OK"按钮，即可创建相应尺寸的空白文档，如下右图所示。

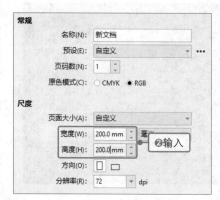

与 Photoshop 类似，CorelDRAW 也在"创建新文档"对话框的"页面大小"下拉列表框中内置了多种预设的页面尺寸。❶单击"页面大小"下拉列表框的下拉按钮，❷在展开的列表中选择一种预设，❸单击"OK"按钮，如下左图所示；即可根据所选预设创建一个空白文档，如下右图所示。

2. 利用属性栏调整页面尺寸

对于已经创建好的文档，可以利用属性栏中的"页面度量"选项更改页面的宽度和高度，其操作比较简单，这里不做详述。如果只是想简单地交换宽度值和高度值，可以使用"页面度量"选项右侧的"纵向"或"横向"按钮。

假设要将页面由横版更改为竖版，❶只需单击属性栏中的"纵向"按钮，❷在属性栏中可以看到宽度值和高度值互换，如下图所示。在图像窗口中可以看到更改页面方向的效果，如右图所示。

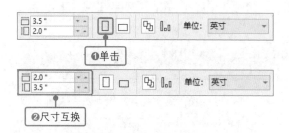

3．使用"页面大小"菜单命令调整页面尺寸

在 CorelDRAW 中，还可以使用"页面大小"菜单命令调整页面尺寸。执行"布局 > 页面大小"菜单命令，如下左图所示；在弹出的对话框右侧的"大小和方向"选项组下可看到当前文档的页面尺寸，如下右图所示。重新设置页面的宽度、高度及度量单位，即可调整页面尺寸。

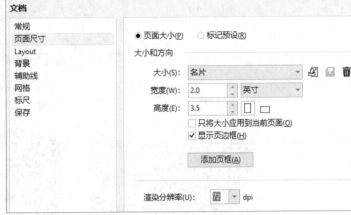

假设要将页面更改为正方形，尺寸单位为 mm。❶先将度量单位更改为"毫米"，❷然后在"宽度"和"高度"文本框中输入相同的数值，如下左图所示。设置后单击"OK"按钮，在图像窗口中可以看到调整后的效果，如下右图所示。

1.4.3 ｜ 在 Photoshop 中调整图像大小

为了更好地编辑图像，经常会需要调整图像的大小。在 Photoshop 中，可以使用"图像大小"命令来调整图像的大小。

启动 Photoshop，打开一张素材图像，如右图所示。在图像窗口底部的状态栏中可以看到图像的宽度为 6016 像素，高度为 4016 像素，但是这么大的尺寸并不适配当前的设计作品，因此需要将图像缩小。

执行"图像 > 图像大小"菜单命令，打开"图像大小"对话框。对话框的左侧为预览框，用于预览调整前和调整后的图像效果，而右侧则显示了图像的大小、宽度、高度等，如右图所示。

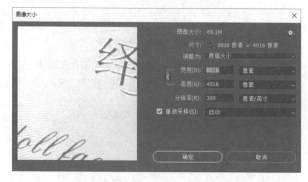

若要更改图像大小，❶在"宽度"或"高度"的文本框中输入所需数值，❷然后单击"确定"按钮，如下左图所示；Photoshop 就会根据输入的数值调整图像大小，效果如下右图所示。

默认情况下，Photoshop 会自动锁定图像的长宽比，以避免在调整图像大小时出现图像变形失真的情况。此时在"宽度"或"高度"的其中一个文本框中输入数值，另一个文本框中的数值会自动变化，以维持图像的长宽比不变。如果确实需要分别指定宽度和高度，可以单击 🔓 图标来取消长宽比的锁定状态，随后就可以在"宽度"和"高度"文本框中分别输入数值了。

1.5 文件内容的交换

Photoshop 是位图处理软件，CorelDRAW 是矢量绘图软件，两款软件侧重点不同，支持的文件格式也有差异。在进行平面设计时常常需要同时使用这两款软件，就会遇到文件格式转换的问题。本节将介绍如何在 Photoshop 和 CorelDRAW 中交换文件内容。

1.5.1 在 CorelDRAW 中导出分层文件

CorelDRAW 支持图层，用户可以将绘制的图形分别放置在不同的图层中，以不同的层次叠放，得到所需的画面效果。如果需要将在 CorelDRAW 中绘制的作品用 Photoshop 做进一步处理，可以在导出为 PSD 格式文件时选择保留这些图层，以方便在 Photoshop 中进行编辑操作。

在 CorelDRAW 中创建一个新文档，执行"窗口 > 泊坞窗 > 对象"菜单命令，在打开的"对象"泊坞窗中可看到文档中的所有图层。默认状态下只有"图层 1"一个图层，如下页左图所示；可以根据需要单击"新建图层"按钮，创建更多的图层，如下页中图所示；然后在这些图层中分别绘制图形，如下页右图所示。

现在要将绘制的图形转换为 PSD 格式文件，以便用 Photoshop 做进一步的编辑。执行"文件 > 导出"菜单命令，或单击标准工具栏中的"导出"按钮，打开"导出"对话框。❶在"保存类型"下拉列表框中选择"PSD - Adobe Photoshop"选项，❷单击"导出"按钮，如下左图所示。随后会弹出"转换为位图"对话框，❸在对话框中勾选"分辨率"选项下的"保持纵横比"复选框，❹选择"颜色模式"为"RGB 颜色（24 位）"，❺在"选项"选项组中勾选"保持图层"复选框以保留图层，如下右图所示。最后单击"OK"按钮，完成导出。

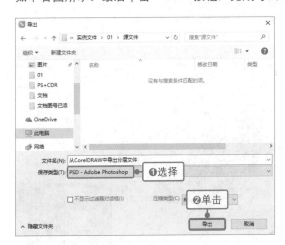 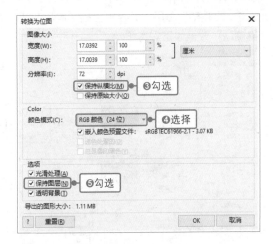

1.5.2 在 Photoshop 中打开或置入 CorelDRAW 文件

要在 Photoshop 中使用以 CorelDRAW 绘制的作品，需要先在 CorelDRAW 中将作品导出为 Photoshop 支持的文件格式，再在 Photoshop 中打开或置入导出的文件。这两种方式的区别为：打开方式会在一个独立的文档窗口中打开图像；置入方式则是在当前编辑的文档中添加图像，成为一个新的图层。

1. 打开图像

假设要在 Photoshop 中打开 1.5.1 节中导出的 PSD 格式文件。❶执行"文件 > 打开"菜单命令，如下页左图所示；打开"打开"对话框，❷在对话框中单击要打开的文件，❸单击"打开"按钮，如下页中图所示；打开的文件位于一个独立的文档窗口中，同时可以在"图层"面板中看到 CorelDRAW 创建的所有图层都被保留下来，如下页右图所示。

2．置入图像

在 Photoshop 中，置入又分为嵌入式置入和链接式置入两种方式，对应的命令分别为"置入嵌入对象"和"置入链接的智能对象"。下面以"置入嵌入对象"为例讲解具体操作。

假设在 Photoshop 中打开了一张商品照片，并完成了商品图像的抠图操作，现在需要以置入的方式为文档添加背景。执行"文件 > 置入嵌入对象"菜单命令，打开"置入嵌入的对象"对话框。❶单击要置入的背景图像文件，❷再单击"置入"按钮，如下左图所示；即可在当前文档中置入所选文件，同时在"图层"面板中生成对应的智能对象图层，适当调整置入图像的大小和位置，按【Enter】键确认，效果如下右图所示。

嵌入式置入和链接式置入的区别为：嵌入式置入的图像封装在当前文档中，与源文件已无关联，如果源文件中的图像被修改，置入的图像保持不变；链接式置入是在源文件和当前文档之间建立链接，源文件的数据并不存放在当前文档中，如果源文件中的图像被修改，则置入的图像也会同步更新。

1.5.3 将 Photoshop 文件导入 CorelDRAW 中

CorelDRAW 可以导入其他应用程序创建的文件，如用 Photoshop 制作的 PSD 格式文件。需要注意的是，导入 PSD 格式文件时会保留图层，但是，如果图层中应用了投影、浮雕等样式，那么在导入时这些样式会丢失。为避免这样的情况，可以在运用了样式的图层上添加一个透明图层，然后将其合并，再在 CorelDRAW 中导入。

1．直接导入文件

在 CorelDRAW 中直接导入的文件会成为当前文档的一部分。执行"文件 > 导入"菜单命令或单击标准工具栏中的"导入"按钮，打开"导入"对话框。❶单击要导入的文件，❷再单击"导入"按钮，如下左图所示；然后在绘图页面中单击，以原始大小导入文件，如下右图所示。

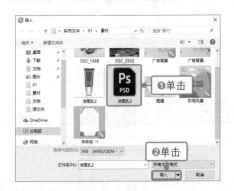

如果要在导入文件时调整图像大小，可以在页面中拖动鼠标，如下左图所示；拖动到合适的大小时释放鼠标，完成导入，效果如下右图所示。

2. 将文件作为外部链接导入

CorelDRAW 也支持将文件作为外部链接导入，对源文件所做的修改会自动反映在导入的文件中。

执行"文件 > 导入"菜单命令或单击标准工具栏中的"导入"按钮，打开"导入"对话框。❶单击要导入的文件，❷单击"导入"按钮右侧的下拉按钮，❸在展开的列表中单击"导入为外部链接的图像"选项，如下左图所示，即可将所选文件作为外部链接导入。执行"窗口 > 泊坞窗 > 来源"菜单命令，打开"来源"泊坞窗，在泊坞窗中会显示作为链接导入的文件，如下右图所示，单击相应按钮可打开或更改链接。

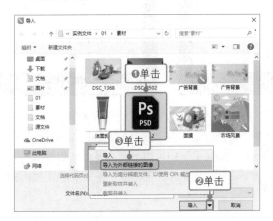

1.6 出血设置

为防止裁刀裁切到成品裁切线里面的图文或者页面边缘的白边，印刷装订工艺要求接触到页面边缘的线条、图片或色块须跨出成品裁切线 3 mm，称为出血。Photoshop 主要利用辅助线设置出血，而 CorelDRAW 可以应用"出血"选项快速设置出血。

1.6.1 在 Photoshop 中利用参考线设置出血

Photoshop 提供了完整的参考线功能，用户可以利用参考线为作品设置出血。下面以设计名片为例介绍具体操作。

名片的成品尺寸一般为 90 mm×54 mm。如果名片有底色或花纹，就需要将底色或花纹跨出页面边缘的成品裁切线 3 mm。因此，在 Photoshop 中创建新文档时，将页面尺寸设置为 96 mm×60 mm，如下左图所示。创建新文档后，按快捷键【Ctrl+R】，显示标尺，如下右图所示。

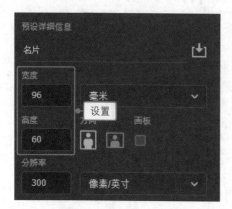 

执行"视图 > 新建参考线"菜单命令，打开"新建参考线"对话框。❶在"位置"文本框中输入数值，用于指定添加参考线的位置，❷单击"确定"按钮，如下左图所示；在图像窗口中可以看到在 3 mm 的位置创建了一条水平参考线，如下中图所示。继续用相同的方法在 57 mm 的位置创建一条水平参考线，如下右图所示。

添加水平参考线后，接着添加垂直参考线。执行"视图 > 新建参考线"菜单命令，打开"新建参考线"对话框。❶单击"垂直"单选按钮，将参考线方向更改为垂直方向，❷在"位置"文本框中输入数值，❸单击"确定"按钮，如下页左图所示；在图像窗口中可以看到在 3 mm 的位置创建了一条垂直参考线，如下页中图所示。继续用相同的方法在 93 mm 的位置创建一条垂直参考线，如下页右图所示。

1.6.2 在 CorelDRAW 中精准设置出血

在 CorelDRAW 中，设置出血的操作要简单得多，利用"选项"对话框中的"出血"选项就能轻松完成出血设置。下面同样以设计名片为例介绍具体操作。

执行"文件 > 新建"菜单命令，打开"创建新文档"对话框，❶在"页面大小"下拉列表框中选择"名片"选项，❷单击"OK"按钮，如下左图所示；即可根据预设大小创建新文档，如下右图所示。

执行"布局 > 文档选项"菜单命令，打开"选项"对话框，在右侧的"出血"选项组中就可以为当前文档设置出血。❶设置单位为"毫米"，❷在"出血"选项右侧的文本框中输入数值 3，❸然后勾选"显示出血区域"复选框，如下左图所示；单击"OK"按钮，窗口中会显示虚线框，在虚线框和实线框之间的空白区域即为 3 mm 的出血，如下右图所示。

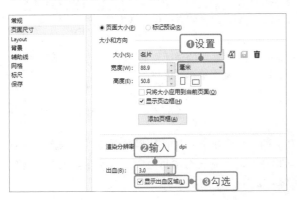 

第2章
VI 设计

　　VI（Visual Identity）设计是视觉传达设计的重要组成部分，其主要功能是通过视觉符号向大众传达企业信息。简单来说，VI 设计是将企业标志、标准字体、标准色充分应用于整个企业的视觉形象设计，通过统一的视觉形象将企业的整体信息传达给大众。

　　本章包含两个案例：冰激凌品牌 VI 设计，用融化的冰激凌图案来塑造企业的品牌形象；教育机构 VI 设计，用橄榄枝图案来突出企业的文化内涵。

2.1　VI 的组成要素

　　VI 系统分为基本要素系统和应用要素系统两部分。基本要素系统以标志标准化为工作内容，应用要素系统以进一步提高企业和品牌知名度为工作内容。

1. 基本要素系统

　　基本要素系统严格规定了标志图形、中英文字体、标准色、企业象征图案及其组合形式，从根本上规范了企业视觉形象的基本要素。基本要素系统是企业视觉形象的核心部分，包括企业名称、企业标志、标准字体等，如下图所示。

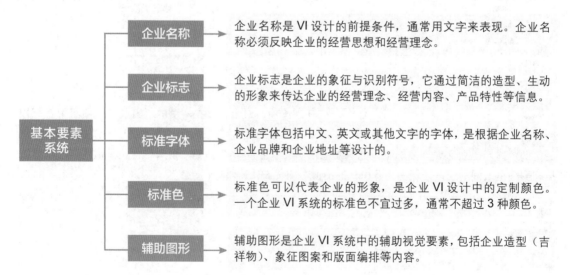

2. 应用要素系统

　　应用要素系统是对基本要素系统在各种媒介上的应用做出的具体而明确的规定。当确定了企业 VI 的基本要素后，就可以对这些要素进行精细化操作，应用到各个项目之中。应用要素系统主要包括办公事务用品、外部建筑环境、内部建筑环境等，如下页图所示。

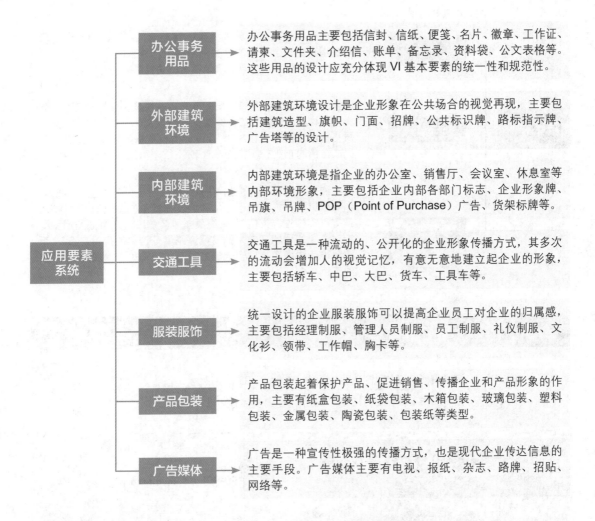

| | 办公事务用品 | 办公事务用品主要包括信封、信纸、便笺、名片、徽章、工作证、请柬、文件夹、介绍信、账单、备忘录、资料袋、公文表格等。这些用品的设计应充分体现 VI 基本要素的统一性和规范性。 |

外部建筑环境 外部建筑环境设计是企业形象在公共场合的视觉再现，主要包括建筑造型、旗帜、门面、招牌、公共标识牌、路标指示牌、广告塔等的设计。

内部建筑环境 内部建筑环境是指企业的办公室、销售厅、会议室、休息室等内部环境形象，主要包括企业内部各部门标志、企业形象牌、吊旗、吊牌、POP（Point of Purchase）广告、货架标牌等。

交通工具 交通工具是一种流动的、公开化的企业形象传播方式，其多次的流动会增加人的视觉记忆，有意无意地建立起企业的形象，主要包括轿车、中巴、大巴、货车、工具车等。

服装服饰 统一设计的企业服装服饰可以提高企业员工对企业的归属感，主要包括经理制服、管理人员制服、员工制服、礼仪制服、文化衫、领带、工作帽、胸卡等。

产品包装 产品包装起着保护产品、促进销售、传播企业和产品形象的作用，主要有纸盒包装、纸袋包装、木箱包装、玻璃包装、塑料包装、金属包装、陶瓷包装、包装纸等类型。

广告媒体 广告是一种宣传性极强的传播方式，也是现代企业传达信息的主要手段。广告媒体主要有电视、报纸、杂志、路牌、招贴、网络等。

2.2 VI 设计的基本原则

　　VI 设计是一项科学性和艺术性较强的工作。为了更好、更全面地展现企业文化，VI 设计必须遵循如下图所示的几项基本原则。

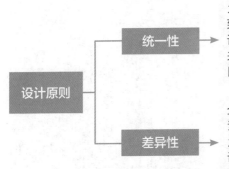

统一性 为了在对外宣传中统一企业形象的视觉效果，设计时应选择一致的设计理念和宣传渠道，规范 VI 系统中各元素的整合和设计，使个性化的企业综合信息能够以集成的方式呈现，并在未来的企业发展中得到维护。统一的企业理念和设计风格不仅可以强化企业形象，还可以保证快速且有效地传递信息。

差异性 企业的形象必须是具备独特魅力的，因此，VI 设计的视觉元素也必须是个性化的、与众不同的。设计者可以将企业属性作为设计的出发点，通过搭配颜色、运用抽象图形等艺术手段，设计出独具个性且具有强烈视觉冲击力的视觉形象，从而增强企业的传播力。

设计原则	人性化	人性化是指让技术与人的关系达到和谐。VI 设计的人性化原则是指企业通过对消费者生活习惯的把握来展开 VI 设计，使其各个功能层面都尽量满足消费者的功能需求与心理需求。
	民族性	优秀的企业形象和品牌形象塑造离不开民族文化的支持。民族文化的种类非常多，如服饰文化、餐饮文化、生活方式、建筑风格等，这些都可以作为 VI 设计的参照物，从而塑造出富有民族特色的企业形象和品牌形象。
	可实施性	可实施性是指设计完成的 VI 系统能在社会外界与企业内部得到有效运行，只有便于运作并能发挥其主要功效的 VI 系统才具有可实施性。为使 VI 系统具备可实施性，在策划初期就要针对企业的现状与未来的发展道路展开详尽的探讨，将 VI 系统精准无误地实施到企业的各项运作范畴之中，发挥 VI 系统的价值。

2.3 冰激凌品牌 VI 设计

素 材	随书资源 \ 02 \ 案例文件 \ 素材 \ 01.png～03.png
源文件	随书资源 \ 02 \ 案例文件 \ 源文件 \ 冰激凌品牌VI设计.psd

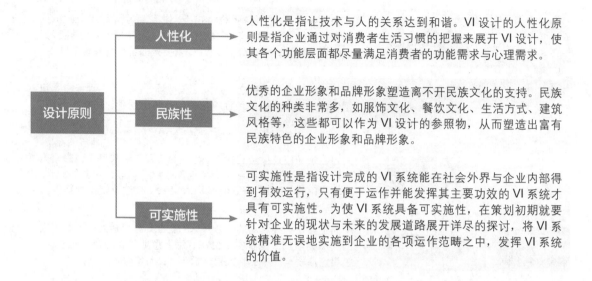

2.3.1 案例分析

　　设计关键点：本案例要为某冰激凌品牌进行 VI 设计。冰激凌的主要消费群体是年轻人，其中以女性居多，所以标志图形和配色都应尽量符合年轻人，尤其是年轻女性的审美。另外，应用要素的风格也应当与标志等基本要素统一起来。

　　设计思路：根据设计的关键点，在创作时应考虑大多数年轻女性的喜好，如采用可爱的卡通设计风格的标志图形、欢快时尚的配色等，这样既符合品牌的调性，又能激发消费者的品尝欲望。另外，应用要素系统中的包装袋、杯子等的图案也应采用相同的卡通设计风格，以加深消费者对品牌的印象。

　　配色推荐：粉红色 + 柠檬黄色 + 天蓝色。粉红色、柠檬黄色、天蓝色均比较鲜艳，用这几种颜色进行撞色设计，使人自然而然地联想到冰激凌甜美的口感。另外，还可以用这几种颜色来代表不同的冰激凌口味。

2.3.2 操作流程

　　本案例的总体制作流程是先在 CorelDRAW 中绘制品牌标志、品牌形象图案、会员卡、包装图案等，然后在 Photoshop 中将标志、图案等应用到手提袋、杯子上。

【CorelDRAW 应用】

1. 绘制品牌标志

　　标志是 VI 视觉要素的核心要素。本案例中品牌标志的设计主要是用"矩形工具"绘制不同大小的圆角矩形，然后对绘制的图形进行修剪，制作出标志的外观形态，再用"椭圆形工具"在图形上绘制出眼睛等元素，最后用"文本工具"输入所需文字。具体操作步骤如下。

步骤 01 创建新文档

启动 CorelDRAW，执行"文件 > 新建"菜单命令，打开"创建新文档"对话框，❶输入名称"冰激凌品牌 VI 设计"，❷设置"页码数"为 5，❸单击"原色模式"右侧的"CMYK"单选按钮，设置新文档的颜色模式，❹设置"宽度"和"高度"分别为 270 mm 和 162 mm，❺设置"分辨率"为 300 dpi，单击"OK"按钮，创建新文档。

步骤 02 用"矩形工具"绘制图形并编辑节点

选择"矩形工具"，❶单击属性栏中的"同时编辑所有角"按钮，取消锁定状态，❷将左上角和右上角的"圆角半径"设置为 50 mm，然后在页面中拖动鼠标，绘制图形。按快捷键【Ctrl+Q】，将图形转换为曲线。❸用"形状工具"选中矩形左下角和右下角的节点，按【↑】键向上移动节点，更改图形的外观。

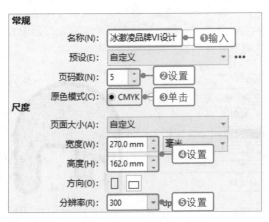

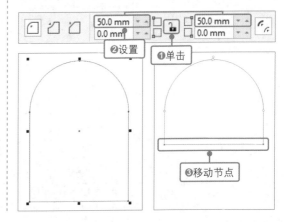

步骤 03 继续用"矩形工具"绘制图形

选择"矩形工具"，在属性栏中设置所有角的"圆角半径"为 10 mm，在页面中绘制一个圆角矩形。用相同的方法在页面中绘制出多个不同大小的圆角矩形。

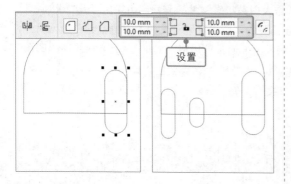

步骤 04 焊接多个对象

选择"选择工具"，按住【Shift】键依次单击选中绘制的图形，然后单击属性栏中的"焊接"按钮，将选中的多个对象合并为一个对象。

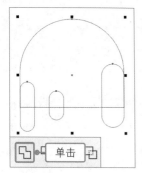
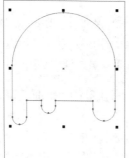

步骤 05 用"矩形工具"绘制图形并移除对象

用"矩形工具"在焊接对象下方再绘制两个圆角矩形。用"选择工具"选中所有对象，单击属性栏中的"移除前面对象"按钮，从后面的焊接对象中移除前面的两个圆角矩形对象。

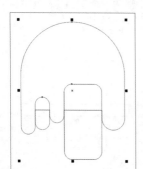
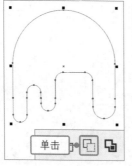

步骤 06 对齐节点

选择"形状工具"，❶通过拖动鼠标框选路径上的节点。执行"窗口 > 泊坞窗 > 对齐与分布"菜单命令，展开"对齐与分布"泊坞窗，❷单击"水平居中对齐"按钮，对齐选中的节点。

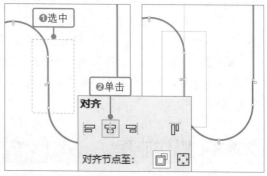

步骤 07 设置图形的填充颜色

继续用相同的方法选中并对齐垂直路径上的节点。然后选择"交互式填充工具"，❶单击属性栏中的"均匀填充"按钮，❷设置图形的填充颜色为 C70、M0、Y20、K0。

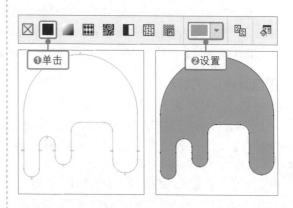

步骤 08 设置图形的轮廓

展开"属性"泊坞窗，❶单击"轮廓"按钮，跳转到轮廓属性，❷设置轮廓颜色为黑色，❸设置轮廓宽度为 8 pt，为图形添加描边效果。

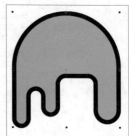

步骤 09 用 "椭圆形工具" 绘制圆形

选择 "椭圆形工具"，按住【Ctrl】键拖动鼠标，绘制圆形，在属性栏中设置轮廓宽度为 "无"，去除轮廓线。选择 "交互式填充工具"，❶单击属性栏中的 "均匀填充" 按钮，❷设置填充颜色为黑色。

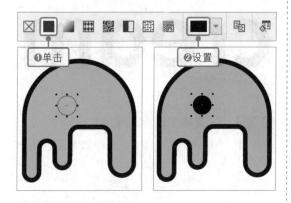

步骤 10 移除前面的对象

用 "椭圆形工具" 在黑色圆形的左上角再绘制一个更小的圆形。用 "选择工具" 同时选中两个圆形，单击属性栏中的 "移除前面对象" 按钮，修剪对象。

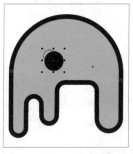

步骤 11 绘制圆形并调整叠放层次

选择 "椭圆形工具"，再绘制一个圆形并填充为白色。按快捷键【Ctrl+PageDown】，调整对象的叠放层次，将白色圆形移到黑色图形下方。

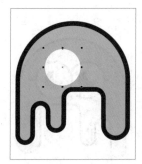

步骤 12 对齐图形

用 "选择工具" 选中黑色图形和白色圆形，❶单击 "对齐与分布" 泊坞窗中的 "水平居中对齐" 按钮，水平对齐图形，❷再单击 "垂直居中对齐" 按钮，垂直对齐图形。

步骤 13 将对象编组并进行复制

单击属性栏中的 "组合对象" 按钮，将选中的对象编组。按快捷键【Ctrl+C】和【Ctrl+V】，复制编组对象。将复制的对象移至右侧合适的位置，制作出眼睛效果。再用 "钢笔工具" 绘制出高光。

步骤 14 绘制并旋转图形

选择 "矩形工具"，❶在属性栏中设置 "圆角半径" 为 8.5 mm，❷在页面中绘制一个圆角矩形并填充为黑色。保持黑色圆角矩形的选中状态，选择 "选择工具"，单击该矩形以显示旋转手柄，❸用鼠标拖动右上角的旋转手柄，旋转对象。

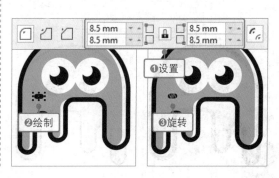

步骤 15 通过复制对象完成标志图形的制作

通过按【+】键复制多个圆角矩形，将复制的圆角矩形分别移到不同的位置并适当旋转，使图形的角度各不相同。复制所有对象，调整颜色和叠放层次，完成标志图形的制作。

步骤 16 用"文本工具"输入文本

选择"文本工具"，在属性栏中设置合适的字体和字体大小，在绘制的标志图形右侧依次输入文本"ice"和"cream"。

步骤 17 将文本转换为曲线并进行编辑

选择"选择工具"，选中文本对象"cream"，按快捷键【Ctrl+Q】，将文本转换为曲线。然后用"形状工具"编辑文本图形，调整文本的外观。

步骤 18 用"文本工具"输入文本

选择"文本工具"，在属性栏中设置合适的字体和字体大小，在文本"cream"的下方输入文本"Delicious to share"。

2. 绘制品牌形象图案

复制标志图形，适当调整复制图形的轮廓线粗细、位置等；用"2 点线工具"绘制横线；通过"变换"泊坞窗再制多条横线，将这些横线编组后置入对应的图形内部，对图形加以修饰。具体操作步骤如下。

步骤 01 复制图形并调整轮廓宽度

选中标志图形，按快捷键【Ctrl+C】复制对象，切换至"页 2"，按快捷键【Ctrl+V】粘贴对象，然后删除白色高光部分。选中图形，在属性栏中设置轮廓宽度为 3.85 pt。

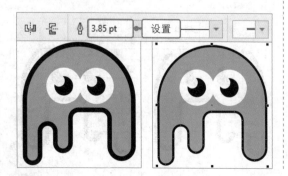

步骤 02 选中图形并添加轮廓线

用"选择工具"选中眼睛部分的两个白色圆形，在属性栏中设置轮廓宽度为 3.85 pt，在"属性"泊坞窗中设置轮廓颜色为黑色，为所选对象添加轮廓线。

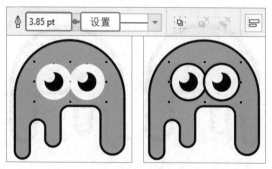

步骤 03 用 "2 点线工具" 绘制线条

用 "选择工具" 选中眼睛图形，并调整其位置和大小。选择 "2 点线工具"，按住【Ctrl】键拖动鼠标，绘制一条横线。

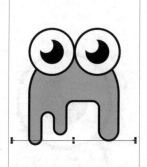

步骤 04 设置轮廓属性

打开 "属性" 泊坞窗，❶单击 "轮廓" 按钮，跳转到轮廓属性，❷设置轮廓颜色为白色，❸设置轮廓宽度为 3 pt，调整横线的外观。

步骤 05 用 "变换" 泊坞窗再制对象

执行 "窗口 > 泊坞窗 > 变换" 菜单命令，打开 "变换" 泊坞窗。❶设置 "Y" 为 2.4 mm，❷设置 "副本" 为 22，单击 "应用" 按钮，在垂直方向上复制出更多横线。

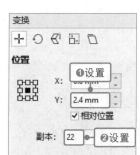

步骤 06 将对象编组并调整透明度

选择 "选择工具"，按住【Shift】键依次单击选中所有线条，再按快捷键【Ctrl+G】，将所选对象编组。选择 "透明度工具"，❶单击属性栏中的 "均匀透明度" 按钮，❷设置 "透明度" 为 50，让所选对象呈半透明效果。

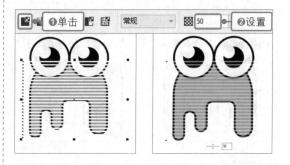

步骤 07 创建 PowerClip 对象

选择 "选择工具"，按快捷键【Ctrl+PageDown】，将线条移到蓝色图形下方。执行 "对象 >PowerClip> 置于图文框内部" 菜单命令，当鼠标指针变为黑色箭头形状时，在蓝色图形上单击，将线条置于图形中。

步骤 08 绘制线条并设置轮廓属性

选择 "2 点线工具"，绘制一条横线。❶单击 "属性" 泊坞窗中的 "轮廓" 按钮，跳转到轮廓属性，❷设置轮廓颜色为黑色，❸设置轮廓宽度为 3.85 pt，调整横线的外观。

步骤 09 用"多边形工具"绘制三角形

选择"多边形工具"，❶在属性栏中设置"边数或点数"为3，在线条上绘制一个三角形，❷设置轮廓宽度为"无"，然后设置三角形的填充颜色为白色。按【+】键复制三角形，调整复制图形的大小和位置。

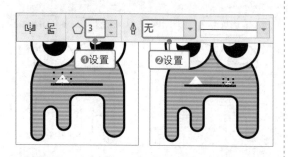

步骤 10 用"椭圆形工具"绘制图形

选择"椭圆形工具"，按住【Ctrl】键拖动鼠标，绘制圆形。❶单击"属性"泊坞窗中的"轮廓"按钮，跳转至轮廓属性，❷设置轮廓颜色为 C0、M97、Y18、K0，❸设置轮廓宽度为 3.85 pt，调整圆形的轮廓效果。

步骤 11 复制圆形

用"选择工具"选中圆形，按【+】键复制图形。按住【Shift】键拖动复制的圆形任意一个角上的控制手柄，放大复制的圆形。用相同的方法复制出更多圆形并调整其大小，得到同心圆效果。

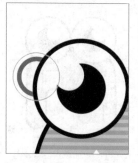
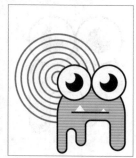

步骤 12 绘制更多图形

按照相同的方法，通过复制和添加图形，制作出另外两个品牌形象图案。

3．会员卡设计

会员卡的构成要素一般包括标志、图案和文案等。在设计本案例的会员卡时，复制制作好的品牌形象图案，将其移到页面中的合适位置，然后用图形绘制工具在页面中绘制其他装饰图案，最后用"文本工具"在页面中输入文字。具体操作步骤如下。

步骤 01 用"矩形工具"绘制图形

切换至"页3"，❶双击工具箱中的"矩形工具"按钮，绘制一个与页面等大的矩形。选择"交互式填充工具"，❷单击属性栏中的"均匀填充"按钮，❸设置矩形的填充颜色为 C0、M21、Y94、K0。选择"选择工具"，在属性栏中设置轮廓宽度为"无"，去除轮廓线。

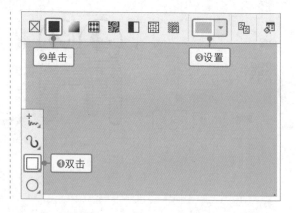

步骤 02 复制并粘贴对象

切换至"页 2",选中绘制好的品牌形象图案,按快捷键【Ctrl+C】复制对象,切换至"页 3",按快捷键【Ctrl+V】粘贴对象,然后调整对象的位置和大小。

步骤 03 用"多边形工具"绘制三角形

选择"多边形工具",❶在属性栏中设置"点数或边数"为 3,绘制一个三角形。❷单击"属性"泊坞窗中的"轮廓"按钮,跳转至轮廓属性,❸设置轮廓颜色为黑色,❹设置轮廓宽度为 4 pt,为图形添加黑色轮廓线。

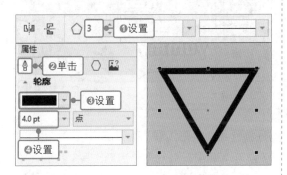

步骤 04 将三角形的尖角转换为圆角

执行"窗口 > 泊坞窗 > 角"菜单命令,展开"角"泊坞窗。❶单击"圆角"单选按钮,❷设置"半径"为 2 mm,❸单击"应用"按钮,将三角形的尖角转换为圆角。

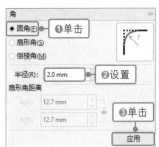
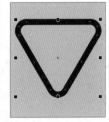

步骤 05 填充颜色并旋转对象

选择"交互式填充工具",❶单击属性栏中的"均匀填充"按钮,❷设置三角形的填充颜色为 C0、M97、Y18、K0。选择"选择工具",单击三角形以显示旋转手柄,❸拖动手柄,旋转对象。

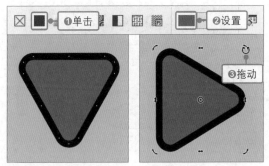

步骤 06 用"椭圆形工具"绘制圆形

选择"椭圆形工具",按住【Ctrl】键拖动鼠标,在三角形中间绘制一个圆形,然后将圆形填充为黑色。按【+】键复制出多个圆形,再将复制的圆形分别移到合适的位置。

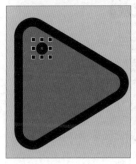
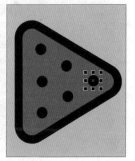

步骤 07 用"钢笔工具"绘制图形

选择"钢笔工具",绘制叶子图形,然后将图形填充为黑色。选择"选择工具",按住【Shift】键依次单击选中三角形、圆形和叶子图形,单击属性栏中的"组合对象"按钮,将对象编组。

步骤 08 绘制并编组图形

用图形绘制工具在页面中绘制出更多图形，并填充合适的颜色。用"选择工具"选中超出页面边缘的对象，单击属性栏中的"组合对象"按钮，将对象编组。

步骤 09 创建 PowerClip 对象

执行"对象 >PowerClip> 置于图文框内部"菜单命令，当鼠标指针变为黑色箭头形状时，在黄色矩形中单击，将所选对象置于黄色矩形中。

步骤 10 输入文本并设置属性

选择"文本工具"，输入英文"yummy"。执行"窗口 > 泊坞窗 > 文本"菜单命令，打开"文本"泊坞窗，❶设置合适的字体和字体大小，❷设置文本颜色为白色，❸设置轮廓宽度为 6 pt，❹单击"轮廓设置"按钮，打开"轮廓笔"对话框，❺单击"圆角"按钮，单击"OK"按钮。

步骤 11 调整文本的间距

单击"文本"泊坞窗中的"段落"按钮，跳转至段落属性，设置"字符间距"为30%，扩大字符间距。

步骤 12 继续用"文本工具"输入文本

选择"文本工具"，在属性栏中设置合适的字体和字体大小，在页面上方输入所需的其他文本，完成会员卡正面的设计。

步骤 13 用"矩形工具"绘制图形

切换至"页 4"，❶双击"矩形工具"按钮，绘制一个与页面等大的矩形。在属性栏中设置轮廓宽度为"无"，去除轮廓线。选择"交互式填充工具"，❷单击属性栏中的"均匀填充"按钮，❸设置矩形的填充颜色为 C6、M5、Y4、K0。

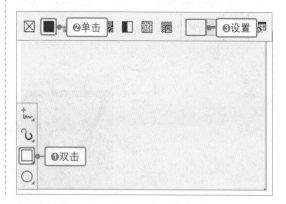

步骤 14 复制品牌标志图形

切换至"页 1",选中品牌标志图形,按快捷键【Ctrl+C】复制所选对象,切换至"页 2",按快捷键【Ctrl+V】粘贴对象。

步骤 15 将对象转换为位图

执行"位图 > 转换为位图"菜单命令,打开"转换为位图"对话框。❶在对话框中设置"分辨率"为 300 dpi,❷设置"颜色模式"为"CMYK 色(32 位)",❸单击"OK"按钮。

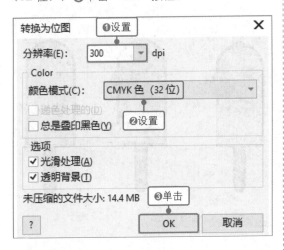

步骤 16 调整标志的位置和大小

将转换成位图的标志移到页面的左上角,并适当缩小。

步骤 17 用"文本工具"输入文字

选择"文本工具",在属性栏中设置合适的字体和字体大小,在标志右侧输入所需文字。

步骤 18 绘制更多图形

用"选择工具"选中会员卡正面绘制好的图形,复制并粘贴到会员卡背面的文字旁边。用"椭圆形工具"绘制圆形,然后复制多个圆形并移到合适的位置,完成会员卡背面的制作。

4. 包装图案设计

　　将品牌形象图案复制到新页面,并摆放在合适的位置;用图形绘制工具绘制装饰图形,结合"交互式填充工具"和"属性"泊坞窗调整图形的填充颜色和轮廓颜色;最后用"文本工具"输入所需文字。具体操作步骤如下。

步骤01 复制并粘贴对象

切换到"页2"和"页3"，选中绘制好的图形，按快捷键【Ctrl+C】复制所选对象，然后切换到"页5"，按快捷键【Ctrl+V】粘贴复制的对象。用"选择工具"分别选中粘贴的对象，调整这些对象的大小和位置。

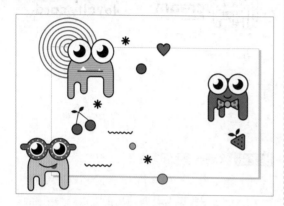

步骤02 用"矩形工具"绘制图形

选择"矩形工具"，❶在属性栏中设置"圆角半径"为12 mm，在页面中绘制一个圆角矩形。用"交互式填充工具"为矩形填充颜色C78、M100、Y32、K0。打开"属性"泊坞窗，❷设置轮廓颜色为C93、M88、Y89、K80，❸设置轮廓宽度为2.4 pt。

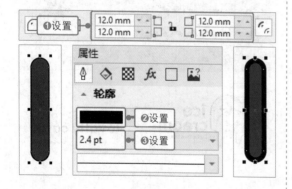

步骤03 用"矩形工具"再次绘制图形

选择"矩形工具"，❶单击属性栏中的"同时编辑所有角"按钮，❷设置左上角和右上角的"圆角半径"为15 mm，再绘制一个圆角矩形。用"交互式填充工具"为矩形填充颜色C71、M0、Y19、K0。❸在"属性"泊坞窗中设置与上一步骤相同的轮廓颜色和轮廓宽度。

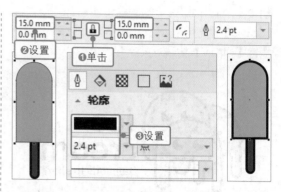

步骤04 用"椭圆形工具"绘制圆形

选择"椭圆形工具"，在页面中绘制几个不同大小的圆形，并为它们填充合适的颜色。选中这些圆形，执行"对象 >PowerClip> 置于图文框内部"菜单命令，当鼠标指针变为黑色箭头形状时，在蓝色图形内部单击，将所选的圆形置于蓝色图形内部。

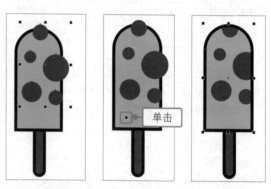

步骤05 绘制更多图形

按照相同的方法，用图形绘制工具在页面中绘制出更多的图形，再用"文本工具"输入所需文字，完成包装图案的设计。

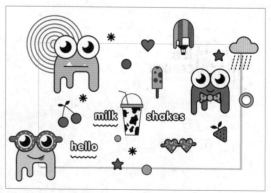

步骤 06 设置导出选项

执行"文件 > 导出"菜单命令，打开"导出"对话框。❶输入文件名"图案"，❷选择保存类型为"PNG – 可移植网络图形"格式，❸单击"导出"按钮。

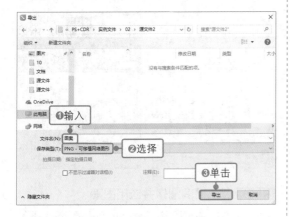

步骤 08 导出其他页面

分别切换到其他几个页面，通过执行"文件 > 导出"菜单命令，将标志和卡片都导出为 PNG 格式文件。

步骤 07 导出为 PNG 格式文件

弹出"导出到 PNG"对话框，在对话框中应用默认设置，单击"OK"按钮，导出包装图案。

【Photoshop 应用】

5．VI 包装应用

在 Photoshop 中创建一个新文档，导入袋子和杯子的素材图像以及制作好的品牌标志图案和包装图案，将图案叠加到袋子和杯子上，并用"斜切"功能调整图案的透视角度；然后通过创建图层蒙版，隐藏多余的图案。具体操作步骤如下。

步骤 01 设置并填充渐变颜色

启动 Photoshop，创建一个新文档。❶设置前景色为 R183、G244、B254，背景色为 R42、G199、B229。在工具箱中选择"渐变工具"，❷在工具选项栏中选择"前景色到背景色"的渐变类型，❸单击"径向渐变"按钮。创建新图层，❹从画面中间向外侧拖动，为图层填充渐变颜色。

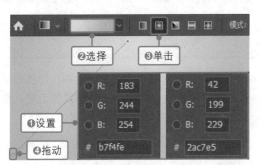

步骤 02 导入图像并设置"投影"效果

执行"文件 > 置入嵌入对象"菜单命令，将手提袋素材图像"01.png"置入文档中，得到"01"图层。在"图层"面板中双击该图层，打开"图层样式"对话框，在对话框左侧单击"投影"样式，在右侧的"投影"选项卡中设置各个选项。

步骤 03 置入标志图案

执行"文件 > 置入嵌入对象"菜单命令，将前面导出的标志图案"标志.png"置入新文档中。

步骤 04 通过"斜切"变换对象

将置入的标志图案缩小至合适的大小后移到手提袋左上角。执行"编辑 > 变换 > 斜切"菜单命令，显示斜切编辑框，拖动编辑框的控制手柄调整图案的透视角度，使其与手提袋角度一致。

步骤 05 置入包装图案

执行"文件 > 置入嵌入对象"菜单命令，置入前面导出的包装图案"图案.png"，适当缩小后移至手提袋下方的合适位置。执行"编辑 > 变换 > 斜切"菜单命令，显示斜切编辑框，拖动控制手柄调整图案的透视角度，使其与手提袋角度一致。

步骤 06 创建选区并添加蒙版

选择"多边形套索工具"，在手提袋正面位置连续单击，创建多边形选区。单击"图层"面板底部的"添加图层蒙版"按钮，基于选区创建蒙版，隐藏选区外的图案。

步骤 07 置入更多图像并应用图案

用相同的方法置入包装袋和杯子的素材图像"02.png"和"03.png"，再将前面导出的标志图案和包装图案叠加到包装袋和杯子上。复制制作好的包装袋和杯子，然后通过创建"纯色"填充图层制作出一组黄色的包装袋和杯子。最后置入前面导出的会员卡图像。至此，本案例就制作完成了。

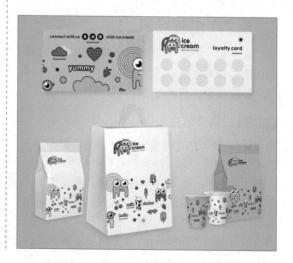

2.3.3 | 知识扩展——修整对象

本节要介绍的是 CoreIDRAW 中的修整对象功能。修整对象是指对两个或两个以上的图形执行焊接、相交、修剪、简化等修整操作，得到一个新的图形。需要注意的是，在执行修整操作之前，需要选中两个或两个以上的图形对象。

1．焊接对象

焊接对象是指将选中的多个图形合并为只有一个轮廓的新图形。焊接对象要求所选的多个图形之间有重叠的部分，合并后的新图形与最后选中的图形具有相同的填充和轮廓属性。用"选择工具"选中橙色三角形，按住【Shift】键单击选中绿色三角形，如下左图所示，单击属性栏中的"焊接"按钮，将所选图形合并为一个新图形，如下右图所示。可以看到新图形与绿色三角形具有相同的填充和轮廓属性。

2．修剪对象

修剪对象是指沿着参照物的轮廓从目标对象中剪去相应的部分，得到新的图形。用于修剪的对象可以是群组对象或位图图像，但不能是未闭合的曲线。需要注意的是，最后选中的对象是修剪操作的目标对象。依次选中橙色三角形和绿色三角形，如下左图所示，单击属性栏中的"修剪"按钮，即可将绿色三角形中被橙色三角形遮住的区域剪去，移除橙色三角形后可看到如下右图所示的效果。

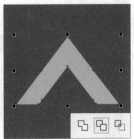

3．相交对象

相交对象是指将两个图形的重叠区域创建为一个新的图形。依次选中绿色三角形和橙色三角形，单击属性栏中的"相交"按钮，即可得到相交后的新图形，如下左图所示。此时新图形由于

与原图形重叠而不显眼，更改新图形的填充颜色，可以看到更明显的效果，如下右图所示。

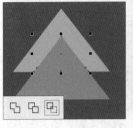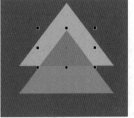

4．简化对象

简化对象是指剪去对象的重叠区域，使对象产生镂空效果。简化对象与修剪对象一样，既可以用于矢量图形，也可以用于位图图像。选中要简化的对象，如下左图所示，单击属性栏中的"简化"按钮，即可对图形进行简化。移除中间的圆形，即可看到简化后的新图形，如下右图所示。

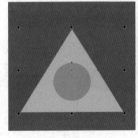

5．移除对象

移除对象包括"移除后面对象"和"移除前面对象"两种。"移除后面对象"是对最上层图形按照其下方的所有图形进行修剪，得到剩余部分的新图形，其与最上层图形属性相同。选中两个图形，如下左图所示，单击属性栏中的"移除后面对象"按钮，得到如下右图所示的新图形。

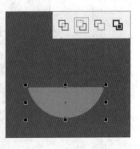

"移除前面对象"是对最下层图形按照其上方的所有图形进行修剪，得到剩余部分的新图形，其与最下层图形属性相同。同时选中两个图形，

如下左图所示，单击属性栏中的"移除前面对象"按钮，得到如下右图所示的新图形。

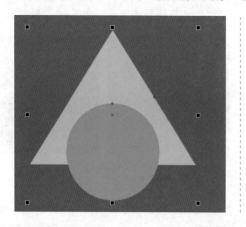 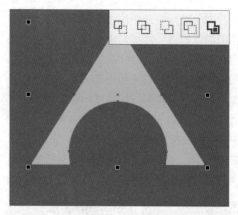

2.4 教育机构 VI 设计

素 材	无
源文件	随书资源＼02＼案例文件＼源文件＼教育机构VI设计.psd

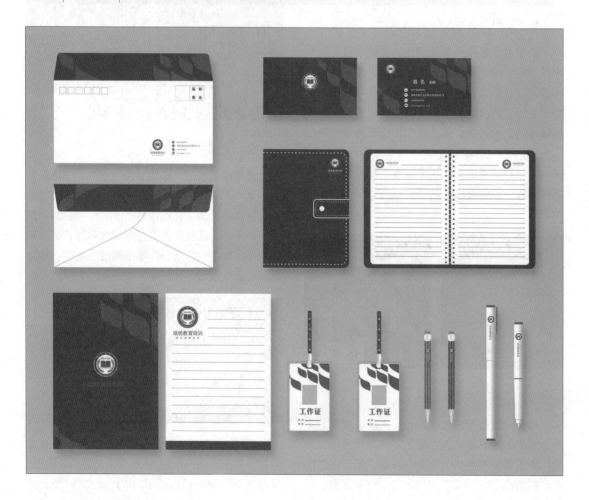

2.4.1 案例分析

设计关键点：本案例要为某教育机构进行 VI 设计。在设计时需要把机构的教学理念、文化内涵以及所有的形象素材有机地结合起来，形成统一的企业形象。

设计思路：根据设计的关键点，在创作时，用展开的书本及苗壮的橄榄枝作为企业标志的主体结构造型。其中书本象征对学问与真理的求索，橄榄枝象征对和平与友谊的向往，两者承托和环绕着中间的机构名称。将设计好的企业标志应用到名片、信封、笔记本、工作证等办公用品中，形成统一的企业形象。

配色推荐：靛蓝色 + 深红色。蓝色能让人联想到天空和大海，而天空和大海都象征着辽阔，用作教育机构 VI 的标准色，喻示着知识的无穷无尽。再搭配上深红色，极具视觉冲击力，可以起到强化企业形象的作用。

2.4.2 操作流程

本案例的总体制作流程是在 CorelDRAW 中绘制出企业标志以及名片、信封等办公用品图形，然后在 Photoshop 中导入制作好的办公用品图形，为其添加投影效果。

【CorelDRAW 应用】

1. 制作企业标志

用"椭圆形工具"绘制圆形，作为标志的外形轮廓；用"矩形工具"绘制圆角矩形，制作出展开的书本图形；用"钢笔工具"绘制橄榄枝图形；用"文本工具"在图形上创建路径文本，展示机构名称。具体操作步骤如下。

步骤 01 创建新文档

启动 CorelDRAW，执行"文件 > 新建"菜单命令，打开"创建新文档"对话框。❶输入文件名称"教育机构 VI 设计"，❷设置"页码数"为 8，❸选择"页面大小"为"A4"，❹单击"横向"按钮，单击"OK"按钮，创建新文档。

步骤 02 用"椭圆形工具"绘制图形

选择"椭圆形工具"，按住【Ctrl】键拖动鼠标，绘制圆形。选择"交互式填充工具"，❶单击属性栏中的"均匀填充"按钮，❷设置圆形的填充颜色为 C100、M90、Y0、K0。选择"选择工具"，在属性栏中设置轮廓宽度为"无"，去除轮廓线。

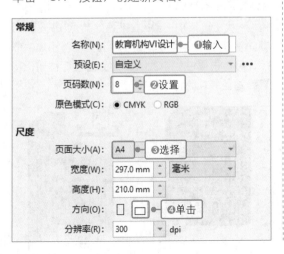

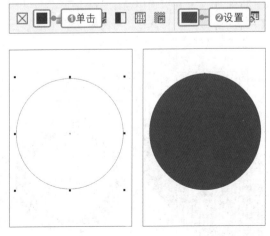

步骤 03 复制图形并设置轮廓属性

按【+】键复制一个圆形。打开"属性"泊坞窗，❶单击"轮廓"按钮，跳转至轮廓属性，❷设置轮廓颜色为白色、轮廓宽度为 4 pt。❸单击"填充"按钮，跳转至填充属性，❹单击"无填充"按钮，去除填充颜色。按住【Shift】键向内拖动白色圆形任意一个角上的控制手柄，将圆形缩小。

步骤 04 复制图形并填充颜色

按【+】键复制一个白色圆形。按住【Shift】键向内拖动控制手柄，将该圆形缩小。设置圆形的轮廓宽度为"无"，再为圆形填充白色。

步骤 05 用"星形工具"绘制五角星

选择"星形工具"，❶在属性栏中设置"点数或边数"为 5，❷设置"锐度"为 30，❸设置轮廓宽度为"无"，在页面中绘制一个星形。通过按【+】键复制出多个星形，再将复制的星形移到相应的位置。

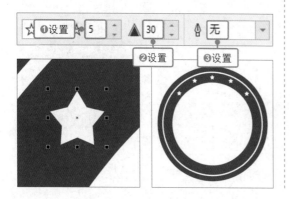

步骤 06 用"矩形工具"绘制图形

选择"矩形工具"，❶单击属性栏中的"同时编辑所有角"按钮，❷设置左下角的"圆角半径"为 2 mm，❸设置右上角的"圆角半径"为 6 mm。在页面中绘制图形，为其填充颜色 C10、M100、Y100、K10，并去除轮廓线。按快捷键【Ctrl+Q】，将绘制的图形转换为曲线。

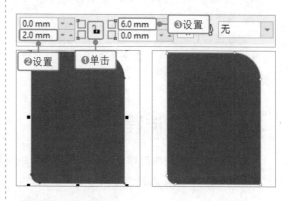

步骤 07 添加节点

❶选择"形状工具"，❷将鼠标指针移到图形下方，在路径上需要添加节点的位置双击，添加一个节点。

步骤 08 调整节点

用"形状工具"单击选中右下角的节点，❶按【↓】键向下移动节点。❷单击选中上一步骤添加的节点，❸单击属性栏中的"转换为曲线"按钮，将直线路径转换为曲线路径。

步骤 09 继续调整节点

❶用"形状工具"再次单击选中右下角的节点，❷单击属性栏中的"平滑节点"按钮。然后拖动节点旁边的控制手柄，调整图形的外观。

步骤 10 用"矩形工具"绘制图形

选择"矩形工具"，❶在属性栏中单击"同时编辑所有角"按钮，❷设置左下角的"圆角半径"为 2 mm，❸设置右上角的"圆角半径"为 6 mm，❹设置轮廓宽度为 2.5 pt，绘制图形，再设置图形的轮廓颜色为红色。用"选择工具"选中两个图形，按快捷键【Ctrl+G】将图形编组。

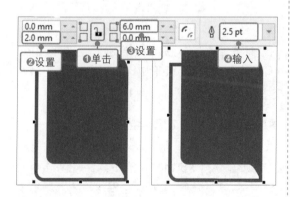

步骤 11 复制并翻转图形

按【+】键复制编组图形，单击属性栏中的"水平镜像"按钮，水平翻转图形。将翻转后的图形向右移至合适的位置，制作出展开的书本图形。

步骤 12 用"钢笔工具"绘制图形

选择"钢笔工具"，绘制出橄榄枝图形。选择"交互式填充工具"，设置图形的填充颜色为 C100、M90、Y0、K0，并去除图形的轮廓线。复制图形并移到右侧合适的位置，单击"水平镜像"按钮，水平翻转图形，制作出环绕的橄榄枝图形。

步骤 13 创建路径文本

选择"椭圆形工具"，绘制一个圆形。选择"文本工具"，将鼠标指针移到绘制的圆形下方，当鼠标指针变为 ⌐ 形时，单击并输入文本"Peiyou Education & Training"，创建路径文本。

步骤 14 翻转路径文本

❶单击属性栏中的"水平镜像文本"按钮，水平翻转路径文本，❷再单击"垂直镜像文本"按钮，垂直翻转路径文本。

步骤15 调整文本的字体和字体大小

选择"文本工具"，在文本中拖动鼠标以选中文本。在属性栏中设置"字体"为"方正黑体简体"、"字体大小"为16 pt。

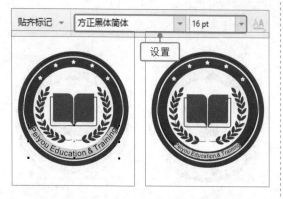

步骤16 更改文本颜色并去除图形的轮廓线

打开"文本"泊坞窗，❶将文本颜色设置为白色。单击"段落"按钮，跳转至段落属性，❷设置"字符间距"为28%。用"选择工具"选中与路径文本关联的圆形，❸在属性栏中设置轮廓宽度为"无"，去除轮廓线。

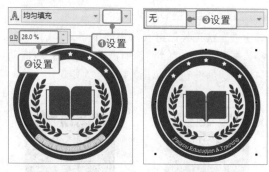

步骤17 用"文本工具"输入文本

选择"文本工具"，在属性栏中设置合适的字体和字体大小，在书本图形上方及整个标志图形下方输入所需的其他文本。

2. 个人名片设计

用"矩形工具"绘制矩形，将矩形填充为靛蓝色；用"钢笔工具"在矩形上方绘制叶子形状的图形，复制图形并分别调整位置和大小，再通过创建 PowerClip 对象将其置入矩形中；用"文本工具"输入名片上的文字信息。具体操作步骤如下。

步骤01 用"矩形工具"绘制图形

切换至"页2"，用"矩形工具"绘制一个矩形，❶在属性栏中设置矩形的"宽度"为90 mm、"高度"为54 mm。选择"交互式填充工具"，❷单击属性栏中的"均匀填充"按钮，❸设置填充颜色为C100、M90、Y0、K0。然后去除矩形的轮廓线。

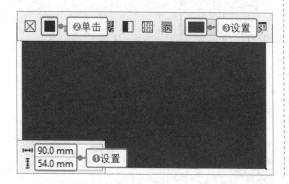

步骤02 用"钢笔工具"绘制图形

选择"钢笔工具"，在页面中绘制一个叶子形状的图形。选择"交互式填充工具"，❶单击属性栏中的"均匀填充"按钮，❷设置填充颜色为C21、M100、Y86、K0。然后去除叶子图形的轮廓线。

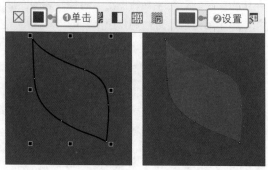

步骤 03 复制图形并调整大小和位置

通过按【+】键复制多个叶子图形，分别选中复制的图形，调整其大小和位置。

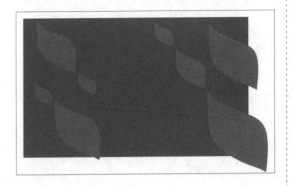

步骤 04 更改部分图形的属性

选择"选择工具"，按住【Shift】键依次单击选中左侧的叶子图形。打开"属性"泊坞窗，❶单击"轮廓"按钮，跳转至轮廓属性，❷设置轮廓颜色为 C21、M100、Y86、K0，❸设置轮廓宽度为 0.75 pt。❹单击"填充"按钮，跳转至填充属性，❺单击"无填充"按钮，去除填充颜色。

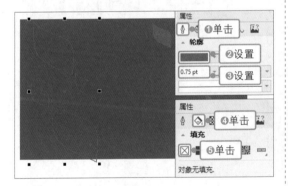

步骤 05 调整图形的透明度

选择"透明度工具"，❶单击属性栏中的"均匀透明度"按钮，❷设置"透明度"为 65，让所选图形呈半透明效果。

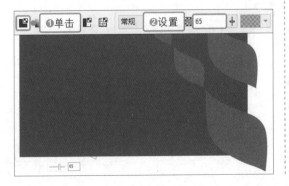

步骤 06 创建 PowerClip 对象

用"选择工具"同时选中所有叶子图形，单击属性栏中的"组合对象"按钮，将图形编组。再执行"对象 >PowerClip> 置于图文框内部"菜单命令，在蓝色矩形内单击，将所选的叶子图形置入蓝色矩形中。

步骤 07 添加标志图形

切换至"页 1"，选中标志图形，按快捷键【Ctrl+C】复制图形，然后切换至"页 2"，按快捷键【Ctrl+V】粘贴图形。执行"位图 > 转换为位图"菜单命令，将粘贴的标志图形转换为位图图像，适当缩小后移到名片中间，完成名片正面的制作。

步骤 08 制作名片背面

用相同的方法制作名片背面的图案，然后用"文本工具"输入所需文本，并在文本左侧绘制相应的图标作为装饰。

3．其他办公用品设计

用"矩形工具"和"2点线工具"等图形绘制工具绘制信封、信纸、笔记本等办公用品图形，然后复制标志图形，将其转换为位图，最后用"文本工具"在办公用品图形上输入相应的文本。具体操作步骤如下。

步骤 01 用"矩形工具"绘制图形

切换至"页3"，选择"矩形工具"，绘制一个矩形，❶根据信封的大小在属性栏中设置"宽度"和"高度"分别为220 mm和110 mm。打开"属性"泊坞窗，❷单击"轮廓"按钮，跳转至轮廓属性，❸设置轮廓颜色为C71、M63、Y60、K13，❹设置轮廓宽度为0.75 pt。

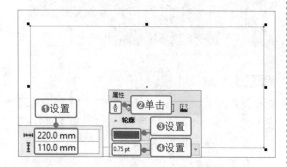

步骤 02 绘制更多图形并输入文本

选择"矩形工具"，在页面中绘制更多矩形，构建信封的整体布局。选择"文本工具"，在右上角的矩形中输入文本"贴邮票处"。

步骤 03 复制标志和文本

切换至"页2"，用"选择工具"选中名片背面的标志图形和文本，按快捷键【Ctrl+C】复制所选对象。再返回"页3"，按快捷键【Ctrl+V】粘贴对象，然后适当调整粘贴的标志图形和文本的位置和大小。

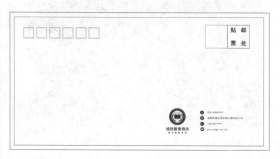

步骤 04 用"矩形工具"绘制图形

选择"矩形工具"，❶单击属性栏中的"同时编辑所有角"按钮，❷分别设置左上角和右上角的"圆角半径"为5 mm，绘制所需图形。

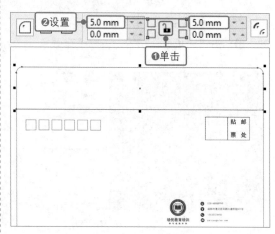

步骤 05 将图形转换为曲线并编辑节点

按快捷键【Ctrl+Q】将图形转换为曲线。选择"形状工具"，❶按住【Shift】键依次单击选中左上角的两个节点，❷按【→】键向右移动节点。

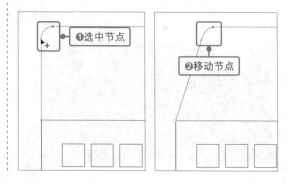

步骤 06 设置图形的填充和轮廓属性

选中右侧的两个节点，❶按【←】键向左移动节点。选择"交互式填充工具"，❷单击属性栏中的"均匀填充"按钮，❸设置图形的填充颜色为 C100、M90、Y0、K0，然后去除图形的轮廓线。

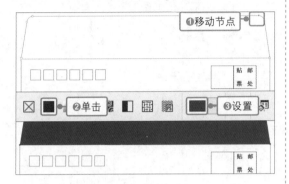

步骤 07 复制叶子图形

选中并复制名片上的叶子图形，粘贴到绘制的信封图形上，并调整叶子图形的位置和大小。

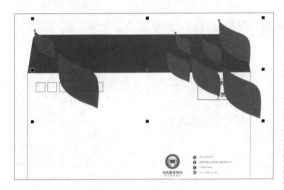

步骤 08 创建 PowerClip 对象

执行"对象 >PowerClip> 置于图文框内部"菜单命令，当鼠标指针变为黑色箭头形状时，在蓝色的图形内部单击，将叶子图形置于蓝色图形中，完成信封正面的制作。

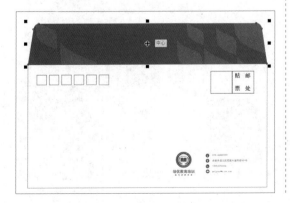

步骤 09 选中并复制对象

用"选择工具"选中绘制好的信封正面，按快捷键【Ctrl+C】复制图形，切换至"页 4"，按快捷键【Ctrl+V】粘贴图形。

步骤 10 选中并翻转对象

用"选择工具"选中上面部分的图形，单击属性栏中的"垂直镜像"按钮，垂直翻转对象，然后按【↓】键向下移动对象。

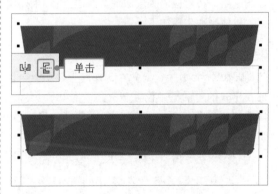

步骤 11 用"钢笔工具"绘制线条

选择"钢笔工具"，在信封背面绘制所需的线条。打开"属性"泊坞窗，❶单击"轮廓"按钮，跳转至轮廓属性，❷设置轮廓颜色为 C71、M63、Y60、K13，❸设置轮廓宽度为 0.75 pt。

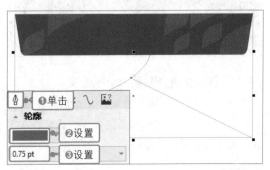

步骤 12 制作其他办公用品图形

用相同的方法绘制信纸、笔记本、工作证和工作
笔等办公用品图形，然后将制作好的标志图形添
加到相应的位置。最后将这些图形导出为 PNG
格式文件。

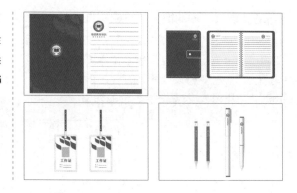

技巧提示 在"轮廓笔"对话框中设置轮廓属性

　　在页面中绘制图形后，除了可以在"属性"泊坞窗中设置轮廓属性，也可以按【F12】键打开"轮
廓笔"对话框来设置轮廓属性。

【Photoshop 应用】

4．VI 应用展示

　　在 Photoshop 中创建新文档，将"背景"图层填充为灰色；导入信封、信纸、名片等图像，创
建图层组，将对应的图层添加至图层组；为图层组设置"投影"样式，为组中的各个图层添加投影效
果。具体操作步骤如下。

步骤 01 创建新文档并填充颜色

启动 Photoshop，执行"文件 > 新建"菜单命令，
❶在打开的对话框中设置新文档的名称和尺寸，
单击"确定"按钮，创建一个新文档。❷设置
前景色为 R179、G177、B178，然后按快捷键
【Alt+Delete】，将"背景"图层填充为灰色。

步骤 03 置入更多图像

用相同的方法导入信封背面、名片、笔记本、工
作证等图像，分别调整它们的大小和位置。

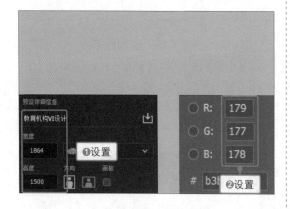

步骤 02 置入图像并调整大小和位置

执行"文件 > 置入嵌入对象"菜单命令，将编
辑好的信封正面图像置入新文档，并调整置入图
像的大小和位置。

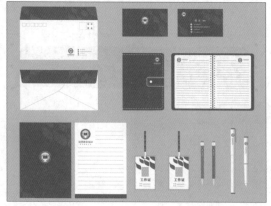

步骤 04 创建图层组

❶在"图层"面板中选中除"背景"外的所有图层，❷单击面板底部的"创建新组"按钮，创建"组 1"图层组，此时所选图层都被移至该图层组中。

步骤 05 设置"投影"样式

双击"组 1"，打开"图层样式"对话框。在对话框左侧单击"投影"样式，在右侧的选项卡中设置样式选项，设置后单击"确定"按钮。返回图像窗口，可以看到图层组中的所有图像都添加了投影效果。至此，本案例就制作完成了。

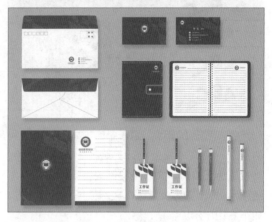

2.4.3 | 知识扩展——创建路径文本

在 CorelDRAW 中，路径文本是指沿着开放或封闭的路径排列的文本。使用图形绘制工具在页面中绘制开放或封闭的路径后，选择"文本工具"，将鼠标指针移到绘制的路径上，当鼠标指针变为 形时，如下左图所示，单击并输入文本，即可创建路径文本，如下右图所示。

创建路径文本后，可以利用属性栏中的选项调整路径文本的排列方式和布局。如下图所示为属性栏中的常用选项，下面分别进行介绍。

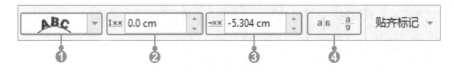

❶ 文本方向：控制文本在路径上的显示方向。单击"文本方向"右侧的下拉按钮，在展开的列表中可看到多种预设方向，如下左图所示。默认的方向为文字沿着路径形状排列，可以选择其他方向，文本的排列效果也会随之发生改变，如下右图所示。

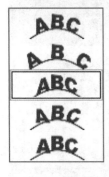

❷ 与路径的距离：用于指定文本与路径之间的距离，使文本靠近或远离路径。默认值为 0。当设置为正值时，文本被移到路径下方，如下左图所示；当设置为负值时，文本被移到路径上方，如下右图所示。

❸ 偏移：用于设置文本在路径上的位置，通过指定正值或负值来移动文本，使其靠近路径的终点或起点。设置的数值的绝对值越大，文本与路径的终点或起点的距离就越近，反之则越远。如下两幅图像分别为设置"偏移"值为 -1 cm 和 -10 cm 时所得到的路径文本效果。

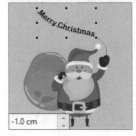
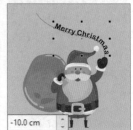

❹ 镜像文本：以路径为轴在水平方向或垂直方向上翻转文本。选中路径文本，单击属性栏中的"水平镜像文本"按钮，可在水平方向上从左至右翻转文本，如下左图所示；单击"垂直镜像文本"按钮，可在垂直方向上从上至下翻转文本，如下右图所示。

2.5 课后练习——酒店 VI 设计

素　材	随书资源＼02＼课后练习＼素材＼01.jpg
源文件	随书资源＼02＼课后练习＼源文件＼酒店VI设计.psd

　　在设计酒店的 VI 时，首先要树立一个好的品牌形象。品牌形象是由许多基本要素组成的，其中最核心的要素就是品牌标志，精心设计的品牌标志能给消费者留下深刻的印象。本案例中的酒店名称为银杏大酒店，所以以银杏叶为创作原型进行品牌标志设计，然后将设计好的品牌标志应用到办公系统中。

- 在 CoreIDRAW 中用图形绘制工具绘制出酒店的品牌标志图形；
- 用"文本工具"在绘制的品牌标志图形下方输入酒店的中、英文名称；

● 在 Photoshop 中用"矩形工具"绘制名片、信纸、信封和 CD 等元素，然后将在 CorelDRAW 中绘制的标志应用到名片、信纸、信封和 CD 中。

第3章
网络广告设计

顾名思义，网络广告就是在互联网上投放的广告。与传统的四大传播媒体（报纸、杂志、广播、电视）相比，互联网越来越受到广告主的青睐。网络广告具有覆盖面广、方式灵活、互动性强等优势，是现代营销中媒体战略的重要组成部分。

本章包含两个案例：节日促销广告设计，该广告是为某网店的"6.18"促销活动设计的，主要通过文字的立体化处理来醒目地展示促销时间；女装广告设计，该广告主要通过穿着服装的模特来直观地展示商品，以吸引更多用户的关注。

3.1 网络广告的特点

日益成熟的互联网为广告提供了一个强有力的载体，使广告能够超越地域和时空的限制，实现品牌和商品传播的全球化。网络广告的主要特点如下图所示。

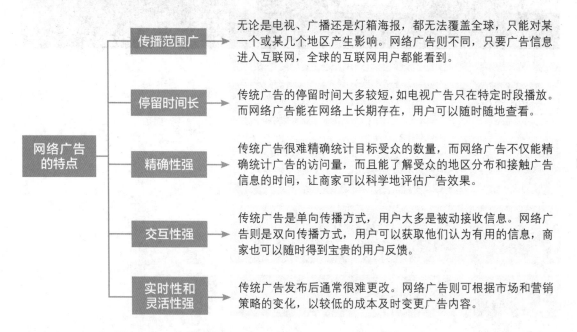

传播范围广	无论是电视、广播还是灯箱海报，都无法覆盖全球，只能对某一个或某几个地区产生影响。网络广告则不同，只要广告信息进入互联网，全球的互联网用户都能看到。
停留时间长	传统广告的停留时间大多较短，如电视广告只在特定时段播放。而网络广告能在网络上长期存在，用户可以随时随地查看。
精确性强	传统广告很难精确统计目标受众的数量，而网络广告不仅能精确统计广告的访问量，而且能了解受众的地区分布和接触广告信息的时间，让商家可以科学地评估广告效果。
交互性强	传统广告是单向传播方式，用户大多是被动接收信息。网络广告则是双向传播方式，用户可以获取他们认为有用的信息，商家也可以随时得到宝贵的用户反馈。
实时性和灵活性强	传统广告发布后通常很难更改。网络广告则可根据市场和营销策略的变化，以较低的成本及时变更广告内容。

（网络广告的特点）

3.2 网络广告的分类

网络广告根据展现位置和展现形式的不同，一般可以分为横幅式广告、按钮式广告、弹出式广告等几大类，如下页图所示。不同类型广告的尺寸规格也有很大区别，在设计时就需要注意设置合适的尺寸，才能得到理想的投放效果。

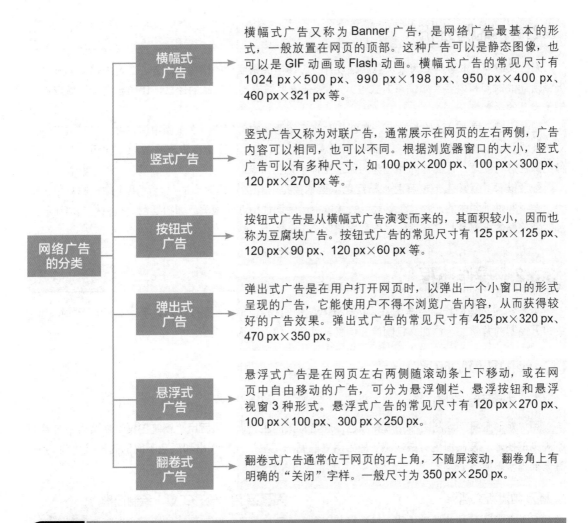

横幅式广告又称为 Banner 广告，是网络广告最基本的形式，一般放置在网页的顶部。这种广告可以是静态图像，也可以是 GIF 动画或 Flash 动画。横幅式广告的常见尺寸有 1024 px×500 px、990 px×198 px、950 px×400 px、460 px×321 px 等。

竖式广告又称为对联广告，通常展示在网页的左右两侧，广告内容可以相同，也可以不同。根据浏览器窗口的大小，竖式广告可以有多种尺寸，如 100 px×200 px、100 px×300 px、120 px×270 px 等。

按钮式广告是从横幅式广告演变而来的，其面积较小，因而也称为豆腐块广告。按钮式广告的常见尺寸有 125 px×125 px、120 px×90 px、120 px×60 px 等。

弹出式广告是在用户打开网页时，以弹出一个小窗口的形式呈现的广告，它能使用户不得不浏览广告内容，从而获得较好的广告效果。弹出式广告的常见尺寸有 425 px×320 px、470 px×350 px。

悬浮式广告是在网页左右两侧随滚动条上下移动，或在网页中自由移动的广告，可分为悬浮侧栏、悬浮按钮和悬浮视窗 3 种形式。悬浮式广告的常见尺寸有 120 px×270 px、100 px×100 px、300 px×250 px。

翻卷式广告通常位于网页的右上角，不随屏滚动，翻卷角上有明确的"关闭"字样。一般尺寸为 350 px×250 px。

3.3　节日促销广告设计

素　材	随书资源 \ 03 \ 案例文件 \ 素材 \ 01.jpg、02.jpg
源文件	随书资源 \ 03 \ 案例文件 \ 源文件 \ 节日促销广告设计.psd

3.3.1 案例分析

　　设计关键点：本案例要为某女包店铺设计"6.18"促销活动的横幅式广告。广告中需要明确展示促销活动的时间和内容（如优惠方式等），此外还需要适当出现商品的形象，让顾客初步了解店铺所销售商品的类型。

　　设计思路：根据设计的关键点，在创作时将促销活动的时间安排在画面中间，并通过对文字进行立体化设计，让文字更加醒目，从而吸引顾客的关注。将女包图像抠取出来放到文字两侧，并对图像的颜色进行处理，让图像的颜色与画面的整体色调相协调。

　　配色推荐：蓝紫色 + 橙黄色 + 粉红色。蓝紫色是一种优雅而时尚的颜色，用作广告的背景色能给人留下知性而华丽的印象；在蓝紫色的背景中运用调性相近的橙黄色和粉红色进行色相的对比和调和，能使整体画面看起来既活泼又有秩序感。

3.3.2 操作流程

　　本案例的总体制作流程是先在 CorelDRAW 中制作广告背景图和立体文字，然后在 Photoshop 中打开绘制的背景图，添加女包图像并调整其颜色，统一画面色调。

【CorelDRAW 应用】

1．制作背景图

　　用"矩形工具"绘制图形并填充颜色，确定背景的主色调；然后用"钢笔工具"在页面下方绘制不规则的图形，使画面更有层次感；最后用"椭圆形工具"绘制大小和颜色不同的圆形等作为装饰。具体操作步骤如下。

步骤 01 创建新文档

启动 CorelDRAW，按快捷键【Ctrl+N】，打开"创建新文档"对话框。❶输入新文档的名称，❷单击"RGB"单选按钮，❸设置文档的"宽度"和"高度"分别为 1500 px 和 600 px，单击"OK"按钮，新建文档。

步骤 02 用"矩形工具"绘制图形

❶双击"矩形工具"按钮，绘制一个与页面等大的矩形。选择"交互式填充工具"，❷单击属性栏中的"均匀填充"按钮，❸设置矩形的填充颜色为 R125、G29、B255。选择"选择工具"，在属性栏中设置轮廓宽度为"无"，去除轮廓线。

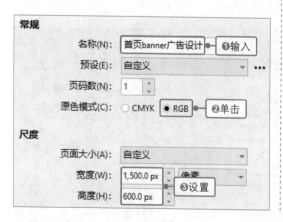

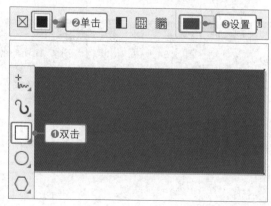

步骤 03 用"椭圆形工具"绘制图形

选择"椭圆形工具",按住【Ctrl】键拖动鼠标,绘制一个圆形。选择"交互式填充工具",❶单击属性栏中的"均匀填充"按钮,❷设置圆形的填充颜色为 R5、G76、B255。选择"选择工具",在属性栏中设置轮廓宽度为"无",去除轮廓线。

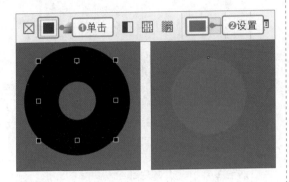

步骤 04 纵向复制图形

用"选择工具"选中圆形。打开"变换"泊坞窗,❶单击"位置"按钮,❷设置"X"为 0 px、"Y"为 -19 px,❸设置"副本"为 30,❹单击"应用"按钮,纵向复制出多个圆形。

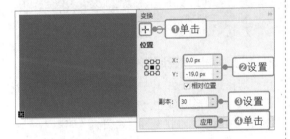

步骤 05 选中并合并对象

选择"选择工具",通过拖动鼠标框选所有圆形对象。单击属性栏中的"焊接"按钮,合并所选的圆形对象。

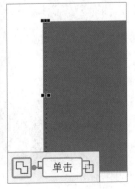

步骤 06 横向复制图形

打开"变换"泊坞窗,❶设置"X"为 18 px、"Y"为 0 px,❷设置"副本"为 82,❸单击"应用"按钮,横向复制出多组焊接后的圆形。

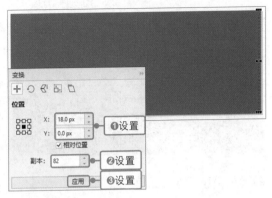

步骤 07 选中并合并对象

用"选择工具"框选所有圆形,再次单击属性栏中的"焊接"按钮,合并所有圆形。

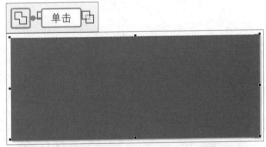

步骤 08 用"透明度工具"设置半透明效果

选择"透明度工具",❶单击属性栏中的"渐变透明度"按钮,❷单击"椭圆形渐变透明度"按钮,在圆形上按住鼠标左键并拖动,❸在属性栏中设置"节点透明度"为 70。

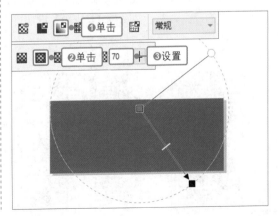

步骤 09 复制图形并更改填充颜色

用"选择工具"选中圆形，再按快捷键【Ctrl+C】和【Ctrl+V】复制圆形。选择"交互式填充工具"，在属性栏中更改填充颜色为白色。

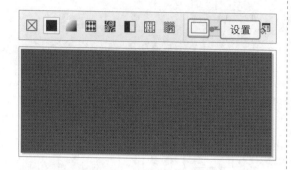

步骤 10 调整透明度效果

将复制的圆形稍微向左移动一点距离。选择"透明度工具"，在复制的圆形上按住鼠标左键并拖动，调整透明度范围。

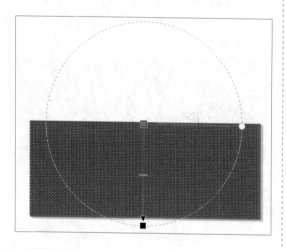

步骤 11 删除对象

选择"形状工具"，在页面左侧通过拖动鼠标框选最左侧的一列圆形，然后按【Delete】键删除选中的圆形。

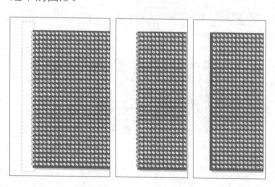

步骤 12 用"钢笔工具"绘制图形

选择"钢笔工具"，在页面底部左侧绘制所需图形。选择"交互式填充工具"，❶单击属性栏中的"均匀填充"按钮，❷设置图形的填充颜色为 R173、G161、B252。选择"选择工具"，在属性栏中设置轮廓宽度为"无"，去除轮廓线。

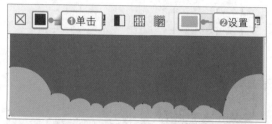

步骤 13 绘制更多图形

用"钢笔工具"在页面底部绘制更多的图形，分别填充合适的颜色并去除轮廓线。

步骤 14 为图形设置阴影效果

用"选择工具"选中其中一个图形。选择"阴影工具"，在图形中按住鼠标左键并向上拖动，为图形添加阴影。❶在属性栏中设置"阴影不透明度"为 25，❷设置"阴影羽化"为 10，❸设置"阴影角度"为 90，❹设置"阴影延展"为 106。

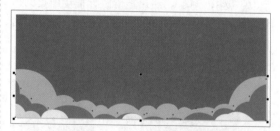

步骤 15 绘制图形并填充渐变颜色

选择"椭圆形工具",按住【Ctrl】键拖动鼠标,绘制一个圆形。展开"属性"泊坞窗,❶单击"填充"按钮,跳转到填充属性,❷单击"渐变填充"按钮,❸设置从 R250、G97、B74 到R255、G218、B41 的渐变颜色。

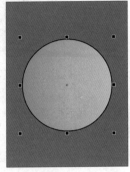

步骤 16 调整渐变颜色的填充角度

选择"交互式填充工具",❶在圆形上按住鼠标左键并向下拖动,更改渐变颜色的填充角度。选择"选择工具",❷在属性栏中设置轮廓宽度为"无",去除轮廓线。

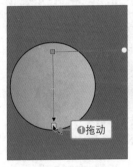
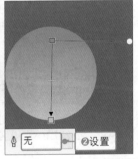

步骤 17 绘制更多图形

用相同的方法在不同位置绘制不同大小的圆形,并分别填充不同的颜色。

步骤 18 绘制折线并转换为图形

选择"钢笔工具",在页面中连续单击,绘制一条折线。打开"属性"泊坞窗,❶单击"轮廓"按钮,❷设置轮廓颜色为 R255、G33、B25,❸设置轮廓宽度为 5 px。❹执行"对象 > 将轮廓转换为对象"菜单命令,将轮廓转换为图形对象。

步骤 19 设置斜角样式

执行"窗口 > 泊坞窗 > 效果 > 斜角"菜单命令,打开"斜角"泊坞窗。❶单击"浮雕"单选按钮,❷设置"间距"为 6 px,❸设置"强度"为 100,❹设置"方向"为 263,单击"应用"按钮。

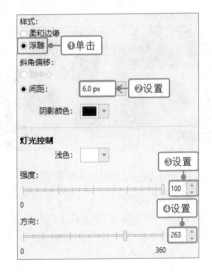

技巧提示　选择斜角样式

"斜角"泊坞窗中有"柔和边缘"和"浮雕"两种斜角样式:"柔和边缘"样式可为创建的区域添加阴影效果;"浮雕"样式可为对象添加浮雕效果。

步骤 20 查看斜角效果

在文档窗口中可以看到对折线图形应用斜角样式后的效果。

步骤 21 绘制更多图形

继续用相同的方法在页面中绘制更多图形，并设置所需的样式效果。

2. 制作立体文字

用"文本工具"在页面中间输入文本，将文本转换为曲线后做变形处理；用"立体化工具"将文本由平面图形转换为立体图形，再用"投影工具"在文本下方添加投影，进一步增强文本的立体感。具体操作步骤如下。

步骤 01 用"文本工具"输入数字

选择"文本工具"，❶在属性栏中设置合适的字体和字体大小，在页面中输入数字"618"，❷在"文本"泊坞窗中将文本填充颜色设置为R250、G250、B250。

步骤 02 将文本转换为曲线并绘制图形

用"选择工具"选中文本，执行"对象>转换为曲线"菜单命令或按快捷键【Ctrl+Q】，将文本转换为曲线。选择"矩形工具"，在数字上方拖动鼠标，绘制一个矩形。

步骤 03 移除前面对象

用"选择工具"同时选中矩形和转换为曲线后的文本，单击属性栏中的"移除前面对象"按钮，移除矩形中间的文字部分。

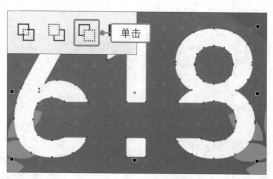

步骤 04 用"立体化工具"设置立体效果

选择"立体化工具"，在修剪后的文字上按住鼠标左键并拖动，创建立体化效果，并将对象的填充设置应用到立体模型上。

步骤 05 更改立体化属性

展开"立体化工具"的属性栏，❶设置"深度"为 6，❷单击"立体化颜色"按钮，❸在展开的面板中单击"使用递减的颜色"按钮，❹设置从 R237、G95、B220 到 R140、G0、B156 的递减颜色。

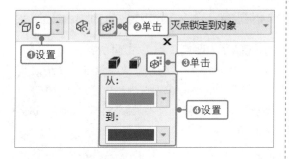

步骤 06 查看设置效果

在文档窗口中可以看到更改立体模型的立体化属性后的效果。

步骤 07 用"文本工具"输入文本

选择"文本工具"，在属性栏中设置合适的字体和字体大小，在数字中间输入文本"年中钜惠"。

步骤 08 用"立体化工具"设置立体效果

选择"立体化工具"，在文本上按住鼠标左键并向下拖动，设置立体化效果。

步骤 09 更改立体化属性

❶在"立体化工具"的属性栏中设置"深度"为 3，❷单击"立体化颜色"按钮，❸在展开的面板中单击"使用递减的颜色"按钮，❹设置从 R97、G97、B97 到 R35、G25、B21 的递减颜色。

步骤 10 查看设置效果

在文档窗口中可以看到更改立体模型的立体化属性后的效果。

步骤 11 用"文本工具"输入文本

选择"文本工具"，在属性栏中设置合适的字体和字体大小，在数字下方输入文本"冲刺底价"。

步骤 12 将文本转换为曲线并变形

执行"对象 > 转换为曲线"菜单命令，或按快捷键【Ctrl+Q】，将文本转换为曲线。然后用"形状工具"编辑文字图形，调整文字的外观。最后用"选择工具"选取对象，更改部分图形的填充颜色。

步骤 13 复制立体化属性

用"选择工具"选中下方变形后的文本对象。选择"立体化工具"，单击属性栏中的"复制立体化属性"按钮，当鼠标指针变为黑色箭头形状时，在立体化的数字上单击，将数字的立体化属性复制到所选文本对象上。

步骤 14 继续设置立体效果

按照相同的方法，通过复制立体化属性为另外几个文本对象添加相似的立体化属性，并适当调整立体化深度，完成立体化文字的设置。

步骤 15 用"阴影工具"添加阴影

选择"阴影工具"，❶从文字中间向右下方拖动，为文字添加阴影，❷在属性栏中设置"阴影不透明度"为 50，❸设置"阴影羽化"为 15，调整阴影的效果。

步骤 16 为其他文本添加阴影并导出图像

用"阴影工具"为变形后的"冲刺底价"文本添加合适的阴影效果。最后用"矩形工具"在下方绘制一个矩形，并用"文本工具"在矩形中输入所需文字。执行"文件 > 导出"菜单命令，将作品导出为 PSD 格式文件。

【Photoshop 应用】

3. 添加商品图像

将女包素材图像导入编辑好的背景中，为图像添加图层蒙版后用"画笔工具"编辑蒙版，抠出女包图像；通过创建"纯色"填充图层并更改图层混合模式，改变女包图像的颜色，使其更好地融入背景。具体操作步骤如下。

步骤 01 用"矩形选框工具"创建选区

在 Photoshop 中打开前面导出的图像，选择"矩形选框工具"，❶在选项栏中选择"固定大小"样式，❷设置"宽度"为 1500 px，❸设置"高度"为 600 px，在画面左上角单击，创建矩形选区。

步骤 02 用"裁剪工具"裁剪图像

单击"裁剪工具"按钮，此时会自动根据选区创建一个裁剪框，按【Enter】键实施裁剪。

步骤 03 置入图像并编辑图层蒙版

执行"文件 > 置入嵌入对象"菜单命令，将素材图像"01.jpg"置入画面，得到"01"图层。单击"图层"面板底部的"添加图层蒙版"按钮，❶添加蒙版，❷在工具箱中设置前景色为黑色，❸用"画笔工具"在女包图像四周的背景上涂抹。

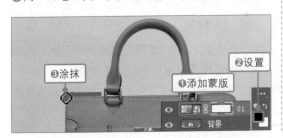

步骤 04 利用蒙版隐藏图像

继续用"画笔工具"涂抹背景区域，将女包图像四周的背景都隐藏起来。

步骤 05 调整图像大小和角度

按快捷键【Ctrl+T】打开自由变换编辑框。用鼠标向内拖动编辑框右上角的控制手柄，缩小图像。将鼠标指针放在右上角的控制手柄外侧，当鼠标指针变为折线箭头形状时，拖动鼠标以旋转图像。

步骤 06 创建"纯色"填充图层

❶按住【Ctrl】键单击"01"图层蒙版缩览图，载入选区。新建"纯色"填充图层，❷在打开的"拾色器（纯色）"对话框中设置填充颜色为 R152、G78、B250，❸单击"确定"按钮。

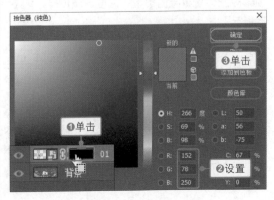

步骤 07 更改图层混合模式

在"图层"面板中会生成"颜色填充 1"填充图层，并用设置的颜色填充选区。将此图层的混合模式设置为"颜色"，更改女包图像的颜色，统一画面色调。

步骤 09 继续置入图像并调整颜色

用相同的方法置入素材图像"02.jpg"。创建"颜色填充 2"填充图层和"色阶 2"调整图层，调整图像颜色。至此，本案例就制作完成了。

步骤 08 用"色阶"增强对比

再次载入女包图像选区。新建"色阶 1"调整图层，打开"属性"面板，在"预设"下拉列表框中选择"增加对比度 2"选项，增强对比效果。

3.3.3 │ 知识扩展——创建立体化效果

在 CorelDRAW 中，使用"立体化工具"可以基于矢量图形和文本对象创建不同类型的三维立体化效果，并且可以通过调整填充颜色、阴影方向和光源位置，控制立体化效果的外观。需要注意的是，不能基于位图图像创建立体化效果。

选择"立体化工具"后，可以拖动鼠标来创建立体化效果，也可以选择预设的立体化效果。这里先介绍前一种方法，后一种方法结合"立体化工具"的属性栏进行介绍。用"选择工具"选中对象，单击工具箱中的"立体化工具"，在所选对象中间按住鼠标左键，向需要设置立体阴影的位置拖动，如右图一所示，拖动到合适的位置时释放鼠标，即可形成立体化效果，如右图二所示。

创建立体化效果后，可以通过属性栏中的选项修改立体化效果的类型、深度、颜色等，如下图所示。

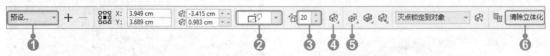

❶ 预设列表：选中要创建立体化效果的对象，选择"立体化工具"，然后在属性栏中单击"预设列表"，在展开的下拉列表中选择一种预设的立体化效果，即可将其快速应用到所选对象上。

❷ 立体化类型：单击"立体化类型"，在展开的下拉列表中可以选择要应用到对象上的立体化类型，如下页图所示。

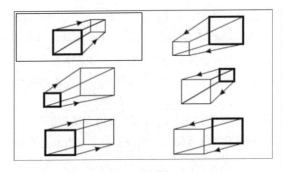

❸ 立体化深度：用于调整立体化效果的厚度及明显程度。可以单击右侧的微调按钮更改数值，也可以直接输入数值。设置的数值越大，得到的立体化效果就越明显，如下图所示。

❹ 立体化旋转：用于设置形成的立体图形的角度。单击"立体化旋转"按钮，在打开的面板中通过拖动图形来控制立体化对象的角度，如下图所示。

❺ 立体化颜色：用于设置形成的立体图形的颜色，包含"使用对象填充""使用纯色""使用递减的颜色"3 种填充类型。默认选择"使用对象填充"，即将原对象的颜色作为立体图形的颜色；选择"使用纯色"可以重新指定某个颜色作为立体图形的颜色；选择"使用递减的颜色"可以分别设置两个颜色，应用这两个颜色为立体图形填充渐变色效果，如下图所示。

❻ 清除立体化：单击"清除立体化"按钮，可以清除创建的立体化效果。

3.4 女装广告设计

素　材	随书资源 \ 03 \ 案例文件 \ 素材 \ 03.jpg
源文件	随书资源 \ 03 \ 案例文件 \ 源文件 \ 女装广告设计.cdr

3.4.1 | 案例分析

设计关键点：本案例要为一家网店设计女装广告，在图案的设计和颜色的搭配上要与该女装品牌的目标用户特点匹配。另外，在画面中需要用比较直观的方式展示服装的穿着效果，这样才能吸引用户，提高转化率。

设计思路：根据设计的关键点，在设计背景时，用不同形状的图形进行组合并填充清新的颜色，塑造出清新而时尚的画面感；在制作好的背景上添加模特图像来展示商品，让顾客能比较直观地感受服装的穿着效果。

配色推荐：白青色 + 珊瑚粉色。白青色是在蓝色中融入了大量白色得到的颜色，其柔软温和的质感正好与女性的气质吻合，与珊瑚粉色进行搭配，能给人清新靓丽的感觉。

3.4.2 | 操作流程

本案例的总体制作流程是先在 Photoshop 中抠取模特图像，然后在 CorelDRAW 中绘制背景，将抠取的模特图像导入新背景中并添加文字。

【Photoshop 应用】

1. 抠取模特图像

用"钢笔工具"沿模特图像的边缘绘制路径，再将路径转换为选区，抠出图像；为得到更干净的画面效果，用"色彩范围"命令创建选区，抠取模特的发丝部分。具体操作步骤如下。

步骤 01 绘制路径并转换为选区

在 Photoshop 中打开人物素材图像"03.jpg"，选择"钢笔工具"，沿人物图像边缘绘制路径，按快捷键【Ctrl+Enter】，将路径转换为选区。

步骤 02 复制图像并载入选区

按快捷键【Ctrl+J】复制选区内的图像，得到"图层 1"图层。单击"背景"图层前的 ◉ 图标，隐藏"背景"图层。按住【Ctrl】键单击"图层 1"图层缩览图，载入选区。

步骤 03 用"色彩范围"创建选区

执行"选择 > 色彩范围"菜单命令，打开"色彩范围"对话框。❶在对话框中设置"颜色容差"为 200，❷勾选"反相"复选框，❸在人物发丝旁边的背景区域单击，设置选择范围。单击"确定"按钮，根据设置创建选区。

步骤 04 添加图层蒙版

单击"图层"面板底部的"添加图层蒙版"按钮，添加图层蒙版，隐藏选区内的图像。

步骤 05 用"画笔工具"编辑图层蒙版

选择"画笔工具"，❶设置前景色为白色，❷在人物图像位置涂抹，还原隐藏的人物图像。❸然后用"裁剪工具"绘制裁剪框，裁剪掉多余的部分。将抠出的人物图像另存为 PNG 格式文件。

【CorelDRAW 应用】

2．制作广告背景

用"椭圆形工具"和"钢笔工具"等图形绘制工具在页面中绘制出不同形状的图形，用"交互式填充工具"和"网状填充工具"为绘制的图形填充不同的颜色。具体操作步骤如下。

步骤 01 创建新文档

按快捷键【Ctrl+N】，打开"创建新文档"对话框，❶输入新文档名称，❷单击"RGB"单选按钮，❸设置"宽度"和"高度"分别为 2125 px 和 1600 px。单击"OK"按钮，创建新文档。

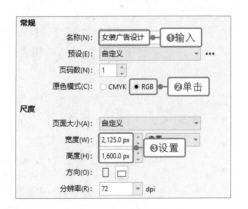

步骤 02 用"矩形工具"绘制矩形

❶双击"矩形工具"按钮，绘制一个与页面等大的矩形。选择"交互式填充工具"，❷单击属性栏中的"均匀填充"按钮，❸设置矩形的填充颜色为 R222、G239、B240。选择"选择工具"，在属性栏中设置轮廓宽度为"无"，去除轮廓线。

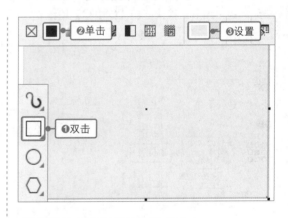

步骤 03 绘制圆形并设置透明度

选择"椭圆形工具"，按住【Ctrl】键拖动鼠标，绘制一个圆形，然后为其填充白色。选择"透明度工具"，❶单击属性栏中的"均匀透明度"按钮，❷设置"透明度"为 65。

69

步骤 04 复制水平排列的圆形

用"选择工具"选中圆形。执行"窗口 > 泊坞窗 > 变换"菜单命令，打开"变换"泊坞窗。❶单击"位置"按钮，跳转到位置属性，❷设置"X"为 45 px、"Y"为 0 px，❸设置"副本"为 46。单击"应用"按钮，根据设置的参数复制出更多圆形。选中复制的圆形，按快捷键【Ctrl+G】编组。

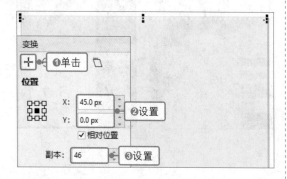

步骤 05 复制更多图形

❶在"变换"泊坞窗的位置属性下设置"X"为 0 px，"Y"为 -35 px，❷设置"副本"为 44。单击"应用"按钮，根据设置的参数复制出更多图形。选中图形，按快捷键【Ctrl+G】编组。

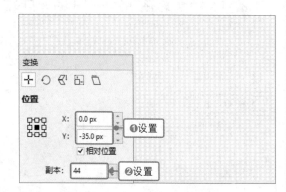

步骤 06 绘制并复制图形

选择"椭圆形工具"，按住【Ctrl】键拖动鼠标，绘制一个稍大的圆形，并将其填充为白色。复制这个圆形，将复制的圆形适当缩小后移动到合适的位置。

 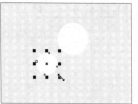

步骤 07 添加更多图形并编组

复制出更多的圆形，分别调整复制圆形的大小和位置。选中所有的白色圆形，按快捷键【Ctrl+G】将所选对象编组。

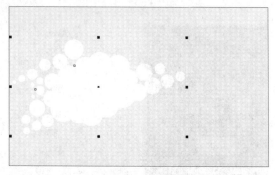

步骤 08 用"钢笔工具"绘制花纹图形

用"钢笔工具"绘制复古风格的花纹图形，单击调色板中的"白色"色标，将绘制的图形填充为白色。

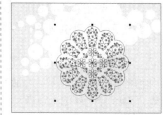 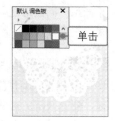

步骤 09 用"钢笔工具"绘制云朵图形

用"钢笔工具"绘制云朵形状的图形，并将图形填充为白色。通过按快捷键【Ctrl+C】和【Ctrl+V】复制图形，并将复制出的图形移到右侧合适的位置。

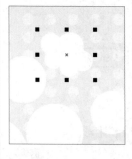 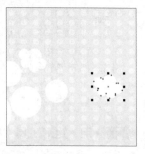

步骤 10 用"钢笔工具"绘制彩虹图形

用"钢笔工具"绘制彩虹形状的图形。选择"交互式填充工具"，❶单击属性栏中的"渐变填充"按钮，❷再单击"编辑填充"按钮。

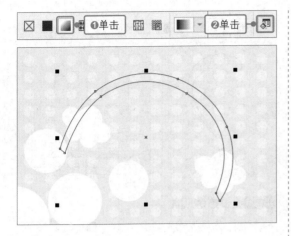

步骤 11 编辑渐变填充

打开"编辑填充"对话框，❶设置从 R255、G255、B255 到 R253、G198、B202 的渐变颜色，❷然后在"变换"选项组中设置渐变的位置和角度等参数。

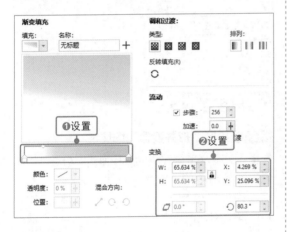

步骤 12 应用设置填充图形

设置完成后单击"OK"按钮，关闭"编辑填充"对话框，应用设置的填充选项填充图形。在图像窗口中可以看到填充后的图形效果。

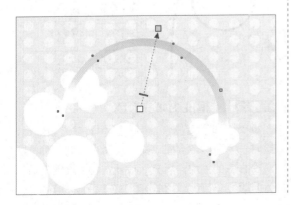

步骤 13 添加更多图形并编组

按照相同的方法，用"钢笔工具"再绘制几个彩虹图形，并为它们填充合适的渐变颜色。用"选择工具"同时选中所有的彩虹图形，按快捷键【Ctrl+G】将所选对象编组。

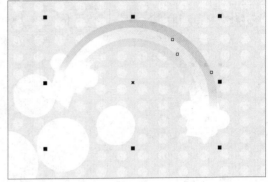

步骤 14 调整图形的叠放层次

用"选择工具"选中云朵图形，按快捷键【Ctrl+PageUp】，将云朵图形移至彩虹图形的上方。

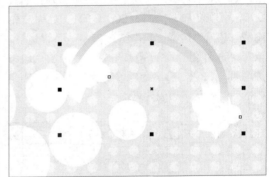

步骤 15 用"多边形工具"绘制六边形

选择"多边形工具"，❶在属性栏中设置"点数或边数"为 6，绘制六边形。选择"交互式填充工具"，❷单击属性栏中的"均匀填充"按钮，❸设置六边形的填充颜色为 R255、G153、B204。选择"选择工具"，在属性栏中设置轮廓宽度为"无"，去除轮廓线。

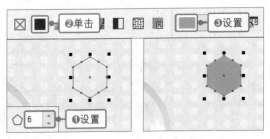

步骤16 复制图形并设置透明度

按【+】键复制多边形，将复制的图形缩小并移至合适的位置。选择"透明度工具"，❶单击属性栏中的"均匀透明度"按钮，❷设置"透明度"为60，让图形呈半透明效果。

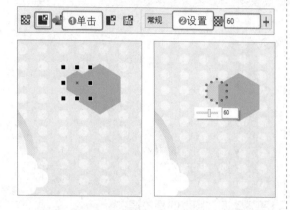

步骤17 绘制图形并设置透明度

选择"多边形工具"，在下方继续绘制两个六边形，❶将两个六边形的填充颜色分别设置为R3、G185、B188和R16、G190、B191，并去除轮廓线。❷用"选择工具"选中其中一个六边形，选择"透明度工具"，❸单击属性栏中的"均匀透明度"按钮，❹设置"透明度"为40，让选中的六边形呈半透明效果。

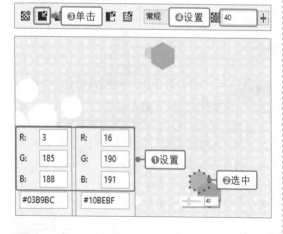

步骤18 绘制图形并填充颜色

用"钢笔工具"绘制所需的图形。选择"交互式填充工具"，❶单击属性栏中的"均匀填充"按钮，❷设置图形的填充颜色为R255、G198、B212。选择"选择工具"，❸在属性栏中设置轮廓宽度为"无"，去除轮廓线。

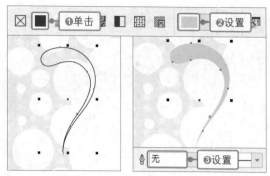

步骤19 设置透明度

用"选择工具"选中图形对象。❶单击"属性"泊坞窗中的"透明度"按钮，跳转到透明度属性，❷单击"均匀透明度"按钮，❸然后设置"透明度"为75。

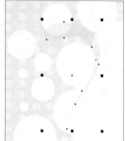

步骤20 绘制图形并设置轮廓属性

选择"贝塞尔工具"，绘制一条曲线。❶单击"属性"泊坞窗中的"轮廓"按钮，跳转到轮廓属性，❷设置轮廓颜色为R255、G116、B124，❸设置轮廓宽度为2.28 px，更改曲线图形的轮廓样式。

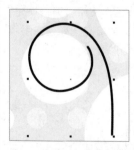

步骤21 绘制图形并填充颜色

选择"椭圆形工具"，按住【Ctrl】键拖动鼠标，绘制一个圆形。选择"交互式填充工具"，❶单击属性栏中的"均匀填充"按钮，❷设置填充颜色为R255、G116、B124。然后去除圆形的轮廓线。

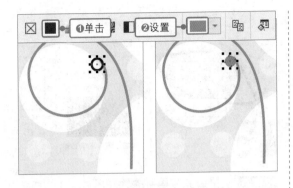

步骤 22 **绘制曲线和图形**

结合"钢笔工具"和"椭圆形工具"再次绘制曲线和圆形。用"选择工具"选中曲线和圆形，按快捷键【Ctrl+G】将对象编组。

 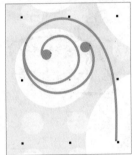

步骤 23 **设置透明度**

选择"透明度工具"，❶单击属性栏中的"均匀透明度"按钮，❷设置"透明度"为 75，让图形呈半透明效果。继续用相同的方法绘制更多相同颜色的图形，并设置为半透明效果。

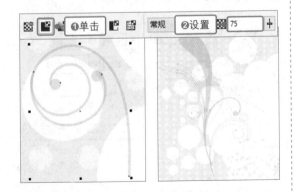

步骤 24 **用"椭圆形工具"绘制圆形**

选择"椭圆形工具"，按住【Ctrl】键拖动鼠标，绘制圆形。打开"属性"泊坞窗，❶单击"轮廓"按钮，跳转到轮廓属性，❷设置轮廓颜色为 R255、G116、B124。

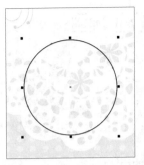 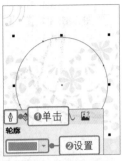

步骤 25 **设置透明度**

用"选择工具"选中圆形。❶单击"属性"泊坞窗中的"透明度"按钮，跳转到透明度属性，❷单击"均匀透明度"按钮，❸设置"透明度"为 75，让圆形呈半透明效果。

步骤 26 **复制图形并调整大小**

按快捷键【Ctrl+C】和【Ctrl+V】，复制圆形。用"选择工具"选中复制的圆形，按住【Shift】键向圆心拖动编辑框的控制手柄，等比例缩小圆形。用相同的方法复制出更多的圆形，将这些圆形选中后按快捷键【Ctrl+G】进行编组。

步骤 27 **用"钢笔工具"绘制飞鸟图形**

选择"钢笔工具"，绘制飞鸟形状的图形。选择"交互式填充工具"，设置飞鸟图形的填充颜色为 R255、G116、B124。然后去除图形的轮廓线。

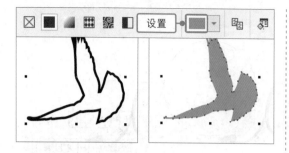

步骤 28 继续绘制更多图形

结合使用"钢笔工具"和"形状工具"，继续在画面中绘制更多图形。为绘制的图形填充合适的颜色，并设置为半透明效果。

步骤 29 用"钢笔工具"绘制图形

选择"钢笔工具"，在左下方绘制一个叶子形状的图形。❶单击"属性"泊坞窗中的"填充"按钮，跳转到填充属性，❷单击"渐变填充"按钮，❸设置图形的填充颜色为从 R207、G219、B151 到 R163、G182、B102 的渐变颜色。

步骤 30 用"网状填充工具"填充图形

用"钢笔工具"再次绘制图形。选择"网状填充工具"，对图形应用网状填充。❶选中网格中间的节点，❷单击属性栏中的"网状填充颜色"下拉按钮，❸在展开的颜色挑选器中设置节点颜色为 R186、G214、B92。

步骤 31 设置填充效果并去除轮廓线

用设置的颜色更改网状填充的效果。选中网格节点，调整节点填充位置，控制填充效果。在"属性"泊坞窗中设置轮廓宽度为"无"，去除轮廓线。

 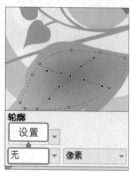

步骤 32 用"钢笔工具"绘制叶脉

选择"钢笔工具"，绘制叶脉图形。❶单击"属性"泊坞窗中的"填充"按钮，跳转到填充属性，❷单击"渐变填充"按钮，❸设置图形的填充颜色为从 R255、G255、B255 到 R168、G205、B151 的渐变颜色。然后去除图形的轮廓线。

步骤 33 绘制更多的叶子图形和叶脉图形

按照相同的方法，用"钢笔工具"在页面中绘制更多的叶子图形和叶脉图形，并为图形填充合适的颜色。

步骤 34 用"钢笔工具"绘制花瓣图形

选择"钢笔工具"，在叶子上方绘制一个花瓣形状的图形。选择"交互式填充工具"，设置图形的填充颜色为 R228、G226、B201。在"属性"泊坞窗中设置轮廓宽度为"无"，去除轮廓线。

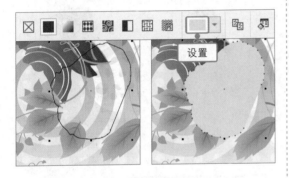

步骤 35 复制图形并设置网状填充效果

按【+】键复制一个花瓣图形。选择"网状填充工具"，显示填充网格，通过调整网格节点的数量和颜色，为花瓣图形填充更自然的颜色。

 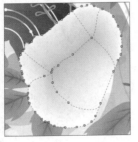

步骤 36 绘制更多花瓣并组合为花朵

用相同的方法绘制更多不同形状的花瓣图形，并用"网状填充工具"为图形填充合适的颜色。选中组成花朵的花瓣图形，按快捷键【Ctrl+G】进行编组。复制编组对象，单击属性栏中的"水平镜像"按钮，水平翻转对象。

步骤 37 调整对象的大小和位置

用"选择工具"选中翻转后的花朵图形，用鼠标向内侧拖动右上角的控制手柄，缩小花朵图形，然后将其移到合适的位置。

3. 添加人物图像

绘制好广告背景图后，将前面用 Photoshop 抠取出来的人物图像导入页面，调整人物图像的位置和面向的方向，并添加阴影效果。具体操作步骤如下。

步骤 01 导入并翻转人物图像

执行"文件 > 导入"菜单命令，导入人物图像。然后单击属性栏中的"水平镜像"按钮，水平翻转图像。

步骤 02 旋转人物图像

保持人物图像的选中状态，选择"选择工具"，单击人物图像以显示旋转手柄，用鼠标拖动右上角的旋转手柄，旋转图像。

步骤 03 绘制矩形并裁剪图像

选择"矩形工具"，在超出画布边缘的人物图像上绘制一个矩形。用"选择工具"同时选中人物图像和绘制的矩形，单击属性栏中的"移除前面对象"按钮，移除矩形内的人物图像。

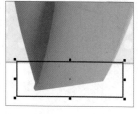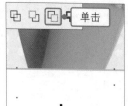

步骤 04 用"阴影工具"添加阴影

选择"阴影工具"，❶在人物图像上按住鼠标左键并拖动，添加阴影，❷然后在属性栏中设置"阴影不透明度"为 17，❸设置"阴影羽化"为 14，调整阴影效果。

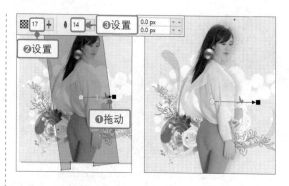

步骤 05 复制并翻转人物图像

用"选择工具"选中人物图像，按【+】键复制人物图像。单击属性栏中的"水平镜像"按钮，水平翻转图像。

步骤 06 调整图像的透明度

调整复制图像的大小和位置。选择"透明度工具"，❶单击属性栏中的"均匀透明度"按钮，❷设置"透明度"为 15，让图像呈半透明效果。

步骤 07 调整对象的叠放层次

选择"选择工具"，然后连续按快捷键【Ctrl+PageDown】，调整对象的叠放层次，将复制的人物图像移到背景中的花纹下方。

4．制作广告文案

完成广告图像的设计后，结合"文本工具"和"文本"泊坞窗在画面中添加文字，说明商品信息和活动信息，然后运用图形绘制工具在文字旁边绘制一些简单的图形作为装饰元素。具体操作步骤如下。

步骤 01 用"文本工具"输入文本

选择"文本工具"，在属性栏中设置合适的字体和字体大小，在人物图像右侧输入文本"SPRING LONGING"。

步骤 02 设置"文本"属性

打开"文本"泊坞窗，❶设置文本颜色为 R55、G128、B126，❷单击"段落"按钮，跳转到段落属性，❸单击"中"按钮，更改文本对齐方式，❹设置"字符间距"为 35%，增大字符间距。

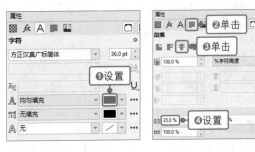

步骤 03 设置透明度

选择"透明度工具"，❶单击属性栏中的"均匀透明度"按钮，❷设置"透明度"为 25，让文本呈半透明效果。

步骤 04 继续添加文本

结合"文本工具"和"文本"泊坞窗，在人物图像右侧输入更多文本。选择"选择工具"，单击选中下方粉红色的文本对象。

步骤 05 用"阴影工具"添加阴影

选择"阴影工具"，❶在文本上向右下方拖动鼠标，为文本添加阴影，❷在属性栏中设置"阴影不透明度"为30，❸设置"阴影羽化"为2，❹设置"阴影偏移"为 4.96 px 和 -4.18 px，调整阴影效果。

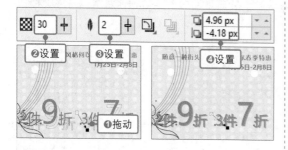

步骤 06 用"椭圆形工具"绘制图形

选择"椭圆形工具"，按住【Ctrl】键拖动鼠标，绘制一个圆形。选择"交互式填充工具"，❶单击属性栏中的"均匀填充"按钮，❷设置圆形的填充颜色为 R242、G113、B143。在"属性"泊坞窗中设置轮廓宽度为"无"，去除轮廓线。

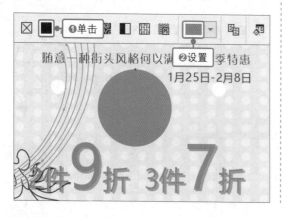

步骤 07 复制图形并更改大小和轮廓属性

选择"选择工具"，按【+】键复制圆形。按住【Shift】键向圆心拖动编辑框右上角的控制手柄，缩小圆形。打开"属性"泊坞窗，❶单击"轮廓"按钮，跳转至轮廓属性，❷设置轮廓颜色为白色，❸设置轮廓宽度为 3 px，❹选择一种虚线样式，添加轮廓线。

步骤 08 用"2 点线工具"绘制线条

选择"2 点线工具"，按住【Ctrl】键拖动鼠标，绘制一条横线。打开"属性"泊坞窗，❶单击"轮廓"按钮，跳转至轮廓属性，❷设置轮廓颜色为白色，❸设置轮廓宽度为 4 px，❹选择一种虚线样式。

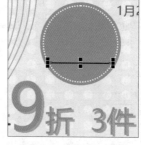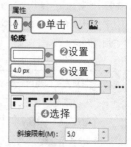

步骤 09 用"多边形工具"绘制三角形

查看将横线从实线转换成虚线的效果。选择"多边形工具"，❶在属性栏中设置"边数或点数"为 3，绘制三角形，并填充白色，❷单击属性栏中的"垂直镜像"按钮，垂直翻转三角形。

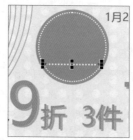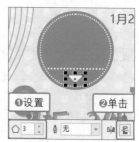

步骤 10 用 "文本工具" 输入文本

选择 "文本工具"，在属性栏中设置合适的字体和字体大小，在圆形中间输入文字 "优惠专区立即抢购"。

步骤 11 设置段落属性

打开 "文本" 泊坞窗，❶单击 "段落" 按钮，跳转至段落属性，❷单击 "中" 按钮，更改文本的对齐方式。

步骤 12 对齐对象

用图形绘制工具继续绘制其他装饰图形。❶选中文本及旁边的装饰图形，按快捷键【Ctrl+G】进行编组，❷单击 "对齐与分布" 泊坞窗中的 "页面边缘" 按钮，❸再单击 "垂直居中对齐" 按钮，对齐对象。至此，本案例就制作完成了。

3.4.3 知识扩展——用 "钢笔工具" 抠图

Photoshop 提供了多种抠图工具，其中 "钢笔工具" 的抠图效果是最为准确的。该工具具备良好的可控性，能够按照我们描绘的范围创建平滑的路径，而且边界清楚、明确，适用于抠取边缘光滑、外形复杂的对象。

用 "钢笔工具" 抠图时，需要沿着对象的边缘绘制直线路径或曲线路径，使路径与对象的边缘重合，才能准确地抠出对象。

打开一张素材图像，如右图所示，现在需要将保温杯图像抠出来。用 "钢笔工具" 绘制路径时，在保温杯图像两侧需要绘制直线路径，而在底部和提绳部分则需要绘制曲线路径。

1. 绘制直线路径

首先将鼠标指针移到保温杯图像右侧边缘位置，单击创建一个路径锚点，如下页左图所示，然后在另一个需要添加路径锚点的位置单击，这两个锚点之间就会用直线连接起来，从而得到一条直线路径，如下页右图所示。

2．绘制曲线路径

在保温杯图像一侧绘制直线路径后，接下来在杯底边缘需要绘制曲线路径。将鼠标指针移到杯底中间，按下鼠标左键不放并拖动鼠标，在按下鼠标处会添加一个锚点，并在锚点上出现曲线形状的方向线，这样就在两个锚点之间创建了一条曲线路径，如下左图所示，再按住【Alt】键单击锚点，转换锚点类型，如下右图所示。

3．抠取图像

继续用相同的方法沿保温杯图像边缘绘制路

径，使路径贴合保温杯图像边缘，如下左图所示。绘制好后单击"钢笔工具"选项栏中的"蒙版"按钮，Photoshop 会根据当前路径的形状创建矢量蒙版，此时在图像窗口中可以看到抠出的保温杯图像，如下右图所示。

除了通过单击选项栏中的"蒙版"按钮创建矢量蒙版抠出图像，也可以单击"选区"按钮或按快捷键【Ctrl+Enter】，将绘制的路径转换为选区，如下左图所示，然后按快捷键【Ctrl+J】复制选区中的图像，同样可以抠出图像。

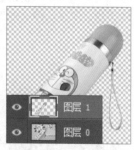

3.5 课后练习——儿童玩具广告设计

素 材	随书资源 \ 03 \ 课后练习 \ 素材 \ 01.jpg
源文件	随书资源 \ 03 \ 课后练习 \ 源文件 \ 儿童玩具广告设计.cdr

本案例要设计一幅儿童玩具广告。颜色丰富而鲜艳的事物对儿童的吸引力更大，因此，本案例的背景图案和文字需要使用相对鲜艳、有活力的配色，对商品素材图像也需要进行明暗和颜色的调整，使其颜色变得更饱满。

● 在 Photoshop 中打开拍摄的玩具照片，用"钢笔工具"沿玩具图像边缘绘制路径，再将路径转换为选区，抠出玩具图像；

● 用"曲线"调整图像的亮度，使灰暗的图像变得明亮，用"自然饱和度"美化图像的颜色，让图像变得鲜艳；

● 在 CorelDRAW 中用"矩形工具"和"钢笔工具"等图形绘制工具绘制出广告的背景图案；

● 用"文本工具"输入广告文字，将其中的标题文字转换为曲线并调整其形状，得到更有创意的文字设计效果。

第4章
海报设计

　　海报是指张贴在街道、商业区、机场、车站等公共场所，以达到宣传目的的文字和图画，又称为宣传画或招贴画。海报设计大多采用鲜明夺目的色彩、凝练的图形符号、号召力强的文字、构思新奇的创意进行表现。相对于其他的广告形式而言，海报的画面篇幅普遍较大，视觉冲击力也较强，因而成为当今最具精神渗透力的信息传播载体之一。

　　本章包含两个案例：啤酒节海报设计，该海报通过提取活动相关素材展开设计，突出特定的活动氛围；地产海报设计，该海报在画面中突出表现楼盘的优势和卖点，通过回应购房者比较关注的问题来吸引购房者的注意。

4.1　海报的分类

　　海报按其应用目的大致可以分为商业海报、文化海报、电影海报、公益海报等，如下图所示。这几类海报之间其实并没有绝对清晰的分界线，很多时候它们相互融合，取长补短。例如，如今许多企业热衷于参与公益活动，通过在公益海报中"亮相"来塑造企业形象，这一风潮也影响了商业海报的设计，使其在设计理念上向公益海报靠拢，变得更注重文化性和艺术性。

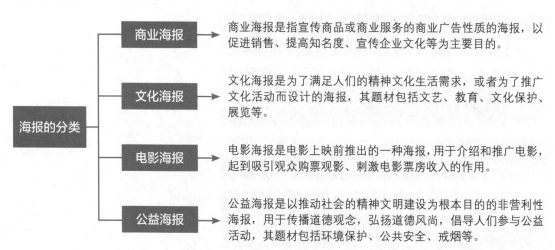

4.2　海报的设计要点

　　海报的设计不拘一格，可以通过图形、文字、颜色、构图等诸多因素的结合，构造出强烈的视觉效果，以快速抓住目标群体的眼球并传达有效信息。海报的设计要点如下页图所示。

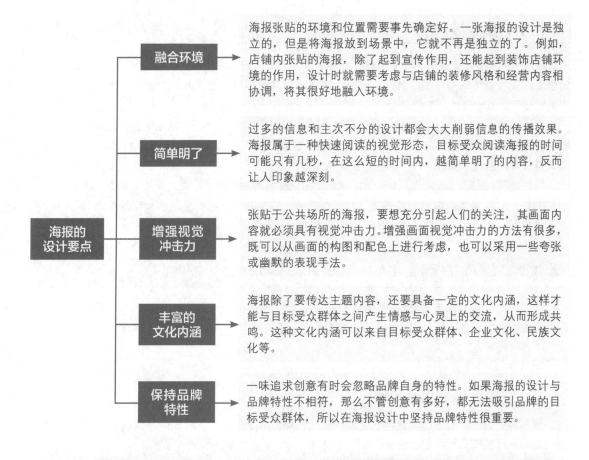

融合环境 → 海报张贴的环境和位置需要事先确定好。一张海报的设计是独立的，但是将海报放到场景中，它就不再是独立的了。例如，店铺内张贴的海报，除了起到宣传作用，还能起到装饰店铺环境的作用，设计时就需要考虑与店铺的装修风格和经营内容相协调，将其很好地融入环境。

简单明了 → 过多的信息和主次不分的设计都会大大削弱信息的传播效果。海报属于一种快速阅读的视觉形态，目标受众阅读海报的时间可能只有几秒，在这么短的时间内，越简单明了的内容，反而让人印象越深刻。

增强视觉冲击力 → 张贴于公共场所的海报，要想充分引起人们的关注，其画面内容就必须具有视觉冲击力。增强画面视觉冲击力的方法有很多，既可以从画面的构图和配色上进行考虑，也可以采用一些夸张或幽默的表现手法。

丰富的文化内涵 → 海报除了要传达主题内容，还要具备一定的文化内涵，这样才能与目标受众群体之间产生情感与心灵上的交流，从而形成共鸣。这种文化内涵可以来自目标受众群体、企业文化、民族文化等。

保持品牌特性 → 一味追求创意有时会忽略品牌自身的特性。如果海报的设计与品牌特性不相符，那么不管创意有多好，都无法吸引品牌的目标受众群体，所以在海报设计中坚持品牌特性很重要。

4.3　啤酒节海报设计

素　材	随书资源 \ 04 \ 案例文件 \ 素材 \ 01.jpg、02.png、03.ai
源文件	随书资源 \ 04 \ 案例文件 \ 源文件 \ 啤酒节海报设计.cdr

4.3.1 | 案例分析

设计关键点：本案例要为啤酒节设计宣传海报。啤酒节是一种具备狂欢性质的活动，在设计海报时就要注重营造热闹的氛围。另外，海报中还需要有啤酒节的举办时间、参与的啤酒厂商、酒水饮料的价格等大众比较关注的信息。

设计思路：根据设计的关键点，可以通过拥挤的人群图像营造热闹的活动氛围，用啤酒瓶盖图像和装满啤酒的酒杯图像形成视觉中心，起到烘托气氛和宣传主题的作用。海报中的文字内容比较多，在编排时可以通过字体、字号和颜色的变化来区分主次。

配色推荐：深蓝色 + 黄色。本案例中啤酒节的举办时间是炎热的夏季，使用深蓝色作为画面的主色调能使人产生清凉舒爽的心理感受，与畅饮啤酒的感受吻合。搭配上明度较高的黄色，可以形成非常强烈的对比，让画面具备很强的视觉冲击力。

4.3.2 | 操作流程

本案例的总体制作流程是先在 Photoshop 中对素材图像进行模糊处理，再利用调整图层和填充图层调整图像的颜色，然后在 CorelDRAW 中导入处理好的图像，再添加装饰元素和文字内容。

【Photoshop 应用】

1. 模糊图像并调整颜色

海报需要有一个合适的背景。这里选择一张在舞台下拍摄的人群照片作为背景，用"高斯模糊"滤镜对其进行模糊处理，然后根据需要调整图像的颜色。具体操作步骤如下。

步骤 01 用滤镜模糊图像	**步骤 02** 用"渐变工具"编辑蒙版
启动 Photoshop，打开素材图像"01.jpg"。❶复制"背景"图层，得到"背景 拷贝"图层，执行"滤镜 > 模糊 > 高斯模糊"菜单命令,打开"高斯模糊"对话框，❷在对话框中设置"半径"为 12 px，❸单击"确定"按钮，用滤镜模糊图像。	单击"图层"面板底部的"添加图层蒙版"按钮，为"背景 拷贝"图层添加图层蒙版。选择"渐变工具"，❶在工具选项栏中选择"黑，白渐变"，❷单击"图层"面板中的蒙版缩览图，❸在图像窗口中从上往下拖动鼠标，用黑白渐变填充蒙版。

步骤 03 用"色相/饱和度"调整图像颜色

❶单击"调整"面板中的"色相/饱和度"按钮，新建"色相/饱和度 1"调整图层，打开"属性"面板，❷在面板中勾选"着色"复选框，❸分别设置"色相"和"饱和度"为 45 和 49，将图像转换为单色调效果。

步骤 04 用"色彩平衡"调整图像颜色

❶单击"调整"面板中的"色彩平衡"按钮，新建"色彩平衡 1"调整图层，打开"属性"面板，❷默认选择"中间调"色调，依次设置颜色值为 +4、0、-45，调整图像颜色。

步骤 05 创建"纯色"填充图层

❶单击"图层"面板底部的"创建新的填充或调整图层"按钮，❷在弹出的菜单中单击"纯色"命令，打开"纯色（拾色器）"对话框，❸输入颜色值 R212、G205、B84，单击"确定"按钮。

步骤 06 更改图层混合模式和不透明度

在"图层"面板中得到"颜色填充 1"填充图层，❶将此图层的混合模式更改为"强光"，❷设置"不透明度"为 70%，进一步调整颜色。

【CorelDRAW 应用】

2. 绘制图形并置入图像

结合"椭圆形工具"和"变换"泊坞窗绘制多个图形，用"艺术笔工具"创建具有不同外观的艺术化图形，将这些图形进行拆解、组合，得到一个图文框，再将前面处理好的图像置入该图文框。具体操作步骤如下。

步骤 01 用"矩形工具"绘制图形

启动 CorelDRAW，执行"文件 > 新建"菜单命令，❶在打开的"创建新文档"对话框中选择"A4"页面大小，创建一个 A4 大小的新文档。双击工具箱中的"矩形工具"按钮，绘制一个与页面等大的矩形，❷将矩形的填充颜色设置为 C92、M86、Y74、K64。

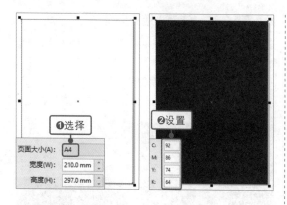

步骤 02 用"椭圆形工具"绘制图形

选择"椭圆形工具"，按住【Ctrl】键拖动鼠标，绘制圆形。打开"属性"泊坞窗，单击"填充"按钮，单击灰色色块,填充颜色，然后去除轮廓线。

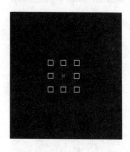
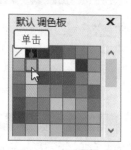

步骤 03 设置透明度

❶单击"属性"泊坞窗中的"透明度"按钮，跳转到透明度属性，❷单击"均匀透明度"按钮，❸设置"透明度"为 90，让图形呈半透明效果。

步骤 04 用"变换"泊坞窗再制对象

执行"窗口 > 泊坞窗 > 变换"菜单命令，打开"变换"泊坞窗。❶单击"位置"按钮，跳转到位置属性，❷设置"X"和"Y"分别为 0.9 mm 和 1.8 mm，❸设置"副本"为 134，❹单击"应用"按钮，创建圆形的多个副本。

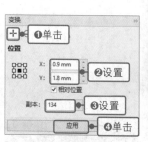

步骤 05 选中对象并编组

用"选择工具"选中所有圆形，单击属性栏中的"组合对象"按钮，将选中的对象编组。

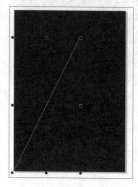

步骤 06 继续再制对象

在"变换"泊坞窗中更改再制对象的参数，❶设置"X"和"Y"分别为 2 mm 和 0 mm，❷设置"副本"为 180，❸单击"应用"按钮，创建编组对象的副本。

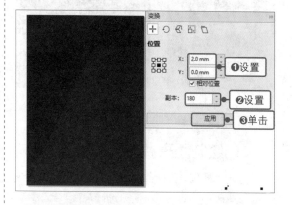

步骤 07 编组再制对象

用"选择工具"选中所有圆形，单击属性栏中的"组合对象"按钮，将选中的对象编组。

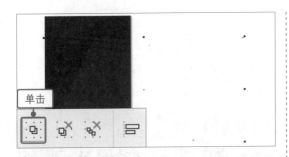

单击

步骤 08 将对象置于图框中

用"矩形工具"绘制一个与页面等宽的矩形。用"选择工具"选中编组后的圆形，右击图形，在弹出的快捷菜单中执行"PowerClip 内部"命令，在绘制的矩形内部单击，将圆形置入矩形中，并移到合适的位置。

单击

技巧提示　编辑图框中的对象

创建 PowerClip 对象后，如果需要编辑图框中的对象，可以按住【Ctrl】键单击图框，选中图框内部的对象，此时就可以对对象进行缩放、旋转等操作。

步骤 09 用"艺术笔工具"绘制图形

选择"艺术笔工具"，❶单击属性栏中的"笔刷"按钮，❷选择"飞溅"笔刷下的一种笔刷样式，在画面中拖动鼠标，绘制图形，❸右击绘制的图形，在弹出的菜单中执行"拆分艺术笔组"命令。

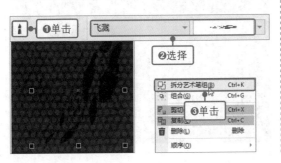

❶单击　飞溅
❷选择
拆分艺术笔组(B)　Ctrl+K
组合(G)　Ctrl+G
❸单击
剪切(X)　Ctrl+X
复制(C)　Ctrl+C
删除(L)　删除
顺序(O)

步骤 10 取消组合并删除多余图形

选择"选择工具"，单击属性栏中的"取消组合对象"按钮，将用"艺术笔工具"绘制的图形分组。用"选择工具"选中不需要的图形，按【Delete】键删除。

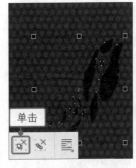

单击

步骤 11 继续用"艺术笔工具"绘制图形

继续用"艺术笔工具"绘制更多不同造型的艺术图形。

步骤 12 创建 PowerClip 对象

执行"文件 > 导入"菜单命令，导入前面在 Photoshop 中处理好的图像。执行"对象 >PowerClip> 置于图文框内部"菜单命令，将导入的图像置入上一步绘制好的图框中。

3. 绘制瓶盖图形并添加酒杯图像

为突出活动主题，结合使用"钢笔工具"和"椭圆形工具"在页面中绘制啤酒瓶盖图形，并用"交互式填充工具"为绘制的图形填充合适的渐变颜色，然后在瓶盖图形下方添加两个装满啤酒的酒杯图像。具体操作步骤如下。

步骤 01 用"钢笔工具"绘制图形

选择"钢笔工具"，在页面中绘制一个不规则图形。选择"交互式填充工具"，单击属性栏中的"渐变填充"按钮，用默认的渐变颜色填充绘制的图形。

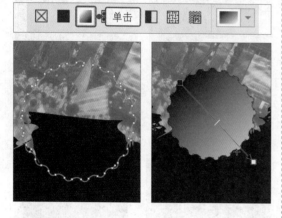

步骤 02 修改渐变颜色

打开"属性"泊坞窗，❶将图形的填充颜色修改为从 C78、M47、Y0、K0 到 C100、M100、Y65、K53 的渐变颜色。用"选择工具"选中图形，❷在属性栏中设置轮廓宽度为"无"，去除轮廓线。

步骤 03 用"透明度工具"设置合并模式

用"钢笔工具"在边缘区域绘制更多图形，再将图形填充为白色。选择"透明度工具"，在属性栏的"合并模式"下拉列表框中选择"柔光"选项，混合图形。

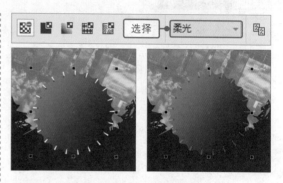

步骤 04 用"钢笔工具"绘制图形

选择"钢笔工具"，绘制更多的图形。选择"交互式填充工具"，将填充颜色分别设置为 C100、M87、Y20、K0 和 C100、M100、Y61、K26。

步骤 05 用"椭圆形工具"绘制图形

选择"椭圆形工具"，按住【Ctrl】键拖动鼠标，绘制圆形。选择"交互式填充工具"，❶单击属性栏中的"均匀填充"按钮，❷设置圆形的填充颜色为 C100、M87、Y31、K1。然后去除圆形的轮廓线。

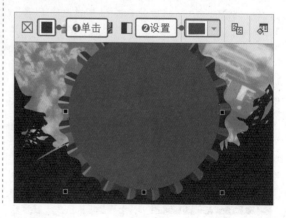

步骤06 用"椭圆形工具"绘制图形

选择"椭圆形工具",按住【Ctrl】键拖动鼠标,绘制一个更小的圆形,为其填充颜色 C94、M72、Y15、K0。

步骤07 设置透明度

展开"属性"泊坞窗,①单击"透明度"按钮,跳转到透明度属性,②单击"渐变透明度"按钮,对图形应用默认的透明度渐变效果。

步骤08 调和两个对象

用"选择工具"选中中间的圆形。选择"混合工具",将鼠标指针移到圆形上方的节点上,当鼠标指针变为形状时,按住鼠标左键并向外侧拖动,调和两个圆形,得到更有立体感的图形效果。

技巧提示 调整步长数或步长间距

使用"混合工具"可以使两个分离的矢量图形对象之间产生形状、颜色、轮廓及尺寸上的平滑变化。在混合的过程中,可以通过在属性栏中单击"调和对象"选项的数值微调按钮更改调和的步长数或步长间距,也可以直接输入数值进行调节。设置的数值越大,对象之间的过渡越自然。

步骤09 绘制图形并调整透明度

①用"钢笔工具"在调和后的圆形左上方绘制图形,将图形的填充颜色设置为白色。选择"透明度工具",②单击属性栏中的"均匀透明度"按钮,③设置合并模式为"柔光",④设置"透明度"为 10,使图形变为半透明效果。

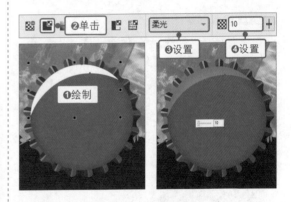

步骤10 绘制线条并设置轮廓属性

用"选择工具"选中下方的瓶盖图形并复制该图形。选择"2 点线工具",在画面中拖动鼠标,绘制一条斜线。打开"属性"泊坞窗,①单击"轮廓"按钮,跳转到轮廓属性,②设置轮廓颜色为C0、M0、Y0、K60,③设置轮廓宽度为 8 px。

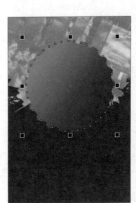
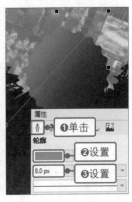

步骤 11 再制对象

打开"变换"泊坞窗，❶单击"位置"按钮，跳转到位置属性，❷设置"X"和"Y"分别为 1.925 mm 和 0 mm，❸设置"副本"为 99，单击"应用"按钮，沿水平方向再制 99 条斜线。

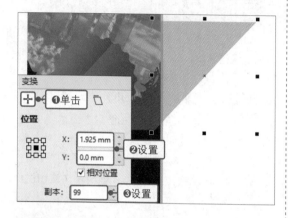

步骤 12 更改对象的透明度

选中所有斜线，按快捷键【Ctrl+G】进行编组。选择"透明度工具"，❶单击属性栏中的"均匀透明度"按钮，❷设置"透明度"为 80，得到半透明的线条效果。

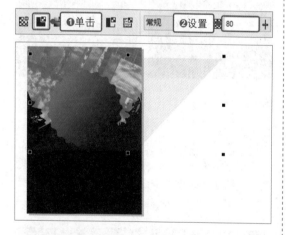

步骤 13 创建 PowerClip 对象

执行"对象 >PowerClip> 置于图文框内部"菜单命令，将鼠标指针移到瓶盖图形内单击，将斜线置入瓶盖图形中。

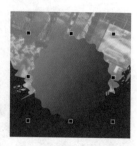

步骤 14 调整对象位置

❶单击 PowerClip 工具栏上的"选取内容"按钮，❷拖动图框中的斜线，将其移到瓶盖图形的中间位置，❸单击调色板中的"无"，去除填充颜色，只显示中间的斜线。

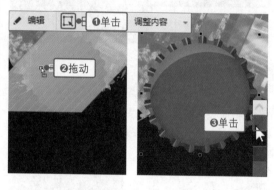

步骤 15 添加啤酒杯图像

执行"文件 > 导入"菜单命令，导入啤酒杯素材图像"02.png"。将啤酒杯图像调整至合适的大小，并移到画面中间，再按快捷键【Ctrl+C】和【Ctrl+V】，复制啤酒杯图像。将复制的啤酒杯图像适当放大，再移到右侧合适的位置上。

4. 添加文本

最后还需要在画面中添加啤酒节活动的相关说明文字。用"文本工具"输入所需文字，并设置合适的字体和字体大小；用"阴影工具"为标题文字添加阴影，增强立体感；用"2 点线工具"绘制装饰线条。具体操作步骤如下。

步骤 01 输入文本

选择"文本工具"，❶在属性栏中选择字体"Impact"，在页面中的适当位置单击并输入文本"Beer"。展开"文本"泊坞窗，单击"段落"按钮，跳转至段落属性，❷设置"字符间距"为 -39%，缩小字符间距。

步骤 02 调整文本的大小

用"选择工具"选中文本对象，将鼠标指针移到编辑框右上角的控制手柄上，当指针变为双向箭头形状时，按住左键并向右上角拖动，放大文本。

步骤 03 调整文本的高度

将鼠标指针移到编辑框上方中间的控制手柄上，当指针变为双向箭头形状时，按住左键并向下拖动，调整文本的高度。

步骤 04 用"阴影工具"添加阴影

选择"阴影工具"，❶在文本上按住鼠标左键并拖动，添加阴影，❷在属性栏中设置"阴影不透明度"为 28，❸设置"阴影羽化"为 6，❹再更改阴影偏移值，调整阴影效果。

步骤 05 叠加线条纹理

用前面介绍的方法在文本上方绘制斜线，通过再制对象制作斜线的副本。执行"对象 >Power-Clip> 置于图文框内部"菜单命令，为文本叠加线条纹理。

步骤 06 用"2 点线工具"绘制线条

选择"2 点线工具"，按住【Ctrl】键拖动鼠标，绘制两条横线，然后用"选择工具"同时选中这两条横线。

步骤 07 设置轮廓属性

❶单击"属性"泊坞窗中的"轮廓"按钮，跳转至轮廓属性，❷设置轮廓颜色为C30、M0、Y0、K0，❸设置轮廓宽度为8 px，❹选择一种虚线线条样式。

步骤 08 在线条之间输入文本

选择"文本工具"，❶在属性栏中设置合适的字体和字体大小，在两条横线之间输入文本"FESTIVAL"，❷然后在"文本"泊坞窗中设置文本的填充颜色为C30、M0、Y0、K0。

步骤 09 更改字符间距

单击"文本"泊坞窗中的"段落"按钮，跳转至段落属性，设置"字符间距"为75%，增大字符间距。

步骤 10 输入文本并调整属性

选择"文本工具"，❶在属性栏中设置合适的字体和字体大小，在页面中输入文本"青岛"。打开"文本"泊坞窗，❷设置"字符间距"为-46%，缩小字符间距。

步骤 11 输入更多文本

选择"文本工具"，❶在属性栏中设置合适的字体和字体大小，在"青岛"右侧输入文本"啤酒节"。打开"文本"泊坞窗，❷设置"字符间距"为0%，缩小字符间距。用相同的方法在页面中绘制更多图形，并输入更多文本。至此，本案例就制作完成了。

4.3.3 知识扩展——对象的再制

当需要在画面中绘制两个或两个以上具有相同的填充和轮廓属性的对象时，可以通过再制对象来提高工作效率。再制对象可以不借助剪贴板,在绘图窗口中直接生成对象的副本。再制对象与通过剪贴板复制对象有一定的相似之处,但是它的速度比复制和粘贴快,而且可以指定副本与原始对象之间的距离。再制对象的常用方法有三种:一是通过鼠标拖动的方式快速再制对象;二是使用"再制"命令;三是使用"变换"泊坞窗。

1.　通过拖动再制对象

用"选择工具"选中需要再制的对象,然后将其拖动到适当的位置,如下左图所示,在释放鼠标左键之前按下鼠标右键,即可再制出对象的副本,如下右图所示。

通过拖动再制对象后,按快捷键【Ctrl+D】即可连续再制出间距相同的副本,如下图所示。

2.　用"再制"命令再制对象

"再制"命令可根据设置的水平或垂直偏移值,再制出对象的一个副本。用"选择工具"选中一个对象,如下左图所示,然后执行"编辑 > 再制"菜单命令,如下右图所示。

执行"再制"命令后,会根据默认的偏移值在原始对象旁边创建一个副本,如下左图所示。如果想要更改副本与原始对象的距离,需要在空白区域单击,取消对象的选中状态,然后在属性栏中修改"再制距离"中 x 和 y 的数值,再执行再制操作,如下右图所示。

3.　用"变换"泊坞窗再制对象

如果需要同时再制多个副本,则要使用"变换"泊坞窗。用"变换"泊坞窗再制对象时,可以设置副本在水平或垂直方向上偏移的距离以及副本的数量。

执行"窗口 > 泊坞窗 > 变换"菜单命令,打开"变换"泊坞窗,单击"位置"按钮,跳转到位置属性,如下图所示。

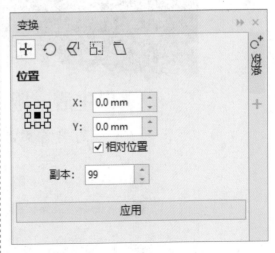

如右图一所示，在"X"和"Y"输入框中输入数值，精确控制副本移动的距离。X值为正数时副本右移，为负数时副本左移；Y值为正数时副本上移，为负数时副本下移。在"副本"输入框中输入数值，指定副本的数量。设置完成后单击"应用"按钮再制对象，效果如右图二所示。

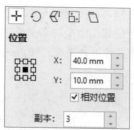

4.4 地产海报设计

素 材	随书资源 \ 04 \ 案例文件 \ 素材 \ 03.ai、04.jpg～06.jpg
源文件	随书资源 \ 04 \ 案例文件 \ 源文件 \ 地产海报设计.cdr

4.4.1 案例分析

设计关键点：本案例要为某楼盘设计宣传海报。地产海报需要与购房者的消费诉求产生共鸣，最终促使他们做出购买行为，因此，在设计时需要突出表现楼盘的特色和优势，以提高与其他同类产品的区分度，从而打动购房者。

设计思路：根据设计的关键点，首先需要提炼楼盘的特色和优势。该楼盘最大的优势卖点就是拥有优美的居住环境，在海报中可以通过融合建筑图像和风景图像，向购房者展示舒适的生活场景。其余的特色和卖点，如地理位置、物业管理、交通出行、周边配套等，可以用文字来表达，在编排时做到主次分明、条理清晰，高效地向购房者传达信息。

配色推荐：浅灰色 + 红色。浅灰色能给人成熟、稳重的感觉，以浅灰色作为主色调，可以衬托出楼盘高端、大气的形象。但是大面积地应用浅灰色难免显得呆板，所以添加少量红色来打破画面的沉闷感，同时起到突出重要信息的作用。

4.4.2 操作流程

本案例的总体制作流程是先在 Photoshop 中将不同的素材图像添加到一个文档中，并通过编辑图层蒙版拼合这些图像，将它们自然地融合起来，作为海报的背景图像，然后在 CorelDRAW 中导入编辑好的背景图像，添加楼盘的信息。

【Photoshop 应用】

1. 制作画布纹理效果

为增强海报的质感，先在 Photoshop 中创建一个新文档并填充合适的颜色，然后用"滤镜库"中的"纹理化"滤镜在背景上应用"粗麻布"纹理。具体操作步骤如下。

步骤 01 新建文档并填充颜色

启动 Photoshop，执行"文件 > 新建"菜单命令，❶设置新文档的名称，❷设置"宽度"和"高度"分别为 1500 px 和 2122 px，创建新文档。❸设置前景色为 R245、G245、B245，新建"图层 1"图层，按快捷键【Alt+Delete】，用设置的前景色填充图层。

步骤 02 将图层转换为智能对象

为方便随时修改滤镜参数，先将图层转换为智能对象图层。右击"图层 1"图层缩览图，在弹出的快捷菜单中执行"转换为智能对象"命令，将"图层 1"转换为智能对象图层。

步骤 03 用滤镜添加纹理

执行"滤镜 > 滤镜库"菜单命令，打开"滤镜库"对话框。单击"纹理"滤镜组中的"纹理化"滤镜，❶设置"缩放"为157%，❷设置"凸现"为2，添加纹理效果。

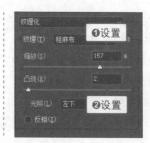

2. 组合多张素材图像

接下来要在背景上添加草地、建筑等图像。打开准备好的素材图像，将其复制到创建的文档中；用"色彩范围"创建选区，选中需要的部分，通过添加图层蒙版抠出图像；再利用调整图层调整图像颜色。具体操作步骤如下。

步骤 01 复制图像并载入选区

打开素材图像"04.jpg"，将图像复制到新文档中，得到"图层 2"图层，适当调整图像的大小和位置。按住【Ctrl】键单击"图层 2"图层缩览图，载入图层选区。

步骤 02 用"色彩范围"选择图像

执行"选择 > 色彩范围"菜单命令，打开"色彩范围"对话框。❶设置"颜色容差"为50，❷单击右侧的"添加到取样"按钮，❸然后在天空位置单击，设置选择范围，❹单击"确定"按钮。

步骤 03 基于选区创建图层蒙版

软件会根据设置的颜色范围创建选区，选中图像中的建筑部分。单击"图层"面板底部的"添加图层蒙版"按钮，基于选区为"图层 2"图层添加图层蒙版，隐藏选区外的图像。

步骤 04 用"画笔工具"编辑蒙版

❶按住【Alt】键单击"图层 2"蒙版缩览图，显示黑白的蒙版图。选择"画笔工具"，❷在工具箱中将前景色设置为白色，❸然后将需要显示出来的建筑图像涂抹为白色。

步骤 05 继续编辑蒙版

❶将前景色设置为黑色，❷用"画笔工具"在背景区域涂抹，将其填充为黑色，❸按住【Alt】键单击蒙版缩览图，显示图像，继续用画笔涂抹，隐藏多余的图像。

步骤 06 用"曲线"调整图像颜色

按住【Ctrl】键单击"图层 2"蒙版缩览图，载入蒙版选区。新建"曲线 1"调整图层，❶在打开的"属性"面板中向上拖动曲线，提亮画面，❷再选择"蓝"通道，❸再次拖动曲线，调整图像颜色。

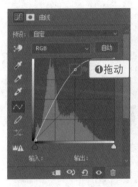
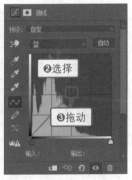

步骤 07 用"色阶"调整图像亮度

再次载入"图层 2"的蒙版选区。新建"色阶 1"调整图层，在打开的"属性"面板中设置色阶值为 24、1.87、255，调整选区中图像的亮度。

步骤 08 复制图像并载入选区

打开素材图像"05.jpg"，将图像复制到新文档中，得到"图层 3"图层。按住【Ctrl】键单击"图层 3"图层缩览图，载入图层选区。

步骤 09 用"色彩范围"选择图像

执行"选择 > 色彩范围"菜单命令，打开"色彩范围"对话框。❶设置"颜色容差"为 40，❷单击"添加到取样"按钮，❸在天空和水面位置单击，设置选择范围，❹单击"确定"按钮。

步骤 10 基于选区创建蒙版

软件会根据设置的颜色范围创建选区。单击"图层"面板底部的"添加图层蒙版"按钮，基于选区为"图层 3"图层添加图层蒙版。

步骤 11 用"曲线"调整图像明暗

按住【Ctrl】键单击"图层 3"蒙版缩览图，载入蒙版选区。新建"曲线 2"调整图层，在打开的"属性"面板中向上拖动曲线，提亮图像。

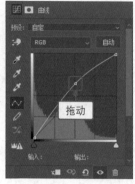

步骤 12 继续调整图像

再次载入蒙版选区。新建"色相 / 饱和度 1"调整图层，❶设置"饱和度"为 -27，降低图像颜色的饱和度。再创建"色阶 2"调整图层，❷选择"增加对比度 2"选项，降低图像的明暗对比。

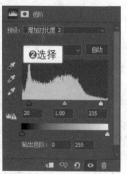

步骤 13 用"套索工具"选取图像

打开素材图像"06.jpg"，选择"套索工具"，在飞鸟图像附近拖动鼠标，创建选区。将选区内的图像复制到新文档上方，得到"图层 4"图层，并调整图像的大小和位置。

步骤 14 用"色彩范围"选择图像

按住【Ctrl】键单击"图层 4"图层缩览图，载入选区。执行"选择 > 色彩范围"菜单命令，打开"色彩范围"对话框，选择"添加到取样"工具，单击天空位置，创建选区，选择图像。

步骤 15 更改图层混合模式

❶单击"图层"面板底部的"添加图层蒙版"按钮，为"图层 4"添加图层蒙版。❷按快捷键【Ctrl+J】复制图层，得到"图层 4 拷贝"图层，❸设置该图层的混合模式为"滤色"，提亮图像。

步骤 16 用"色阶"调整图像明暗

按住【Ctrl】键单击"图层 4 拷贝"蒙版缩览图，载入蒙版选区。新建"色阶 3"调整图层，选择"加亮阴影"，提高阴影部分的亮度。

步骤 17 用"色相/饱和度"调整图像颜色

再次载入蒙版选区，新建"色相/饱和度2"调整图层，设置"饱和度"为 -71，降低图像颜色的饱和度。

【CoreIDRAW 应用】

3. 制作标志图形

经过前面的操作，完成了地产海报背景图的编辑，接下来将其导入 CoreIDRAW 中进行后续设计。为加深购房者对地产品牌的印象，用"钢笔工具"在海报左上角绘制图形，对绘制的图形进行合并、修剪等操作，制作出品牌标志图形。具体操作步骤如下。

步骤 01 用"钢笔工具"绘制图形

启动 CoreIDRAW，创建新文档，执行"文件 > 导入"命令，将编辑好的背景图像导入新文档。选择"钢笔工具"，在图像左上角绘制图形。选择"交互式填充工具"，❶单击属性栏中的"均匀填充"按钮，❷设置图形的填充颜色为 C0、M0、Y0、K100。然后去除图形的轮廓线。

步骤 02 绘制图形并进行再制

用"钢笔工具"绘制图形，为图形填充白色，并去除轮廓线。打开"变换"泊坞窗，❶单击"缩放和镜像"按钮，❷再单击"水平镜像"按钮，❸设置"副本"为1，单击"应用"按钮。

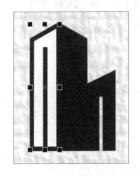
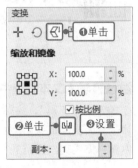

步骤 03 移动再制的副本

再制出一个水平翻转的副本。用"选择工具"选中副本，按【→】键向右移动到合适的位置。

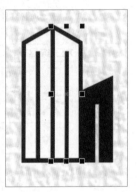

步骤 04 焊接对象并移除重叠区域

用"选择工具"选中两个白色图形，❶单击属性栏中的"焊接"按钮，合并对象，再同时选中下方的黑色图形，❷单击属性栏中的"移除前面对象"按钮，移除前面的白色图形，得到镂空的图形效果。

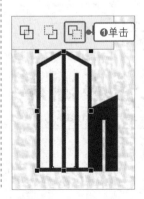
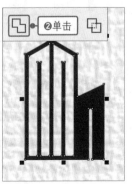

步骤 05 绘制图形并填充颜色

选择"钢笔工具"，绘制一个不规则图形。选择
"交互式填充工具"，❶单击属性栏中的"均匀填
充"按钮，❷设置图形的填充颜色为 C0、M0、
Y0、K100。然后去除图形的轮廓线。

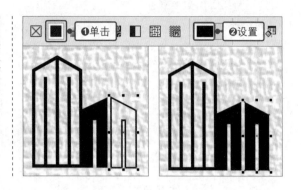

4．输入品牌广告语

用"文本工具"在绘制好的标志图形右侧输入所需文本，结合"文本"泊坞窗调整文本的颜色、
字符间距等属性，然后用"2 点线工具"在文本旁边绘制装饰线条，完成地产品牌广告语的制作。具
体操作步骤如下。

步骤 01 用"文本工具"输入文本

选择"文本工具"，❶在属性栏中选择字体为"方
正毡笔黑简体"，❷设置"字体大小"为 30 pt，
❸在绘制的标志图形右侧输入楼盘名称。

步骤 02 输入文本并更改属性

选择"文本工具"，❶在属性栏中设置合适的字
体和字体大小，❷在楼盘名称下方输入所需文本。
打开"文本"泊坞窗，切换到段落属性，❸设置
"字符间距"为 35%，增大字符间距。

步骤 03 绘制线条并设置轮廓属性

选择"2 点线工具"，按住【Ctrl】键拖动鼠标，
绘制一条横线。用"选择工具"选中这条横线，
打开"属性"泊坞窗，❶单击"轮廓"按钮，跳
转到轮廓属性，❷设置轮廓颜色为 C0、M0、
Y0、K100，❸设置轮廓宽度为 1.5 pt，更改线
条的外观。

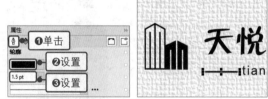

步骤 04 复制对象并移动位置

用"选择工具"选中横线，按快捷键【Ctrl+C】
和【Ctrl+V】，复制一条横线，将复制的横线移
到文本右侧。

步骤 05 输入文本并选中部分文本

选择"文本工具"，在属性栏中设置合适的字体
和字体大小，输入所需文本后，通过拖动鼠标选
中其中需要突出显示的文本。

步骤 06 更改文本颜色

打开"文本"泊坞窗，设置"文本颜色"为 C0、M100、Y100、K0，将所选文本的颜色由黑色更改为红色。

步骤 07 用"文本工具"输入文本

选择"文本工具"，❶在属性栏中设置合适的字体和字体大小，❷单击"将文本更改为垂直方向"按钮，在页面中输入所需的文本。然后选中"景"字，❸在"文本"泊坞窗中将"文本颜色"更改为白色。

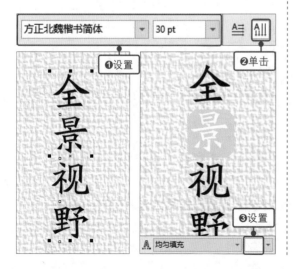

步骤 08 导入并翻转对象

执行"文件 > 导入"菜单命令，导入笔刷素材图形"03.ai"。适当调整图形的大小和位置，单击属性栏中的"垂直镜像"按钮，从上至下翻转图形。

步骤 09 更改图形的填充颜色和叠放层次

用"选择工具"选中翻转后的图形。选择"交互式填充工具"，在属性栏中设置填充颜色为 C5、M100、Y100、K0，将图形填充为红色。按快捷键【Ctrl+PageDown】，将图形移到"景"字下方。

步骤 10 绘制线条并设置轮廓属性

选择"文本工具"，在属性栏中设置合适的字体和字体大小，输入所需的文本。选择"2 点线工具"，按住【Ctrl】键拖动鼠标，绘制一条竖线。用"选择工具"选中这条竖线，打开"属性"泊坞窗，❶单击"轮廓"按钮，跳转到轮廓属性，❷设置轮廓颜色为 C0、M0、Y0、K100，❸设置轮廓宽度为 1.5 pt。

5. 添加更多的楼盘信息

为了让购房者进一步了解楼盘，接下来需要在页面下方添加更多的楼盘信息。用"椭圆形工具"绘制圆形，然后用"文本工具"在圆形旁边输入相应的文本，说明楼盘的特点，最后在下方绘制不同的图标。具体操作步骤如下。

步骤01 用"椭圆形工具"绘制图形

选择"椭圆形工具"，❶按住【Ctrl】键拖动鼠标，绘制一个圆形。选择"交互式填充工具"，❷在属性栏中设置圆形的填充颜色为C5、M100、Y100、K0。然后去除圆形的轮廓线。

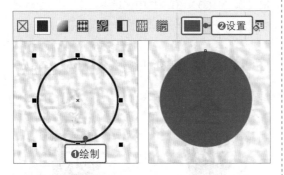

步骤02 居中对齐对象

选择"文本工具"，在红色圆形中输入文本"壹"，并设置合适的字体和字体大小。用"选择工具"同时选中文本和圆形，❶单击"对齐与分布"泊坞窗中的"水平居中对齐"按钮，使对象沿垂直轴居中对齐，❷再单击"垂直居中对齐"按钮，使对象沿水平轴居中对齐。

步骤03 用"文本工具"输入文本

选择"文本工具"，❶在属性栏中设置合适的字体和字体大小，❷单击"将文本更改为水平方向"按钮，在圆形右侧输入所需文本，❸然后在"文本"泊坞窗中设置"字符间距"为70%，增大字符间距。

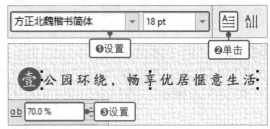

步骤04 选中对象并编组

选择"选择工具"，按住【Shift】键依次单击选中圆形、圆形中间和右侧的文本，单击属性栏中的"组合对象"按钮，将对象编组。

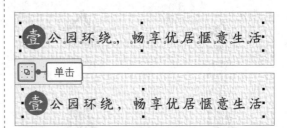

步骤05 复制对象并更改文本内容

选中编组对象，按快捷键【Ctrl+C】和【Ctrl+V】，将编组对象复制几份，再将它们分别移到相应的位置。选择"文本工具"，分别更改文本内容。

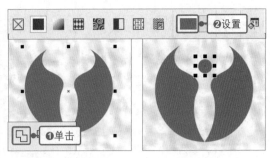

步骤 06 用"钢笔工具"绘制图形

选择"钢笔工具"，❶在页面底部绘制图形。选择"交互式填充工具"，❷单击属性栏中的"均匀填充"按钮，❸设置图形的填充颜色为C0、M60、Y60、K40。然后去除图形的轮廓线。

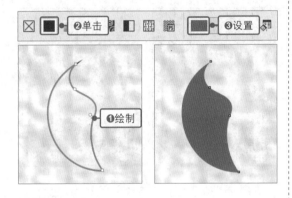

步骤 09 焊接对象并添加文本

用"选择工具"同时选中合并的对象和圆形，再次单击属性栏中的"焊接"按钮，合并对象，得到图标图形。然后选择"文本工具"，在图标下方输入所需文本。

步骤 10 添加更多图标和文本

继续用图形绘制工具绘制更多图标。用"文本工具"在图标旁输入所需文本，并设置合适的字体和字体大小。至此，本案例就制作完成了。

步骤 07 水平翻转对象

用"选择工具"选中对象，按快捷键【Ctrl+C】和【Ctrl+V】，复制一个对象。单击属性栏中的"水平镜像"按钮，水平翻转对象。将翻转后的对象移到右侧合适的位置，得到对称的图形效果。

 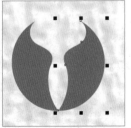

步骤 08 焊接对象并绘制圆形

用"选择工具"同时选中两个对象，❶单击属性栏中的"焊接"按钮，将两个对象合并。选择"椭圆形工具"，按住【Ctrl】键拖动鼠标，绘制一个圆形。选择"交互式填充工具"，❷在属性栏中设置圆形的填充颜色为C0、M60、Y60、K40。然后去除圆形的轮廓线。

4.4.3 | 知识扩展——用"色彩范围"选取图像

Photoshop 中的"色彩范围"命令用于选取图像中颜色相近的像素，一般用于抠取与背景的颜色差异较大的主体图像。需要注意的是，该命令不可用于 32 位 / 通道的图像。下面介绍如何用"色彩范围"命令抠图。

打开需要处理的素材图像，执行"选择 > 色彩范围"菜单命令，打开"色彩范围"对话框，通过设置该对话框中的各项参数可以更精确地创建选区。

❶ **选择**：该下拉列表框提供了一些预设选项，用于快速选择特定颜色或色调范围的像素，如下图所示。如果要以自定义的方式选择像素，则选择"取样颜色"选项。

❷ **颜色容差**：该选项用于设置选择颜色范围的广度，并增加或减少部分选定像素的数量。若设置的数值较小，则限制颜色范围；若设置的数值较大，则增大颜色范围，如下面两幅图所示。一般来说，将容差值设置在 16 以上，就可避免选区出现毛刺边界。

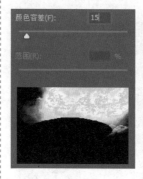 

❸ **本地化颜色簇**：若要选择多个颜色范围，则勾选该复选框，如下左图所示，以更精确地构建选区。此时下方的"范围"选项变为可用状态，拖动滑块或输入数值，如下右图所示，以控制要包含在蒙版中的颜色与取样点的最大和最小距离。

❹ **预览方式**：该选项用于设置预览框中的预览方式。默认选择"选择范围"，此时预览框中的白色区域代表选中的像素，灰色区域代表部分选中的像素，颜色越深代表被选中的程度越低，黑色区域则代表未选中的像素；若选中"图像"单选按钮，则可预览整个图像。

❺ **选区预览**：该选项用于设置在图像窗口中预览选区的显示效果。单击其右侧的下拉按钮，可看到"无""灰度""黑色杂边""白色杂边""快速蒙版"5 个选项，默认选择"无"选项。选择不同的选项，图像窗口中会以不同的方式预览选区。下面四幅图分别为选择"灰度""黑色杂边""白色杂边""快速蒙版"时图像窗口中的画面效果。

❻ **调整选区按钮**：单击"吸管工具"按钮，可选取图像区域；单击"添加到选区"按钮，可在预览框或图像中单击以添加颜色，如下左图所示；单击"从选区中减去"按钮，可在预览框或图像中单击以移除颜色，如下右图所示。

❼ **反相**：勾选该复选框，则将创建的选区进行反相，如下面两幅图所示。

4.5 课后练习——摄影大赛宣传海报设计

素 材	随书资源 \ 04 \ 课后练习 \ 素材 \ 01.jpg
源文件	随书资源 \ 04 \ 课后练习 \ 源文件 \ 摄影大赛宣传海报设计.cdr

本案例要为大学生摄影大赛设计一张宣传海报。这张海报的目标受众是大学生，所以采用充满青春气息的模特图像作为海报背景。海报上还需要全面地介绍赛事信息，如大赛主题、时间安排、参赛作品要求等，在编排时利用红色的图形修饰文字，不仅可以突出重点信息，而且可以避免背景图像影响文字的可读性。

● 在 Photoshop 中，用"色阶"调整图层调整图像的亮度，使其变得更明亮，再用"黑白"调整图层将图像转换为黑白效果；

● 创建新图层并填充为白色，再用"素描"滤镜组中的"半调图案"编辑图像，在人物图像上叠加纹理效果；

● 在 CorelDRAW 中，导入处理好的人物图像，用"矩形工具"和"2 点线工具"在图像上方绘制所需图形，并调整图形的透明度；

● 用"文本工具"输入所需文本，为文本设置合适的字体和字体大小等属性。

参赛要求：参赛者必须为中国任一高校在校学生，有该校正式学籍。请在"参与方式"的链接中下载报名表，将作品原图和报名表同时上传，否则视为无效。

全国大学生摄影协会 **主办**

"诗与远方"

大学生
手机摄影大赛

→ ## 大赛主题——帧相

生活中的我们步履匆忙，你是否留意沿途风景？
当用关怀之心审视社会，你看到的是欢乐还是隐忧？
借光影的力量，以一帧一相，讲述你的故事，
表达你的思考，让人们的目光在此处凝驻。

→ ## 投稿细则

01 参赛作品必须用手机拍摄，格式为 JPEG 文件，长边不少于3000像素。

02 参赛作品不得人为添加任何与作品呈现无关的水印、文字和装饰性边框。

→ ## 时间安排

作品征集时间：
2021年4月1日—2021年5月1日
作品评选时间：2021年5月
获奖结果公布：2021年6月

PHOTO CONTEST

第5章
宣传单设计

宣传单是为扩大影响力而制作的一种纸质宣传材料，又称彩页、折页、DM 单等，一般用于展示企业产品和服务，说明其功能和特点等。宣传单作为快速吸引客源、提升目标顾客认知度的有效宣传手段之一，现已广泛运用于展会招商宣传、楼盘销售、学校招生、产品推介、旅游景点推广、宾馆酒店宣传、开业宣传等。

本章包含两个案例：女性 SPA 中心宣传单设计，该宣传单使用详细的文字介绍企业品牌文化和服务项目；旅游宣传单设计，该宣传单使用海景图片作为背景，并通过文字的变形设计来增加画面的艺术表现力。

5.1 宣传单的常见样式

宣传单是一种比较传统的宣传推广方式，因为印刷成本低廉、使用方便，所以发展至今仍然受到广大商家的推崇。宣传单的样式也由最初的单页式发展出了多种样式，如折页式、插袋式等，如下图所示。

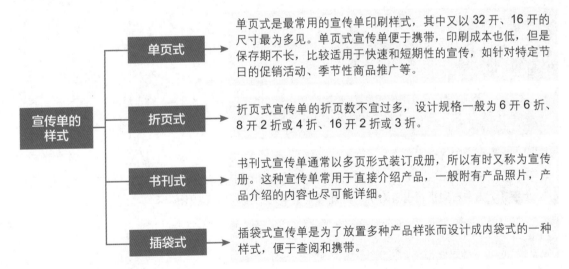

单页式是最常用的宣传单印刷样式，其中又以 32 开、16 开的尺寸最为多见。单页式宣传单便于携带，印刷成本也低，但是保存期不长，比较适用于快速和短期性的宣传，如针对特定节日的促销活动、季节性商品推广等。

折页式宣传单的折页数不宜过多，设计规格一般为 6 开 6 折、8 开 2 折或 4 折、16 开 2 折或 3 折。

书刊式宣传单通常以多页形式装订成册，所以有时又称为宣传册。这种宣传单常用于直接介绍产品，一般附有产品照片，产品介绍的内容也尽可能详细。

插袋式宣传单是为了放置多种产品样张而设计成内袋式的一种样式，便于查阅和携带。

5.2 宣传单的尺寸和折页方式

设计宣传单之前，除了需要知道常见的宣传单样式，还需要了解宣传单的常规尺寸以及折页式宣传单的几种折页方式。

1. 宣传单的尺寸

宣传单的尺寸规格有很多，常见的标准尺寸规格主要有 A3、A4 和 A5，如下页的表和图所示。

非标准的宣传单尺寸可能会造成纸张的浪费，在选择时需要注意。

宣传单成品尺寸 / mm	宣传单设计尺寸（含每边3 mm出血）/ mm
285×420 （A3 / 大 8 开）	291×426
210×285 （A4 / 大 16 开）	216×291
140×210 （A5 / 大 32 开）	146×216

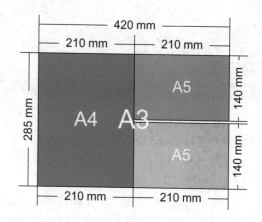

2. 宣传单的折页方式

折页式宣传单有两折页、三折页、四折页等，下面简单介绍几种比较常用的折页方法。

对折：对折就是将纸的两边对齐，向中心折，两侧为对称状态，如下左图所示。

包心折：包心折又称为连续折。折页时按页码排列顺序，将折好的第一折的纸边夹在中间折缝内，再折第二折或第三折后成为一帖，如下中图所示。

风琴折：风琴折又称为扇形折，折页的形状像"之"字形，非常容易辨别，如下右图所示。在印刷机和折页机允许的情况下，风琴折的折页数不限。

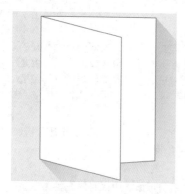
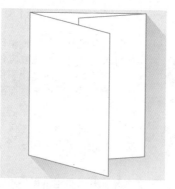

关门折：将折页沿着四分之一线对折，由左右分别向内折叠，正好像两扇门，如下左图所示。

十字折：先左右对折再垂直对折，打开可见十字对折线，如下右图所示。

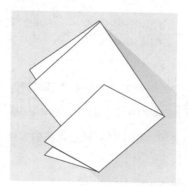

5.3　女性 SPA 中心宣传单设计

素　材	随书资源 \ 05 \ 案例文件 \ 素材 \ 01.jpg～06.jpg
源文件	随书资源 \ 05 \ 案例文件 \ 源文件 \ 女性SPA中心宣传单设计.cdr

5.3.1　案例分析

设计关键点：本案例要为某女性 SPA 中心设计宣传单。宣传单的内容要体现该中心的经营理念、服务项目等，以达到宣传目的。此外，该中心的主要客户群体为年轻女性，所以宣传单的画面元素和配色还应当迎合大多数女性用户的喜好。

　　设计思路：根据设计的关键点，整个画面的配色以女性喜欢的天蓝色和酒红色为主，挑选素材时也尽量采用色调与这两种颜色相近的图像，如天空、睡莲等。为了让用户对 SPA 中心有全面的了解，除了用详细的文字介绍 SPA 中心的经营状况和经营理念外，还要重点展示会员优惠项目，并通过添加项目符号，条理分明地罗列 SPA 中心的服务项目。

　　配色推荐：天蓝色 + 酒红色。天蓝色给人清爽明朗、自然透彻的感受，能表现出亮丽、澄澈的效果；酒红色包含红色的成分，有着热情向上的能量，并给人沉稳、尊贵的感受。本案例将这两种颜色搭配起来，形成了既统一又有强烈冷暖对比的色调，营造出一种优雅的氛围。

5.3.2　操作流程

　　本案例的总体制作流程是先用 Photoshop 从素材中抠取需要的图像，并调整图像的颜色，然后在 CorelDRAW 中绘制图文框，将处理好的图像置入图文框，再在版面中添加文字。

【Photoshop 应用】

1．调整天空图像

　　本案例选择的天空素材图像的颜色不是很理想。因此，先通过复制图层并更改混合模式，将图像提亮；然后用"曲线"调整图层进一步提亮天空部分；再用"色彩平衡"调整图层修饰颜色，得到更加蔚蓝的天空效果。具体操作步骤如下。

步骤 01 设置图层混合模式和不透明度

启动 Photoshop，打开素材图像"02.jpg"。❶按快捷键【Ctrl+J】复制"背景"图层，得到"图层 1"图层，❷设置"图层 1"的混合模式为"滤色"、"不透明度"为 72%，提亮图像。

步骤 02 用"曲线"提亮画面

新建"曲线 1"调整图层，打开"属性"面板，在面板中的曲线上单击，添加一个曲线控制点，向上拖动该点，进一步提亮画面。

步骤 03 用"渐变工具"编辑蒙版

选择"渐变工具"，❶在选项栏中选择"黑，白渐变"，❷单击"曲线 1"图层蒙版缩览图，❸从图像底部向上拖动，填充黑白渐变，恢复下半部分云层的明暗层次。

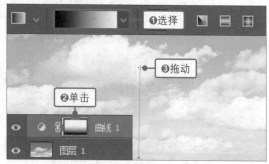

步骤 04 用"色彩平衡"调整颜色

新建"色彩平衡 1"调整图层,打开"属性"面板, ❶设置"中间调"颜色值为 -100、0、+20, ❷选择"阴影"色调, ❸设置颜色值为 -40、0、+10。完成图像的调整后,导出图像。

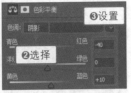

2．抠取花朵图像

用"磁性套索工具"抠取素材图像中的花朵部分;抠出的花朵图像边缘偏暗,用"内发光"样式提亮边缘部分;最后用"曲线"和"选取颜色"调整图层调整花朵图像的明暗和颜色,使其变得更加明亮、鲜艳。具体操作步骤如下。

步骤 01 用"磁性套索工具"选取图像

打开素材图像"01.jpg",选择"磁性套索工具", ❶在选项栏中设置"宽度"为 10 px、"对比度"为 75%、"频率"为 80, ❷沿着花朵图像边缘拖动鼠标,选取花朵图像。

步骤 02 收缩选区

执行"选择 > 修改 > 收缩"菜单命令,打开"收缩选区"对话框, ❶在对话框中输入"收缩量"为 2 px, ❷单击"确定"按钮,收缩选区。

步骤 03 复制选区内的图像

❶按快捷键【Ctrl+J】复制选区内的图像,得到"图层 1"图层, ❷单击"背景"图层前的"指示图层可见性"图标,隐藏"背景"图层,查看抠出的花朵图像。

步骤 04 设置"内发光"样式提亮边缘

双击"图层 1"图层缩览图,打开"图层样式"对话框。 ❶单击"内发光"样式, ❷设置"不透明度"为 49%、"大小"为 109 px,单击"确定"按钮,用内发光样式提亮花朵图像的边缘。

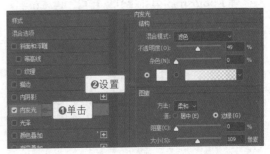

步骤 05 用"曲线"提亮选区内图像

载入"图层 1"选区，新建"曲线 1"调整图层，在打开的"属性"面板中向上拖动曲线，提亮选区内的图像。

步骤 06 选取图像并调整亮度

选择"套索工具"，❶在选项栏中设置"羽化"值为 15 px，❷沿着花朵图像较暗的区域拖动鼠标，创建选区。新建"曲线 2"调整图层，❸在打开的"属性"面板中向上拖动曲线，提亮选区内的图像。

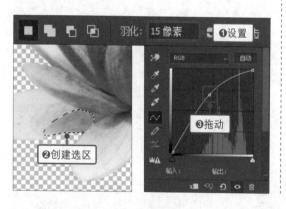

步骤 07 创建"选取颜色"调整图层

再次载入"图层 1"选区，新建"选取颜色 1"调整图层，打开"属性"面板，❶依次设置"红色"的颜色百分比为 -17%、+9%、-20%、0%，❷在"颜色"下拉列表框中选择"黄色"，❸依次设置颜色百分比为 -100%、-100%、-100%、-1%。

步骤 08 设置选项调整花朵图像颜色

❶在"颜色"下拉列表框中选择"洋红"，❷依次设置颜色比为 -84、-19、-38、-13。将处理好的图像导出为 PNG 格式文件。

【CoreIDRAW 应用】

3. 绘制图形并导入图像

在 Photoshop 中处理好素材后，在 CoreIDRAW 中先用"钢笔工具"绘制图形，将处理好的天空图像置入图形中；然后导入抠取的花朵图像，通过修剪图像移除超出页面边缘的部分；再用"椭圆形工具"绘制圆形，将人物素材置入圆形中，完成页面的版面布局。具体操作步骤如下。

步骤 01 导入图像并绘制图形

启动 CoreIDRAW，创建新文档。执行"文件 > 导入"菜单命令，导入毛巾素材图像"03.jpg"。选择"钢笔工具"，在导入的图像下方绘制一个图形。选择"交互式填充工具"，❶单击属性栏中的"均匀填充"按钮，❷设置图形的填充颜色为 C0、M49、Y0、K0。然后去除图形的轮廓线。

步骤 02 用"钢笔工具"继续绘制图形

选择"钢笔工具"，❶在下方再绘制一个图形。选择"交互式填充工具"，❷单击属性栏中的"均匀填充"按钮，❸设置图形的填充颜色为 C42、M100、Y95、K8。然后去除图形的轮廓线。

步骤 03 导入天空图像

执行"文件 > 导入"菜单命令，将编辑好的天空图像导入文档中。选择"钢笔工具"，在页面右侧绘制一个图形，为图形填充白色，并去除轮廓线。

 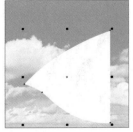

步骤 04 创建 PowerClip 对象

用"选择工具"选中天空图像，执行"对象 > PowerClip> 置于图文框内部"菜单命令，当鼠标指针变为黑色箭头形状时，在绘制的白色图形内单击，将天空图像置入图形中。

步骤 05 导入花朵图像并绘制图形

执行"文件 > 导入"菜单命令，将编辑好的花朵图像导入文档并移至右下角。选择"矩形工具"，绘制一个矩形，覆盖超出文档边缘的花朵图像。

步骤 06 修剪对象

选择"选择工具"，按住【Ctrl】键依次单击选中花朵图像和矩形图形，然后单击属性栏中的"移除前面对象"按钮，将花朵图像中被矩形覆盖的部分移除。

步骤 07 绘制图形并填充颜色

选择"钢笔工具"，在页面下方再绘制两个图形。选择"交互式填充工具"，将图形的填充颜色分别设置为 C0、M82、Y58、K0 和 C22、M100、Y40、K0。然后去除图形的轮廓线。

步骤 08 用"椭圆形工具"绘制图形

选择"椭圆形工具"，按住【Ctrl】键拖动鼠标，绘制一个圆形。单击"默认调色板"中的白色色块，将圆形填充为白色。

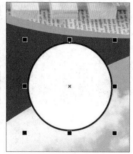

步骤 09 更改轮廓属性

按【F12】键打开"轮廓笔"对话框，❶设置"颜色"为 C20、M99、Y42、K0，❷设置"宽度"为 6 pt，单击"OK"按钮应用设置，更改圆形的轮廓颜色和轮廓宽度。

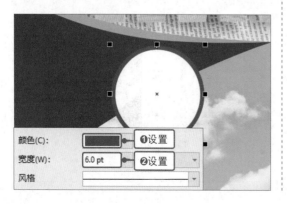

步骤 10 复制图形

用"选择工具"选中绘制的圆形，然后按快捷键【Ctrl+C】和【Ctrl+V】，复制两个圆形，分别调整复制圆形的大小和位置。

步骤 11 导入图像并调整叠放层次

执行"文件 > 导入"菜单命令，导入人物素材图像"04.jpg"。执行两次"对象 > 顺序 > 向后一层"菜单命令，将人物图像移到圆形下方。

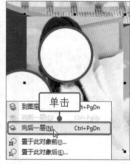

步骤 12 创建 PowerClip 对象

执行"对象 >PowerClip> 置于图文框内部"菜单命令，当鼠标指针变为黑色箭头形状时，在圆形内单击，将人物图像置入圆形中。

步骤 13 导入更多图像并置入圆形中

用相同的方法导入人物素材图像"05.jpg"和
"06.jpg"，然后将它们分别置入对应的圆形中。

4．添加文本

　　完成页面图像的编辑后，最后需要为宣传单添加文本。用"文本工具"在页面中输入所需文本，
用"文本"泊坞窗设置文本属性和段落属性，用"字形"泊坞窗在服务项目前插入项目符号。具体
操作步骤如下。

步骤 01 用"钢笔工具"绘制图形

选择"钢笔工具"，在页面右上角绘制图形，❶单
击默认调色板中的"酒绿"色块，为绘制的图形
填充颜色。复制图形并调整其外观，❷将复制图
形的填充颜色更改为 C2、M100、Y47、K0。

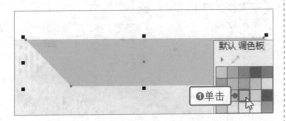

步骤 02 用"文本工具"输入文本

用"钢笔工具"绘制品牌徽标。选择"文本工具"，
❶在属性栏中设置合适的字体和字体大小，❷在
品牌徽标右侧输入所需的文本。

步骤 03 更改文本大小

用"文本工具"选中文本"让你做更美的自己"，
在属性栏中更改所选文本的字体大小。

步骤 04 设置段落属性

用"选择工具"选中文本对象。　　本"泊坞
窗，单击"段落"按钮，跳转到　　　　，❶设置
"文本行间距"为 120%，增大行间距，❷设置"字
符间距"为 0%，缩小字符间距。

步骤 05 用"文本工具"输入文本

选择"文本工具"，输入所需文本。打开"文本"
泊坞窗，❶设置合适的字体和字体大小，❷然后
设置填充颜色为 C11、M96、Y56、K0，将文本
颜色更改为玫红色。

步骤 06 更改字符间距

单击"文本"泊坞窗中的"段落"按钮，跳转到段落属性，将"字符间距"设置为 -20%，缩小字符间距，让文本排列得更紧凑。

步骤 07 添加更多的文本

继续结合使用"文本工具"和"文本"泊坞窗，在页面中添加更多文本。

步骤 08 插入项目符号

选择"文本工具"，❶在"简单补水护理"前方单击，设置插入点。执行"窗口 > 泊坞窗 > 字形"菜单命令，打开"字形"泊坞窗，❷选择一种字体，❸双击需要用作项目符号的字形，将其插入插入点处。

步骤 09 更改项目符号的格式

❶用"文本工具"选中插入的项目符号。打开"文本"泊坞窗，❷在"字体列表"中选择"方正宋黑简体"，更改项目符号的字体，❸然后在下方将文本填充颜色设置为 C21、M100、Y42、K0，更改项目符号的颜色。

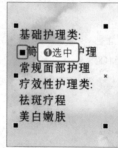
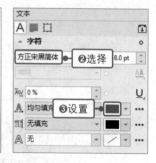

步骤 10 复制文本

在项目符号后输入两个空格，然后用"文本工具"选中项目符号和空格，按快捷键【Ctrl+C】，复制选中的文本。

步骤 11 粘贴文本

将插入点置于文本"颈部护理"前方，按快捷键
【Ctrl+V】，粘贴复制的项目符号和空格。

基础护理类：
■ 简单补水护理　　　颈部护理
常规面部护理　　　眼部护理

基础护理类：
■ 简单补水护理　　■ 颈部护理
常规面部护理　　　眼部护理

步骤 12 复制更多项目符号

继续用相同的方法在其他护理项目前添加相同的
项目符号。

基础护理类：
■ 简单补水护理　　　■ 颈部护理
■ 常规面部护理　　　■ 眼部护理
疗效性护理类：
■ 祛斑疗程　　　　　■ 去痘疗程
■ 美白嫩肤　　　　　■ 敏感修复疗程

步骤 13 用"2 点线工具"绘制线条

选择"2 点线工具"，按住【Ctrl】键拖动鼠标，
绘制一条横线。在属性栏中设置线条的轮廓宽度
为 1 px，并设置轮廓颜色为白色。

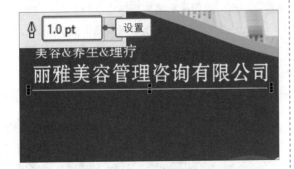

步骤 14 用"文本工具"创建段落文本

选择"文本工具"，在横线下方拖动鼠标，绘制
一个文本框，并输入所需文本。在属性栏中调整
文本的字体和字体大小。

步骤 15 设置段落属性

单击"文本"泊坞窗中的"段落"按钮，跳转到
段落属性。❶设置"行间距"为130%，增大行
间距，❷设置"首行缩进"为 6 mm，让段落文
本的首行相对文本框左侧缩进，❸设置"字符间
距"为 -20%，缩小字符间距。

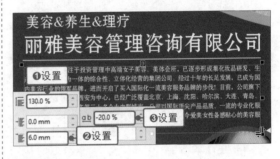

步骤 16 创建段落文本

继续用"文本工具"在页面下方绘制文本框并输
入文本，用相同的方法设置段落文本的行间距、
字间距和首行缩进。

步骤 17 绘制图标并添加文本

结合使用"椭圆形工具"和"钢笔工具"在页面
底部绘制出代表电话、邮件、位置的图标，然后
用"文本工具"在图标旁边分别输入相应的文本。
至此，本案例就制作完成了。

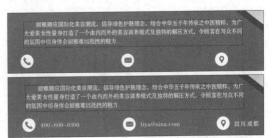

5.3.3 | 知识扩展——设置文本的字符属性和段落属性

在 CorelDRAW 中，用"文本工具"在页面中输入文本后，通常需要用"文本"泊坞窗设置文本的字符属性和段落属性，如字体、字体大小、对齐方式、行间距等。执行"文本 > 文本"或"窗口 > 泊坞窗 > 文本"菜单命令，或者按快捷键【Ctrl+T】，即可打开"文本"泊坞窗。

1．字符属性

在"文本"泊坞窗中单击"字符"按钮，跳转到字符属性，如下图所示。字符属性主要用于设置文本的字体、字体大小、填充颜色、背景填充颜色、轮廓宽度、轮廓颜色等。

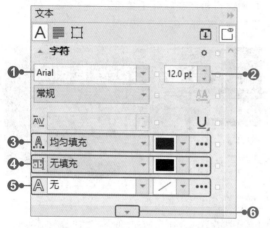

❶ 字体列表：单击"字体列表"右侧的下拉按钮，在展开的列表中选择合适的字体即可。如下两幅图所示为设置不同字体时的文本效果。

❷ 字体大小：单击"字体大小"微调按钮或者在数值框中直接输入数值，即可设置字体大小。如下两幅图所示分别为"字体大小"为 15 pt 和 25 pt 时的文本效果。

❸ 填充类型：用于设置文本的填充效果。单击"填充类型"下拉按钮，在展开的列表中可以看到"无填充""均匀填充""渐变填充""双色图样""向量图样""位图图样""底纹填充""PostScript 填充" 8 种填充类型，如下左图所示。用"文本工具"输入文本时，默认应用的填充类型是"均匀填充"，即为文本填充纯色。如果要更改文本的填充颜色，可以单击"文本颜色"右侧的下拉按钮，在显示的颜色挑选器中设置颜色，如下右图所示。

如果在"填充类型"下拉列表框中选择"底纹填充"，再单击"文本颜色"右侧的下拉按钮，在展开的列表中就能选择预设的填充图案，如下左图所示。应用底纹填充后的文本效果如下右图所示。用类似的方法可以设置其他填充类型。

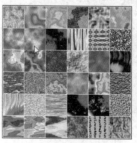

如果需要进一步编辑文本的填充效果，可单击"文本颜色"右侧的"填充设置"按钮，打开"编辑填充"对话框。假设之前为文本设置了

"渐变填充"，那么在此对话框中就可以添加或删除渐变节点，指定渐变颜色，如下图所示。如果需要设置其他填充效果，可以直接单击对话框上方的"向量图样填充""位图图样填充"等按钮，切换到对应的选项卡，根据需求选择和编辑各项参数。

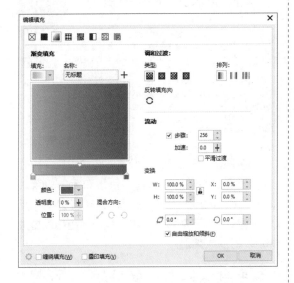

❹ **背景填充类型**：用于设置文本的背景填充效果。与文本填充类型一样，"背景填充类型"下拉列表框也包含"无填充""均匀填充""渐变填充""双色图样""向量图样""位图图样""底纹填充""PostScript 填充" 8 种选项，如下左图所示。将文本的背景设置为"底纹填充"的效果如下右图所示。

❺ **轮廓宽度与轮廓颜色**：轮廓宽度用于设置文本的轮廓线粗细。单击"轮廓宽度"下拉按钮，在弹出的列表中即可选择一种预设的宽度值，也可直接在框中输入数值。设置轮廓宽度后，单击"轮廓色"右侧的下拉按钮，在展开的颜色挑选器中可以选择轮廓颜色。如下两幅图所示分别为设置不同的轮廓宽度和轮廓颜色时的文本效果。

为文本设置轮廓颜色后，单击"轮廓色"右侧的"轮廓设置"按钮，可以打开"轮廓笔"对话框。在"轮廓笔"对话框中除了可以设置轮廓线的宽度和颜色这两个基本属性，还可以设置轮廓风格、轮廓转角类型、轮廓线的位置等，如下图所示。

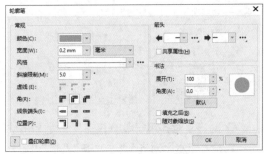

❻ **更多选项**：单击泊坞窗下方的倒三角形按钮，可以展开更多的字符属性选项，如下图所示。例如，单击"位置"按钮X^2，可根据需要将文本设置为上标、下标等效果；单击"大写字母"按钮ab，在展开的下拉列表中可根据需要将文本转换为全部大写、标题大写等效果；单击"替代注释格式"按钮①，可以将选中的文本转换为指定的文本注释效果。

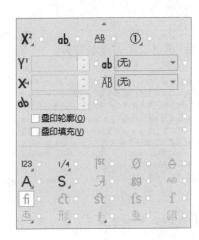

2．段落属性

单击"文本"泊坞窗中的"段落"按钮，跳转到段落属性，如下图所示。段落属性主要用于设置段落文本的对齐方式、间距及缩进等。用户可以通过单击选项右侧的微调按钮进行设置，也可以直接在数值框中输入所需的数值。

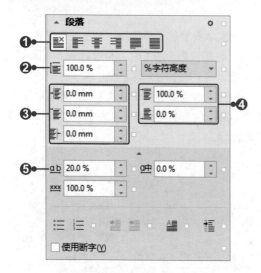

❶ **对齐**：对齐用于设置段落文本的对齐方式，包括"无水平对齐""左对齐""中""右对齐""两端对齐""强制两端对齐"6种。选中需要设置的段落文本，单击一种对齐方式的按钮，即可应用相应的对齐方式。

❷ **行间距**：行间距用于设置行与行之间的距离，默认值为100%。当创建段落文本后，可以单击右侧的微调按钮或直接输入数值来调整行间距。设置的值越大，行与行之间的距离就越宽，反之则越窄。如下图所示为将"行间距"设置成150%时的效果。

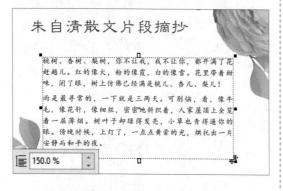

❸ **缩进量**：缩进量用于设置段落文本与文本

框的左边框或右边框的间距，包括"左行缩进""首行缩进""右行缩进"，在对应的数值框中输入数值，即可设置缩进量。如下图所示，设置"首行缩进"为9 mm，可以看到文本框中每段文字的第一行都向右移动了相应的距离。

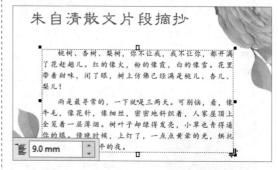

❹ **段前/段后间距**：段前间距和段后间距分别用于设置每个段落与前一段落和后一段落的间距。数值越大，段落之间的距离就越大，反之则越小。如下图所示为将"段前间距"设置成150%时的效果。

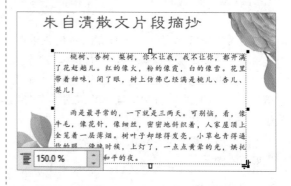

❺ **字符间距**：字符间距与段落间距不同，它用于控制段落中每个字符之间的距离。设置的数值越大，字符之间的距离就越大，反之则越小。字符间距的默认值为20%。如下图所示为将"字符间距"设置成-10%时的效果。

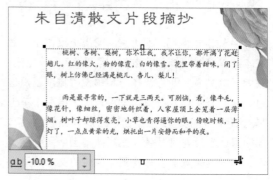

5.4 旅游宣传单设计

素　材	随书资源 \ 05 \ 案例文件 \ 素材 \ 07.jpg～10.jpg、11.ai
源文件	随书资源 \ 05 \ 案例文件 \ 源文件 \ 旅游宣传单设计.cdr

5.4.1 案例分析

　　设计关键点：本案例是为某旅行社设计的宣传单。旅游宣传单首先要展示旅行的目的地及特色，其次要展示价格、时间、住宿条件等消费者比较关心的内容。

设计思路：根据设计的关键点，通过输入文本并加以变形，美观而醒目地展示旅行的目的地——普吉岛；因为主打的是浪漫海岛游，所以着重选用带有情侣、海景、沙滩、度假用品等元素的素材图像；另外，还通过结合应用文字和装饰图形，醒目而有条理地说明了不同行程的价格、时间和住宿安排，便于消费者根据需求选择适合自己的方案。

配色推荐：水蓝色＋蔷薇色。水蓝色在澄澈和明净的意境中透着冰凉和舒爽，与大海带给人们的心理感受相吻合；蔷薇色妩媚又不失优雅，象征美丽和爱情，与本案例的主题完美契合，将它与水蓝色搭配，更能让画面洋溢着浪漫、温馨之感。

5.4.2 操作流程

本案例的总体制作流程是先用 Photoshop 合成背景图像，再用 CorelDRAW 在背景中添加装饰元素和文字效果。

【Photoshop 应用】

1. 合成宣传单背景图像

先用图层蒙版隐藏沙滩素材图像中多余的部分，利用"色彩平衡""纯色""曲线"等调整图层和填充图层调整图像的颜色；然后添加情侣素材图像，利用"曲线""色彩平衡""色相／饱和度"等调整图层调整图像的颜色，统一画面色调。具体操作步骤如下。

步骤 01 添加图层蒙版

启动 Photoshop，创建新文档。打开沙滩素材图像"07.jpg"，将其复制到新文档中并调整至合适的大小，得到"图层 1"图层。单击"图层"面板底部的"添加图层蒙版"按钮，为"图层 1"图层添加图层蒙版。

步骤 03 用"色彩平衡"调整图像颜色

新建"色彩平衡 1"调整图层，打开"属性"面板，在面板中设置颜色值为 -100、0、+20，调整图像颜色。

步骤 02 用"渐变工具"编辑图层蒙版

选择"渐变工具"，❶在选项栏中选择"黑，白渐变"，❷单击"图层 1"图层蒙版缩览图，❸在图像中从上往下拖动，在蒙版中填充黑白渐变，隐藏天空部分。

步骤 04 用"渐变工具"编辑图层蒙版

选择"渐变工具"，❶在选项栏中选择"黑，白渐变"，❷单击"对称渐变"按钮，❸勾选"反向"复选框，❹单击"色彩平衡 1"蒙版缩览图，❺在画面中合适的位置按住鼠标左键并向上拖动，为蒙版填充对称渐变，更改调整图层的作用范围。

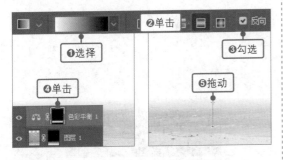

步骤 05 新建"颜色填充 1"填充图层

❶单击"图层"面板底部的"创建新的填充或调整图层"按钮，❷在弹出的菜单中单击"纯色"选项，新建"颜色填充 1"填充图层，设置颜色为 R250、G182、B72，❸在"图层"面板中将"颜色填充 1"图层的混合模式更改为"颜色"。

步骤 06 用"渐变工具"编辑图层蒙版

选择"渐变工具"，❶在选项栏中选择"黑，白渐变"，❷单击"线性渐变"按钮，❸取消勾选"反向"复选框，❹单击"颜色填充 1"图层蒙版缩览图，❺在图像中从上往下拖动，为蒙版填充黑白渐变，隐藏水面及以上部分图像的填充颜色。

步骤 07 载入选区并用"曲线"调整图像亮度

❶按住【Ctrl】键单击"颜色填充 1"蒙版缩览图，载入蒙版选区。新建"曲线 1"调整图层，❷在打开的"属性"面板中向下拖动曲线，调整选区内图像的亮度。

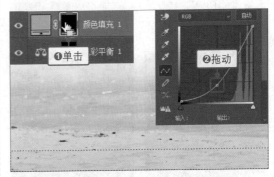

步骤 08 添加图像并用"曲线"调整图像亮度

打开情侣素材图像"08.jpg"，将图像复制到新文档上方，得到"图层 2"图层。❶按住【Ctrl】键单击"图层 2"图层缩览图，载入选区。创建"曲线 2"调整图层，❷在打开的"属性"面板中拖动曲线，调整图像的整体亮度。

 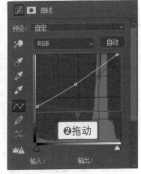

步骤 09 继续用"曲线"调整图像亮度

❶在"属性"面板中选择"蓝"通道，❷向下拖动曲线，调整蓝色通道中图像的亮度。

步骤 10 用"色彩平衡"调整图像颜色

载入"图层 2"选区。新建"色彩平衡 2"调整图层，❶在打开的"属性"面板中设置颜色值为 -45、0、+75，然后单击"色调"右侧的下拉按钮，❷在展开的列表中选择"阴影"色调，❸设置颜色值为 -10、0、+20，进一步调整选区中图像的颜色。

步骤 11 用"色相 / 饱和度"调整图像颜色

再次载入"图层 2"选区。新建"色相 / 饱和度 1"调整图层，在打开的"属性"面板中设置"饱和度"为 +53，将情侣图像调整为清爽的蓝色调效果。

步骤 12 创建矩形选区

选择"矩形选框工具"，在画面中间拖动鼠标，绘制一个矩形选区。执行"选择 > 修改 > 羽化"菜单命令，打开"羽化选区"对话框，❶设置"羽化半径"为 150 px，❷单击"确定"按钮，羽化选区。

步骤 13 创建新图层并填充颜色

❶单击"创建新图层"按钮，新建"图层 3"图层，❷设置前景色为 R255、G247、B234，❸按快捷键【Alt+Delete】，用前景色填充选区。至此，宣传单背景图像的制作就完成了，将图像导出为 JPEG 格式文件。

 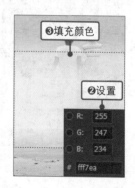

【CorelDRAW 应用】

2. 添加更多风景图像

将制作好的背景图像导入 CorelDRAW；然后用"矩形工具"在页面下方绘制矩形，并对矩形进行旋转；导入风景素材图像，通过创建 PowerClip 对象，将风景素材图像置入矩形中。具体操作步骤如下。

步骤 01 创建新文档

启动 CorelDRAW，执行"文件 > 新建"菜单命令，打开"创建新文档"对话框，在"页面大小"下拉列表框中选择"A4"选项，创建新文档。

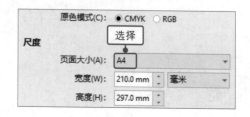

步骤 02　用"矩形工具"绘制矩形

执行"文件 > 导入"菜单命令，将在 Photoshop 中编辑好的背景图像导入新文档。选择"矩形工具"，在图像下方绘制一个矩形，将矩形的轮廓颜色设置为白色，在属性栏中设置矩形的轮廓宽度为 2 pt。

步骤 03　旋转对象

保持矩形的选中状态，选择"选择工具"，单击矩形，显示旋转手柄。将鼠标指针置于右上角的手柄上，当指针变为◷形状时向下拖动，旋转矩形。

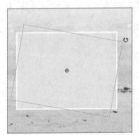 

步骤 04　复制并旋转对象

复制旋转后的矩形，将其移到右侧合适的位置上，然后对复制的矩形也进行旋转操作。

步骤 05　导入素材图像

执行"文件 > 导入"菜单命令，将风景素材图像"09.jpg"和"10.jpg"、矢量素材图形"11.ai"导入新文档，用相同的方法对这些图像和图形进行旋转处理。

步骤 06　调整对象的叠放层次

用"选择工具"选中风景图像，通过执行"对象 > 顺序 > 向后一层"菜单命令，将风景图像分别移到两个矩形的下方。

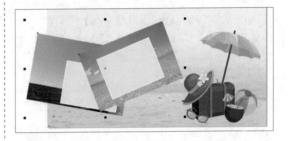

步骤 07　创建 PowerClip 对象

用"选择工具"选中右侧的风景图像，执行"对象 >PowerClip> 置于图文框内部"菜单命令，当鼠标指针变为黑色箭头形状时，在图像上方的矩形内单击，将图像置入矩形中。

步骤 08　继续创建 PowerClip 对象

用"选择工具"选中左侧的风景图像，执行"对象 >PowerClip> 置于图文框内部"菜单命令，当鼠标指针变为黑色箭头形状时，在图像上方的矩形内单击，将图像置入矩形中。

 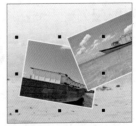

技巧提示 精确设置对象旋转的角度

除了用"选择工具"拖动旋转手柄来旋转对象，还可以用"选择工具"属性栏中的"旋转角度"选项来精确设置对象旋转的角度。输入正数表示逆时针旋转对象，输入负数表示顺时针旋转对象。

3. 添加标题文本并更改外观

用"文本工具"在页面中输入标题文本，表明旅行的目的地；将文本转换为曲线后用"形状工具"进行编辑，更改文本的外观；然后在"属性"泊坞窗中设置填充属性，为变形后的文本填充渐变颜色。具体操作步骤如下。

步骤 01 用"文本工具"输入文本

选择"文本工具"，❶在属性栏中设置字体为"方正美黑简体"、"字体大小"为 150 pt，❷在页面中的合适位置单击并输入文本"普吉岛"。

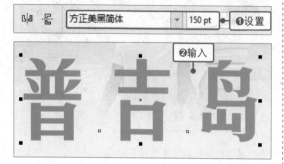

步骤 02 调整字符间距

打开"文本"泊坞窗，单击"段落"按钮，跳转至段落属性，设置"字符间距"为 -50%，缩小字符间距。

步骤 03 创建倾斜的文本

保持文本对象的选中状态。选择"选择工具"，单击文本对象，显示控制手柄。然后将鼠标指针移到底部中间的倾斜手柄上，当鼠标指针变为 ⇌ 形状时向左拖动，设置倾斜的文本效果。

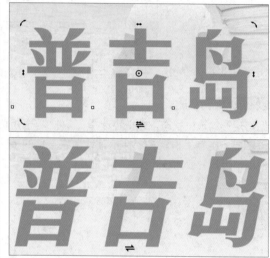

步骤 04 调整文本的外观

按快捷键【Ctrl+Q】，将文本转换为曲线。选择"形状工具"，通过编辑曲线上的节点，更改文本的外观。

步骤 05 绘制圆形和山峰图形

选择"椭圆形工具",在"普"字左侧绘制一个圆形。选中圆形后拖动控制手柄,得到倾斜的圆形效果。再选择"钢笔工具",在"岛"字中间绘制一个山峰形状的图形,选中图形后拖动控制手柄,得到倾斜的山峰效果。

步骤 06 焊接对象

选择"选择工具",同时选中变形后的文本、圆形和山峰对象,单击属性栏中的"焊接"按钮,将这几个对象合并为一个对象。

步骤 07 设置填充颜色

打开"属性"泊坞窗,❶单击"填充"按钮,跳转至填充属性,❷单击"渐变填充"按钮,❸单击选中渐变条左侧的节点,❹单击"颜色"右侧的下拉按钮,❺在打开的色板中设置所选节点的颜色为 C76、M68、Y0、K0。

步骤 08 添加节点并设置颜色

❶双击渐变条,在其下方添加一个节点,并将节点拖动到 36% 的位置,❷然后单击"颜色"右侧的下拉按钮,❸在打开的色板中设置所选节点的颜色为 C0、M68、Y13、K0。

步骤 09 添加节点并设置颜色

❶再次双击渐变条,在其下方添加一个节点,并将节点拖动到 63% 的位置,❷然后单击"颜色"右侧的下拉按钮,❸在打开的色板中将所选节点的颜色也设置为 C0、M68、Y13、K0。

步骤 10 选中节点并更改颜色

❶单击选中渐变条最右侧的节点,❷单击"颜色"右侧的下拉按钮,❸在打开的色板中设置所选节点的颜色为 C0、M29、Y65、K0。

步骤 11 查看填充渐变颜色的效果

在文档窗口中查看填充渐变颜色后的文本效果。

4. 添加更多说明文字

制作好标题文本后，用"文本工具"在页面中输入更多文本内容，根据设计需求利用"文本"泊坞窗为不同的文本分别填充纯色和渐变颜色；利用图形绘制工具绘制图形，对文本进行修饰。具体操作步骤如下。

步骤 01 用"矩形工具"绘制图形

选择"矩形工具"，❶在属性栏中设置"圆角半径"为 13 mm，❷在标题文本右侧拖动鼠标，绘制一个圆角矩形。

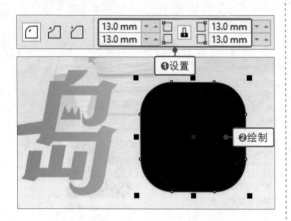

步骤 02 为图形填充渐变颜色

打开"属性"泊坞窗，❶单击"填充"按钮，跳转至填充属性，❷单击"渐变填充"按钮，❸设置从 C32、M38、Y0、K0 到 C76、M79、Y0、K0 的渐变颜色，❹然后在属性栏中设置"旋转角度"为 45°，旋转圆角矩形。

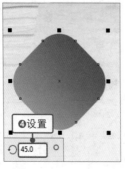

步骤 03 绘制图形并添加文字

选择"椭圆形工具"，❶在圆角矩形中间绘制一个圆形，填充白色并去除轮廓线。❷选择"文本工具"，在属性栏中设置字体和字体大小，❸然后在圆形中间输入文本"浪漫之旅"。

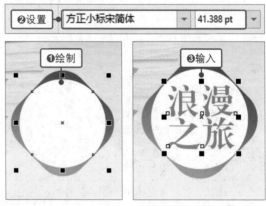

步骤 04 设置倾斜的文本效果

选择"选择工具"，选中圆形中间的文本对象。将鼠标指针移到对象底部中间的倾斜手柄上，当鼠标指针变为➡形状时，按住鼠标左键并向左拖动，设置倾斜的文本效果。

步骤 05 设置文本的填充类型

打开"文本"泊坞窗，❶单击"填充类型"下拉按钮，❷在展开的列表中选择"渐变填充"，❸单击"填充设置"按钮。

步骤 06 选中节点并设置颜色

打开"编辑填充"对话框，❶在对话框中单击选中渐变条左侧的节点，❷单击"颜色"右侧的下拉按钮，❸在打开的色板中单击"显示颜色查看器"按钮，❹设置所选节点的颜色为C0、M42、Y97、K0。

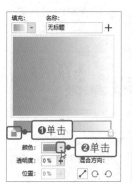

步骤 07 添加节点并设置颜色

❶双击渐变条，在其下方添加一个节点，并将节点拖动到48%的位置，❷单击"颜色"右侧的下拉按钮，❸在打开的色板中设置所选节点的颜色为C9、M100、Y50、K0。

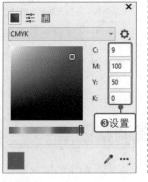

步骤 08 选中节点并更改颜色

❶单击选中渐变条右侧的节点，❷单击"颜色"右侧的下拉按钮，❸在打开的色板中选择"CMYK"颜色模式，❹然后设置所选节点的颜色为C82、M84、Y0、K0。

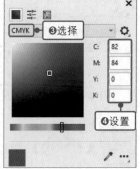

步骤 09 更改渐变填充的中心和角度

❶在"变换"选项组中设置"X"和"Y"值分别为20%和15%，相对于对象中心向右上方移动填充中心，❷设置"旋转"值为49.6°，旋转渐变颜色。设置后单击"OK"按钮，应用设置的渐变颜色填充文本。

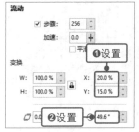

步骤 10 添加更多文本

用"文本工具"在页面中输入更多文本，并为文本填充纯色和渐变颜色。然后用"钢笔工具"在文本"漫"和"游记"中间绘制图形，为图形也填充相应的渐变颜色。

步骤 11 用"矩形工具"绘制图形

选择"矩形工具"，去除填充颜色，绘制一个矩形。打开"属性"泊坞窗，❶单击"轮廓"按钮，跳转至轮廓属性，❷设置轮廓颜色为C0、M80、Y11、K0，❸设置轮廓宽度为 2 pt。

步骤 12 拆分图形

按快捷键【Ctrl+Q】，将图形转换为曲线。选择"形状工具"，将鼠标指针移到文本"漫"的左侧，❶右击转换后的曲线，❷在弹出的快捷菜单中单击"拆分"命令，从当前位置拆分曲线。

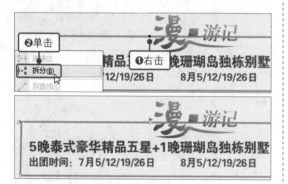

步骤 13 选中并移动节点

单击选中拆分出来的曲线节点，通过按【→】键将节点移到文本"游记"的右侧。

步骤 14 复制图形并调整位置

用"选择工具"选中图形，按快捷键【Ctrl+C】和【Ctrl+V】复制图形，并将其移到下方相应的位置上。

步骤 15 用"矩形工具"绘制图形

选择"矩形工具"，绘制一个矩形。选择"交互式填充工具"，❶单击属性栏中的"均匀填充"按钮，❷设置矩形的填充颜色为C0、M91、Y20、K0。然后去除矩形的轮廓线。

步骤 16 更改对象的叠放层次

用"选择工具"选中绘制的矩形，然后按快捷键【Ctrl+PageDown】调整对象的叠放层次，将矩形移到文字下方。至此，本案例就制作完成了。

5.4.3 | 知识扩展——创建与编辑调整图层

调整图层是 Photoshop 中的一种特殊图层，它可以调整图像的颜色和色调，并且不会永久更改像素值。调整颜色或色调的参数都保存在调整图层中，可以随时更改，大大增强了图像处理工作的灵活性。而且每个调整图层都自带一个图层蒙版，可以通过编辑蒙版指定调整图层生效的区域，从而实现图像的局部调整。下面讲解创建调整图层常用的 3 种方法，以及设置调整图层属性和编辑调整图层蒙版的方法。

1．使用菜单命令创建调整图层

打开需要调整的图像，执行"图层 > 新建调整图层"菜单命令，打开级联菜单，如下图所示。

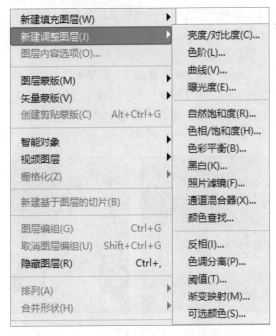

根据要创建的调整图层，在级联菜单中单击相应的菜单命令，在弹出的"新建图层"对话框中设置新建调整图层的名称、显示颜色及混合模式等，单击"确定"按钮，在"图层"面板中就会得到对应的调整图层，如下图所示。

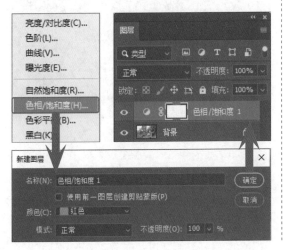

2．使用"图层"面板创建调整图层

单击"图层"面板底部的"创建新的填充或调整图层"按钮，在弹出的菜单中同样包含创建调整图层的命令。如下左图所示，单击"色阶"命令，即可在"图层"面板中创建一个"色阶 1"调整图层，如下右图所示。

3．使用"调整"面板创建调整图层

"调整"面板默认位于图像窗口右侧。如果工作区中未显示该面板，可执行"窗口 > 调整"菜单命令来调出面板。

单击"调整"面板中的按钮，即可创建相应的调整图层。例如，单击"可选颜色"按钮，如下左图所示，即可在"图层"面板中创建一个"选取颜色 1"调整图层，如下右图所示。

除了单击"调整"面板中的按钮创建调整图层，还可以单击"调整"面板右上角的扩展按钮，如下页左图所示，在展开的面板菜单中单击命令来创建调整图层。

默认情况下，创建的调整图层都自带一个图层蒙版。如果想要创建不带蒙版的调整图层，可以单击"调整"面板菜单中的"默认情况下添加蒙版"选项，取消其勾选状态，如下右图所示。

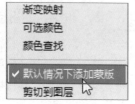

4．设置调整图层的调整选项

创建调整图层时，会自动打开"属性"面板，通过编辑面板中的选项来调整画面的颜色或色调。对于已有的调整图层，如果需要更改其选项，可在"图层"面板中双击调整图层的缩览图，如下左图所示，即可再次打开"属性"面板，如下右图所示。

重新打开"属性"面板后，就可以通过拖动滑块或输入数值来更改各项参数值，更改的效果会直接反映在图像窗口中，如下图所示。用户可以一边调整一边查看效果，直到满意为止。

5．编辑调整图层蒙版

前面讲过，创建调整图层时，默认情况下会为调整图层添加图层蒙版，可以通过编辑蒙版来控制调整图层生效的范围。

蒙版中的白色区域表示对对应的图层内容完全应用调整效果；黑色区域表示完全隐藏调整效果；灰色区域则表示部分隐藏调整效果，灰色越深，隐藏得越多，灰色越浅，则隐藏得越少。选择工具箱中的任意一种编辑或绘画工具，然后单击调整图层蒙版缩览图，在图像窗口中涂抹，即可编辑蒙版。

单击"色相／饱和度1"调整图层左侧的蒙版缩览图，如下左图所示，然后在工具箱中设置前景色为黑色，选择"画笔工具"，在小朋友图像上涂抹，如下右图所示。

涂抹完毕后，即可将小朋友图像的颜色恢复到未调整时的状态，如下图所示。

5.5 课后练习——餐饮店开业宣传单设计

素　材	随书资源 \ 05 \ 课后练习 \ 素材 \ 01.jpg、02.ai
源文件	随书资源 \ 05 \ 课后练习 \ 源文件 \ 餐饮店开业宣传单设计.cdr

在设计宣传单时，首先要考虑如何让顾客注意到宣传单，进而主动获取宣传单上的信息。本案例要为某餐饮店设计开业宣传单。因为该店铺的主打菜品是麻辣小龙虾，所以使用小龙虾的素材图像作为宣传单的主体内容，并通过将素材图像转换为手绘效果来增加设计感。在文本的处理上，通过变换文本的造型将文本与菜品形象相结合，吸引顾客注意，引导顾客阅读宣传单上的信息。

● 在 Photoshop 中用"裁剪工具"裁剪图像，扩大画布，然后复制多个图层，分别对各图层中的图像应用滤镜库中的滤镜，得到手绘效果的小龙虾图像；

● 创建"纯色"填充图层，更改混合模式为"滤色"，用"修补工具"去除背景中多余的图像；

● 在 CorelDRAW 中用"钢笔工具"绘制图形，用"变换"泊坞窗旋转再制对象，制作放射状的图形，将其裁剪后置入与页面等大的矩形中；

● 导入用 Photoshop 编辑好的小龙虾图像，用"文本工具"在图像上输入所需文字，并用"矩形工具"绘制装饰图形，突出文本内容。

第6章
书籍封面设计

封面设计是书籍装帧设计的一部分。书籍装帧设计包括封面、版面、插图、装订形式等的设计，其中封面的设计尤为重要。封面不仅能保护书心，标示书籍的属性信息，而且能增加书籍外形的美观度，促进书籍的销售。封面在很大程度上决定了读者对一本书的第一印象。设计精美的封面能快速吸引读者的注意，并促使读者产生阅读兴趣，因此，本章主要讲解书籍的封面设计。

本章包含两个案例：文学类书籍封面设计，该封面中有大量的文字信息，通过对文字间距和大小的区别设计得到错落有致的版面效果；儿童类书籍封面设计，该封面采用了轻松活泼的设计风格，通过添加生动有趣的卡通图像吸引小朋友的关注。

6.1 书籍的结构要素

书籍按装订形式可以分为平装书和精装书。平装书又称为简装书，主要组成部分如右图所示；而精装书除了包含平装书的所有要素外，还有对切口、环衬、护封等的精心设计，如下左图和下右图所示。

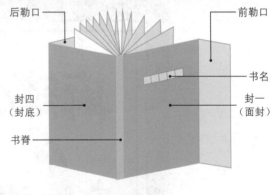

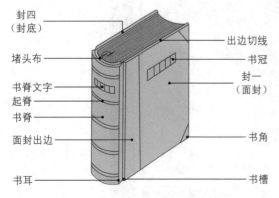

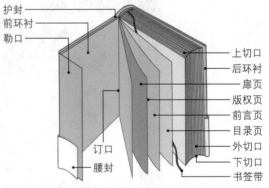

1. 封面

"封面"这个概念有广义与狭义之分。广义的封面又称书封或封皮，是本章案例的主要设计对象，一般分为封一（面封）、封二（封里）、封三（封底里）、封四（封底）和书脊（书背）几个部分。狭义的封面则仅指其中的封一（面封）部分。为避免混淆，本章对广义的概念使用"封面"来称呼，对狭义的概念使用"封一"来称呼。封面各部分需要包含的内容如下图所示。

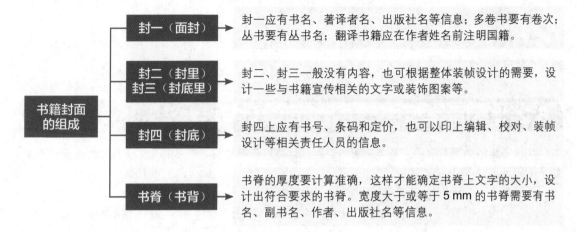

书籍封面的组成	封一（面封）	封一应有书名、著译者名、出版社名等信息；多卷书要有卷次；丛书要有丛书名；翻译书籍应在作者姓名前注明国籍。
	封二（封里）封三（封底里）	封二、封三一般没有内容，也可根据整体装帧设计的需要，设计一些与书籍宣传相关的文字或装饰图案等。
	封四（封底）	封四上应有书号、条码和定价，也可以印上编辑、校对、装帧设计等相关责任人员的信息。
	书脊（书背）	书脊的厚度要计算准确，这样才能确定书脊上文字的大小，设计出符合要求的书脊。宽度大于或等于 5 mm 的书脊需要有书名、副书名、作者、出版社名等信息。

2．护封

护封是包在封面外的另一张外封面，又称封套、全护封、包封或外包封。护封具有保护和装饰封面、展示书籍文化和传递书籍信息的作用，一般用于精装书或经典著作。在设计护封时，必须以书籍内容为主题，使用富有创意的配色与图形，带给读者强烈的视觉感受。

3．腰封

腰封是护封的一种特殊形式，是包裹在护封或封面外的一条腰带纸，只在护封或封面的腰部，也称为半护封。腰封的宽度一般相当于书籍高度的三分之一，也可根据情况进行适当调整；腰封的长度必须确保可以包裹封一、书脊和封四，还需要有前后勒口。根据书籍装帧设计的需要可在腰封上添加与书籍相关的宣传、推介性文字以及书籍内容介绍。

4．环衬

环衬也称环衬页，是封一后、封四前的空白页，是连接封一、封四和书心的两页四面跨页纸。连接扉页和封一间的称"前环衬"，连接正文和封四的称"后环衬"。环衬页的设计要根据书籍的整体装帧设计来考虑，构图、颜色的明暗都应与护封、封面等的设计协调统一。

5．护页

护页在环衬之后，一般不印刷任何信息，只印染一个底色。

6．前言页

前言页放在正文前，也称序、序言、引言。前言页通常用来说明作者的创作意图和创作经过，以及介绍和评论本书内容。

7．扉页

扉页位于封一或环衬页之后，目录页或前言页之前，也称为内封、副封面。扉页的基础构成要素与封一相同。扉页的设计应当简洁，一般以文字为主，字体不宜太大，最好采用与封一一致的字体。

8．目录页

目录页是书籍章、节标题的记录，显示书籍结构层次的先后。在设计时要求条理清楚，便于读者查找和迅速了解全书的层次内容。

9. 勒口

勒口是平装封面的一种形式，是指封一和封四切口一侧向内折过的部分，分为印有内容和没有内容两种形式。

6.2 不同类型书籍的封面设计要点

现代书籍的类型有很多，各类书籍的封面设计要点各不相同。常见的几类书籍的封面设计要点如下图所示。

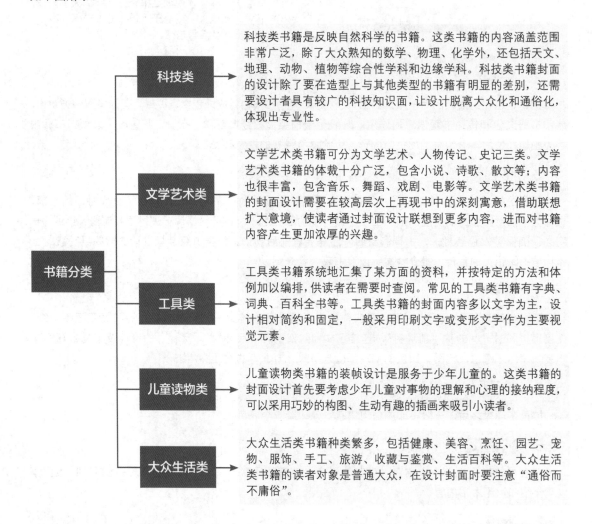

6.3 文学类书籍封面设计

素　材　随书资源\06\案例文件\素材\01.png～03.png

源文件　随书资源\06\案例文件\源文件\文学类书籍封面设计.psd

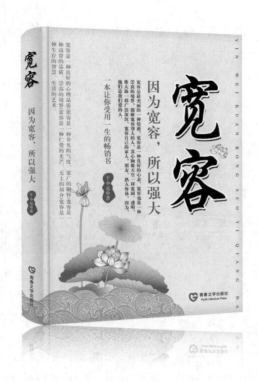

6.3.1 | 案例分析

　　设计关键点：本案例要为一本文学类图书设计封面。在设计时根据图书的具体内容选择有寓意的图像来表现。另外，文学类书籍的封面内容多以文字为主，在编排文字时要注意既能准确传达信息，又能给人带来美的艺术享受。

　　设计思路：根据设计关键点，首先要选择有寓意的图像来表现图书的内容。这本图书探讨的是宽容这种可贵的美德，因此选择象征高尚品质的荷花图像。荷花生长在淤泥中，但却不排斥淤泥，包容吸收，最终成就自我。同样，人也应该懂得包容万事万物，从挫折和磨难的"淤泥"中汲取营养，增长心智和能力。此外，在编排文字时，通过文字的大小和疏密的变化，得到有主有次、条理分明的画面效果，在准确传播信息的同时形成一种韵律美。

　　配色推荐：正红色 + 贝色。正红色的颜色感非常强烈，是最容易调动情绪的一种颜色，能激发人的活力和激情；贝色与贝壳色类似，是一种纯度非常低的橘黄色，接近白色，有白色纯洁的一面，同时微偏暖色，给人视觉上带来一种舒适感。将这两种颜色搭配起来，用贝色作为背景色，营造大气、古朴的感觉，再用正红色作为强调色，更能展现鲜亮耀眼的特性。

6.3.2 | 操作流程

　　本案例的总体制作流程是先在 CorelDRAW 中编排图像和文字，制作出封面的平面设计图，然后在 Photoshop 中将编辑好的封一和书脊部分选取出来，制作成图书的立体展示效果。

【CorelDRAW 应用】

1. 制作封一

　　将素材导入封一位置；用"文本工具"输入书名，通过调整文字的轮廓颜色和轮廓宽度，为书名设置阴影效果；继续用"文本工具"输入其他文本并分别设置格式；最后用"钢笔工具"绘制出版社徽标。具体操作步骤如下。

步骤 01 创建新文档

启动 CorelDRAW，执行"文件 > 新建"菜单命令，打开"创建新文档"对话框，❶输入新文档的名称，❷设置"宽度"和"高度"分别为 360 mm 和 242 mm，单击"OK"按钮，创建新文档。

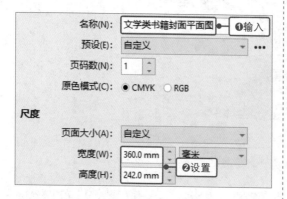

步骤 02 用"矩形工具"绘制图形

从标尺上拖出辅助线。双击"矩形工具"按钮，绘制一个与页面等大的矩形。选择"交互式填充工具"，❶在属性栏中单击"均匀填充"按钮，❷设置矩形的填充颜色为 C4、M5、Y17、K0。然后去除矩形的轮廓线。

步骤 03 导入素材图像

执行"文件 > 导入"菜单命令，导入素材图像"01.png ～ 03.png"，并将它们移到适当的位置。

步骤 04 复制并移动图像

选择"选择工具"，选中导入的荷花图像。执行"编辑 > 复制"菜单命令，复制图像，再执行"编辑 > 粘贴"菜单命令，粘贴图像。将复制出的图像移到封四左侧边缘位置。

步骤 05 用"文本工具"输入文本

选择"文本工具"，❶在属性栏中设置合适的字体和字体大小，❷单击"将文本更改为垂直方向"按钮，❸在封一中单击并输入书名"宽容"，❹将文本填充颜色设置为 C78、M73、Y71、K42。

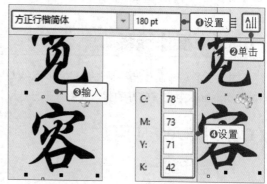

步骤 06 调整字符间距并复制文本

打开"文本"泊坞窗，❶设置"字符间距"为 -6%，缩小字符间距。用"选择工具"选中文本对象，用鼠标向左拖动编辑框右侧的控制手柄，让文本变得"瘦"一些。复制文本，❷将复制的文本填充颜色更改为 C93、M88、Y89、K80。

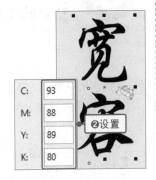

步骤 07 设置文本的轮廓宽度

打开"文本"泊坞窗，❶单击"轮廓宽度"下拉按钮，❷在展开的列表中选择"4.0 pt"，更改轮廓宽度，为文本设置描边效果。

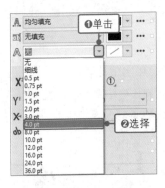

步骤 08 将轮廓转换为圆角

单击右侧的"轮廓设置"按钮，打开"轮廓笔"对话框，在对话框中单击"圆角"按钮，将轮廓转换为圆角。通过按【←】键和【↑】键移动设置轮廓线后的文本，使文本下方呈现投影效果。

步骤 09 添加更多文本

继续用"文本工具"在封一中输入其他所需文本，并结合"文本"泊坞窗为文本设置合适的字体和字体大小等。

步骤 10 用"钢笔工具"绘制图形

选择"钢笔工具"，在封一中间绘制不规则图形，将图形的填充颜色设置为 C7、M97、Y86、K0。选择"文本工具"，在图形中输入作者信息，并将文本设置为垂直方向排列。

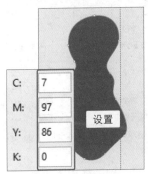

步骤 11 用"椭圆形工具"绘制图形

选择"椭圆形工具"，按住【Ctrl】键拖动鼠标，绘制圆形，设置圆形的轮廓宽度为 0.567 pt、轮廓颜色为白色。复制圆形并进行缩放，制作出同心圆的效果。

步骤 12 绘制徽标并输入出版社名

选择"钢笔工具"，在封一中绘制出版社徽标。选择"文本工具"，在徽标右侧输入出版社名。用"选择工具"选中下面一行英文，打开"文本"泊坞窗，设置"字符间距"为 -10%，缩小字符间距。至此，封一就制作完成了。

2. 制作书脊

书脊的设计追求简洁和清晰明了，所以书脊的制作过程也相对简单：选取并复制封一中的书名、作者信息及出版社信息等对象，再移到书脊的位置，根据版面调整复制对象的大小和排列方式。具体操作步骤如下。

步骤 01 复制文本并更改轮廓宽度

复制封一中的书名文本"宽容"，将复制的文本移到书脊的上方，并缩小至合适的大小。打开"文本"泊坞窗，在泊坞窗中将文本的轮廓宽度更改为 1 pt。

步骤 02 继续复制文本并调整位置和大小

复制封一中的文本"因为宽容，所以强大"，将复制的文本移到书脊的中间。选中文本对象，将鼠标指针移到编辑框边缘的控制手柄上，按住鼠标左键并向内侧拖动，缩小文本。

步骤 03 复制作者信息和出版社信息

继续用相同的方法复制作者信息和出版社信息，移到书脊中合适的位置，并调整大小和排列方式。

3. 制作封四

制作好封一和书脊部分后，就可以制作封四了。用"文本工具"在封四位置输入所需的文本；用"字形"面板在部分文本的前方插入项目符号；然后用"矩形工具"在封四右下方绘制一个白色矩形，并在矩形中添加书籍上架建议、条码、定价等信息。具体操作步骤如下。

步骤01 用"文本工具"输入文本

再次复制封一中的书名文本"宽容",将复制的文本移到封四上,调整文本的大小和轮廓宽度。选择"文本工具",在"宽容"二字右侧输入其他所需文本。

步骤02 用"字形"面板插入项目符号

❶将插入点置于第一行文本前。执行"窗口 > 泊坞窗 > 字形"菜单命令,打开"字形"泊坞窗,❷在泊坞窗中双击需要添加的项目符号,在插入点处插入该项目符号。

步骤03 插入空格并复制文本

在项目符号和内容文本之间输入一个空格。拖动鼠标选中项目符号和空格,按快捷键【Ctrl+C】,复制选中的文本。

步骤04 粘贴复制的文本

将插入点置于文本"宽容是人性中最美丽的花朵"前方,按快捷键【Ctrl+V】,粘贴复制的项目符号和空格。

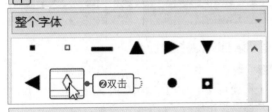

步骤05 绘制图形并添加条码等信息

用"矩形工具"在封四右下方绘制矩形并填充合适的颜色,然后在矩形中添加上架建议、书号、条码、定价等信息。导出制作好的封面平面图。

【Photoshop 应用】

4. 选取图像制作立体展示效果

在 Photoshop 中打开编排好的封面平面图,用"矩形选框工具"分别选择并复制封一和书脊的图像,通过对这些图像进行变形调整,得到图书的立体展示效果。具体操作步骤如下。

步骤 01 创建选区并复制书脊的图像

启动 Photoshop，打开导出的封面平面图。选择"矩形选框工具"，拖动鼠标创建矩形选区，选中书脊部分。按快捷键【Ctrl+J】，复制选区内的图像，得到"图层 1"图层。

步骤 02 创建选区并复制封一的图像

选择"矩形选框工具"，拖动鼠标创建矩形选区，选中封一部分。❶按快捷键【Ctrl+J】，复制选区内的图像，得到"图层 2"图层。❷用"矩形选框工具"再次创建选区，按快捷键【Ctrl+J】，复制选区内的图像，得到"图层 3"图层。

步骤 03 创建新图层并填充颜色

选中"背景"图层，单击"创建新图层"按钮，在"背景"图层上方新建"图层 4"图层，按快捷键【Alt+Delete】将背景填充为白色。

步骤 04 调整图层的叠放层次

❶在"图层"面板中选中"图层 2"图层，❷按快捷键【Ctrl+]】，将"图层 2"图层移到"图层 1"图层上方。

步骤 05 调整图层的叠放层次

❶选中"图层 3"图层，❷按两次快捷键【Ctrl+]】，将"图层 3"图层移到"图层 2"图层上方。

步骤 06 选择并缩放图像

❶同时选中"图层 1""图层 2""图层 3"图层，按快捷键【Ctrl+T】打开自由变换编辑框，❷向内拖动编辑框右下角的控制手柄，缩小选中图层中的图像。

步骤 07 用"斜切"调整封一图像的透视效果

❶选中"图层 2"图层，按快捷键【Ctrl+T】打开自由变换编辑框，右击编辑框中的图像，❷在弹出的快捷菜单中执行"斜切"命令，❸再拖动右侧的两个控制手柄，调整图像的透视效果。

步骤 09 变换书脊图像的外形

右击斜切编辑框中的图像，❶在弹出的快捷菜单中执行"变形"命令，显示变形编辑框，❷拖动编辑框顶部的控制手柄，变形图像。

步骤 08 用"斜切"调整书脊图像的透视效果

❶选中"图层 1"图层，按快捷键【Ctrl+T】打开自由变换编辑框，右击编辑框中的图像，❷在弹出的快捷菜单中执行"斜切"命令，❸再拖动左侧的两个控制手柄，调整图像的透视效果。

步骤 10 创建图层组并组织图层

继续用相同的方法对书脊底部也进行斜切和变形处理。创建"立体图"图层组，然后将"图层 1""图层 2""图层 3"图层都移至该图层组中。

5. 设置样式增强立体感

为了让图书的展示效果更有立体感，为封一、书脊等各部分对应的图层添加"内阴影"图层样式。具体操作步骤如下。

步骤 01 为"图层 3"添加"内阴影"样式

双击"图层 3"图层缩览图，打开"图层样式"对话框。❶单击"内阴影"样式，❷取消勾选"使用全局光"复选框，设置"不透明度"为 18%、"角度"为 -66°、"距离"为 13 px、"大小"为 25 px，单击"确定"按钮。

步骤 02 查看添加样式的效果

在"图层 3"图层下方会显示添加的"内阴影"样式，在图像窗口中可看到添加内阴影的效果。

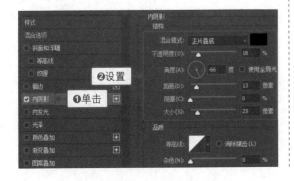 

步骤 03 为"图层 1"添加"内阴影"样式

双击"图层 1"图层缩览图，打开"图层样式"对话框。❶单击"内阴影"样式，❷取消勾选"使用全局光"复选框，设置"不透明度"为 8%、"角度"为 0°、"距离"为 50 px、"大小"为 131 px，单击"确定"按钮。

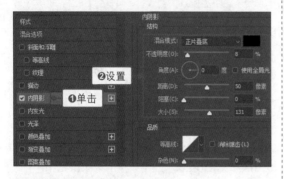

步骤 04 查看添加样式的效果

在"图层 1"图层下方会显示添加的"内阴影"样式，在图像窗口中可看到相应的效果。

步骤 05 为"图层 2"添加"内阴影"样式

双击"图层 2"图层缩览图，打开"图层样式"对话框。❶单击"内阴影"样式，❷取消勾选"使用全局光"复选框，设置"不透明度"为 8%、"角度"为 -151°、"距离"为 25 px、"大小"为 109 px，单击"确定"按钮。

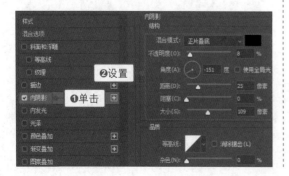

步骤 06 查看添加样式的效果

在"图层 2"图层下方会显示添加的"内阴影"样式，在图像窗口中可看到相应的效果。

步骤 07 选择并盖印图层

❶按住【Ctrl】键，在"图层"面板中依次单击选中"图层 1""图层 2""图层 3"图层，❷按快捷键【Ctrl+Alt+E】盖印图层，得到"图层 3（合并）"图层。

步骤 08 垂直翻转图像

执行"编辑 > 变换 > 垂直翻转"菜单命令，垂直翻转"图层 3（合并）"图层中的图像。然后选择"移动工具"，将垂直翻转后的图像移到原图像下方的适当位置。

步骤 09 添加图层蒙版

单击"图层"面板底部的"添加图层蒙版"按钮，为"图层 3（合并）"图层添加图层蒙版。

步骤 10 用"渐变工具"编辑图层蒙版

选择"渐变工具"，❶在选项栏中选择"黑，白渐变"，❷单击"图层 3（合并）"蒙版缩览图，❸从下往上拖动，为蒙版填充渐变颜色，得到渐隐的图像效果。至此，本案例就制作完成了。

6.3.3 | 知识扩展——添加与设置图层样式

Photoshop 的图层样式包含投影、内阴影、外发光、内发光、斜面和浮雕等，通过应用图层样式能够快速将平面图像转换为具有材质和光影效果的立体图像。

1. 添加图层样式

为一个图层添加图层样式的方法有很多，下面介绍常用的 3 种方法。

方法一：在"图层"面板中双击要添加图层样式的图层，打开"图层样式"对话框，在对话框中可以选择并设置图层样式。

方法二：在"图层"面板中选中图层，如下左图所示，执行"图层 > 图层样式"菜单命令，在打开的级联菜单中选择要添加的图层样式，如下右图所示。随后会打开"图层样式"对话框，在对话框中可以设置图层样式。

需要注意的是，图层样式不能应用于"背景"图层。如果一定要为"背景"图层添加图层样式，需要先将"背景"图层转换为普通图层。

2. 设置图层样式

打开"图层样式"对话框后，在对话框中可以选择并设置样式。"图层样式"对话框的左侧列出了 10 种样式。样式名称前的复选框如果为勾选状态，表示在图层中添加了该样式；取消勾选，则表示停用该样式，但是会保留样式的选项参数。

如下页图所示即为"图层样式"对话框，下面就来介绍对话框中的部分选项。

方法三：在"图层"面板中选中图层，单击面板底部的"添加图层样式"按钮，如下左图所示，在打开的快捷菜单中选择一种图层样式，如下右图所示，也能打开"图层样式"对话框。

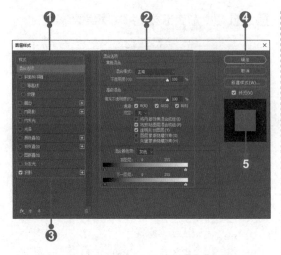

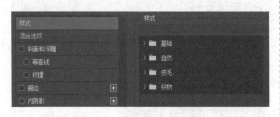

❶ 样式：单击"样式"按钮，将在对话框右侧显示一些预设的样式方案，供用户快速应用，如下图所示。

❷ 样式选项卡：样式选项卡会显示当前所选样式的选项参数设置。不同的样式在此区域显示的选项也不同。如下两幅图分别为"内阴影"和"渐变叠加"样式的选项。

❸ 样式列表：包含各种图层样式。勾选样式

名称前的复选框可启用该样式，单击样式名称可切换到相应的样式选项卡。

❹ 新建样式：单击此按钮，可以将自定义的样式效果保存为新的样式文件。

❺ 样式的预览效果：显示当前设置的样式的效果。

3. 复制与粘贴样式

为一个图层添加并设置好样式后，如果要对其他图层应用相同的样式，可以通过复制和粘贴样式的方式快速实现。

右击已添加好样式的图层或图层下方的样式，在弹出的快捷菜单中单击"拷贝图层样式"命令，如下左图所示。右击需要应用相同样式的图层，在弹出的快捷菜单中单击"粘贴图层样式"命令，如下右图所示。

执行"粘贴图层样式"命令后，在目标图层下方就会显示粘贴的图层样式，如下图所示。

6.4 儿童类书籍封面设计

素　材	随书资源 \ 06 \ 案例文件 \ 素材 \ 04.eps～15.eps、16.png、17.png、18.eps～21.eps、22.png～25.png、26.eps、27.png～29.png
源文件	随书资源 \ 06 \ 案例文件 \ 源文件 \ 儿童类书籍封面设计.psd

6.4.1　案例分析

　　设计关键点：本案例要为一本儿童类图书设计封面。这类书籍的封面设计首先要考虑儿童对于事物的理解和接纳程度。儿童对世界充满了好奇和想象，因此，儿童类书籍的封面内容应丰富多彩，以充分激发孩子们的阅读兴趣。

　　设计思路：根据设计关键点，考虑到大多数儿童对鲜艳的颜色比较敏感，在创作时用鲜艳明快的配色来营造轻松活泼的氛围，并加入大量生动有趣的卡通插画来吸引小朋友。此外，对书名文字进行了创意性设计，使其与卡通插画的风格协调统一。

　　配色推荐：金黄色 + 蔚蓝色。金黄色清晰而明亮，能给人以轻快、充满希望的印象，所以在本案例中选用金黄色作为画面的主色调；再搭配上同样明度较高的蔚蓝色，不仅能形成鲜明的对比，而且能让画面给人以鲜亮、活泼的视觉感受。

6.4.2　操作流程

　　本案例的总体制作流程是先在 CorelDRAW 中添加素材，对版面背景进行处理，在处理好的背景上输入书名、作者信息、资源下载方法等内容，完成封面平面设计图的编排，然后在 Photoshop 中打开编排好的封面平面图，选取封一和书脊部分，制作成立体展示图。

【CorelDRAW 应用】

1．制作封面底图

先来制作封面的底图。用"2 点线工具"在页面中绘制线条，再用"变换"泊坞窗再制出更多线条，作为封面的背景纹理；然后将多个素材图像导入封面；最后用图形绘制工具绘制装饰图形。具体操作步骤如下。

步骤 01 用"矩形工具"绘制图形

在 CorelDRAW 中新建文档，❶在属性栏中设置"宽度"和"高度"分别为 510.3mm 和 242mm。双击"矩形工具"按钮，绘制一个与页面等大的矩形。选择"交互式填充工具"，❷单击属性栏中的"均匀填充"按钮，❸设置矩形的填充颜色为 C0、M20、Y93、K0。然后去除矩形的轮廓线。

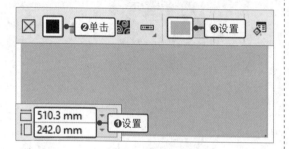

步骤 02 用"2 点线工具"绘制线条

选择"2 点线工具"，按住【Ctrl】键向下拖动鼠标，绘制一条竖线。打开"属性"泊坞窗，❶单击"轮廓"按钮，跳转至轮廓属性，❷设置轮廓颜色为 C0、M0、Y100、K0，❸设置轮廓宽度为 1.5 pt，调整竖线的颜色和粗细。

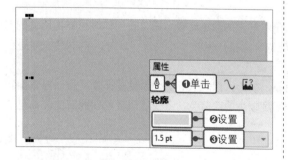

步骤 03 通过变换再制线条

用"选择工具"选中黄色的竖线，打开"变换"泊坞窗，❶单击"位置"按钮，跳转至位置属性，❷设置"X"和"Y"分别为 15 mm 和 0 mm，❸设置"副本"为 32，单击"应用"按钮，在原竖线右侧复制出多条竖线。

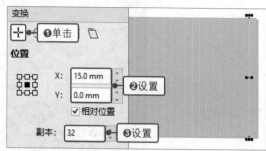

步骤 04 复制线条并调整方向和长度

按快捷键【Ctrl+C】和【Ctrl+V】，再复制一条竖线。❶在属性栏中设置"宽度"为 510.3 mm，❷设置"旋转角度"为 90°，将竖线变为横线。❸单击"对齐与分布"泊坞窗中的"页面边缘"按钮，❹单击"左对齐"按钮，让横线与页面的左边缘对齐。

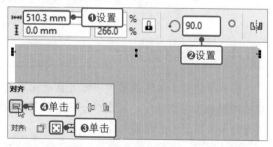

步骤 05 通过变换再制线条

用"选择工具"选中横线，❶在"变换"泊坞窗中设置"X"和"Y"分别为 0 mm 和 -15 mm，❷设置"副本"为 15，单击"应用"按钮，在原横线下方复制出 15 条横线。

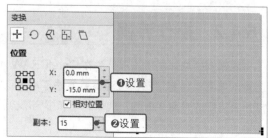

步骤 06 选中对象并编组

选择"选择工具",在页面中拖动鼠标,框选所有对象。单击属性栏中的"组合对象"按钮,将选中的对象编组。

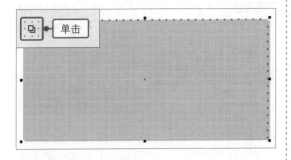

步骤 07 绘制图形并填充颜色

选择"钢笔工具",在页面中绘制所需图形。选择"交互式填充工具",❶单击属性栏中的"均匀填充"按钮,❷设置图形的填充颜色为 C7、M22、Y42、K0。然后去除图形的轮廓线。

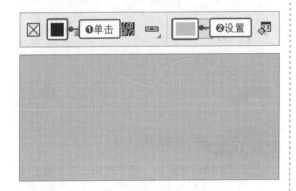

步骤 08 用"矩形工具"绘制图形

选择"矩形工具",❶在属性栏中设置"圆角半径"为 15 mm,在页面中绘制一个圆角矩形,❷然后在属性栏中设置"旋转角度"为 22°,旋转圆角矩形。

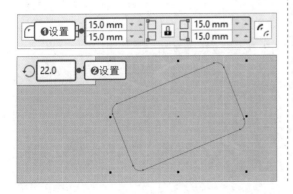

步骤 09 设置轮廓属性

用"选择工具"选中圆角矩形。打开"属性"泊坞窗,❶单击"轮廓"按钮,跳转至轮廓属性,❷设置轮廓颜色为 C40、M0、Y100、K0,❸设置轮廓宽度为 25.5 pt,调整所选圆角矩形的轮廓线样式。

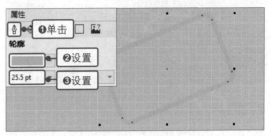

步骤 10 复制对象并更改轮廓属性

复制圆角矩形,打开"属性"泊坞窗,❶设置轮廓颜色为白色,❷设置轮廓宽度为 2.5 pt,❸在"线条样式"下拉列表框中选择一种虚线样式,更改对象的轮廓线样式。

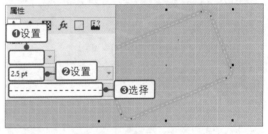

步骤 11 选择并复制图标

打开素材图像"04.eps",用"选择工具"选中一个图标,按快捷键【Ctrl+C】复制图标,然后切换至创建的文档中,按快捷键【Ctrl+V】粘贴图标,并调整粘贴图标的大小和位置。

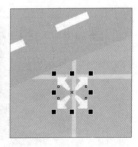

步骤 12 复制更多的图标

用相同的方法将其他几个图标复制、粘贴到创建的文档中,并摆放在合适的位置上。

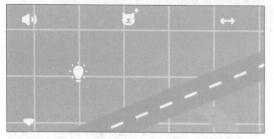

步骤13 导入素材图像

执行"文件 > 导入"菜单命令，导入素材图像"05.eps～15.eps"，并分别调整它们的大小和位置。然后导入素材图像"16.png"和"17.png"，同样调整大小和位置。

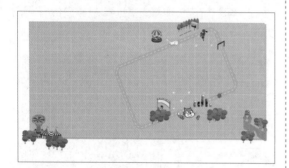

步骤14 用"椭圆形工具"绘制图形

选择"椭圆形工具"，❶在页面中拖动鼠标，绘制一个椭圆形。选择"交互式填充工具"，❷单击属性栏中的"均匀填充"按钮，❸设置椭圆形的填充颜色为C40、M0、Y100、K0。然后去除椭圆形的轮廓线。

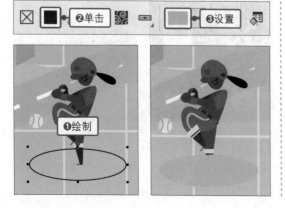

步骤15 调整对象的叠放层次

用"选择工具"选中椭圆形，执行"对象 > 顺序 > 向后一层"菜单命令，调整对象的叠放层次，将椭圆形移到人物图像下方。

步骤16 将对象编组

选择"选择工具"，按住【Shift】键依次单击选中页面上方、左下角和右下角超出页面边缘的3个对象，单击属性栏中的"组合对象"按钮，将选中的对象编组。

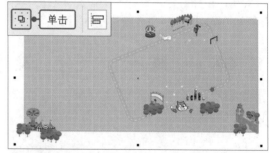

技巧提示　将对象编组的方法

　　在CorelDRAW中，将对象编组有多种方法：方法一是执行"对象 > 组合 > 组合"菜单命令；方法二是单击属性栏中的"组合对象"按钮；方法三是按快捷键【Ctrl+G】。

步骤17 绘制矩形并调整对象的叠放层次

❶双击"矩形工具"按钮，再次绘制一个与页面等大的矩形。❷执行"对象 > 顺序 > 到页面前面"菜单命令，将绘制的矩形移到最上层。

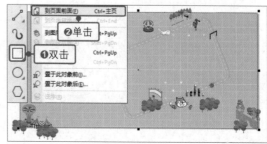

步骤 18 创建 PowerClip 对象

用"选择工具"选中编组的 3 个素材对象，执行
"对象 >PowerClip> 置于图文框内部"菜单命令，
当鼠标指针变为黑色箭头形状时，❶在新绘制的
矩形内单击，将所选对象置入矩形，❷在属性栏
中设置轮廓宽度为"无"，去除矩形的轮廓线。

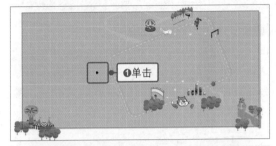

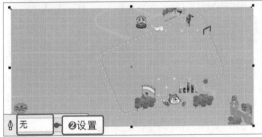

步骤 19 绘制矩形并填充颜色

选择"矩形工具"，在页面底部绘制一个矩形。
选择"交互式填充工具"，❶单击属性栏中的"均
匀填充"按钮，❷设置矩形的填充颜色为 C80、
M0、Y0、K0。然后去除矩形的轮廓线。

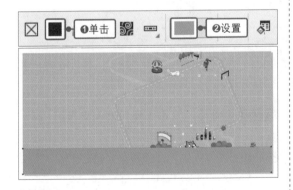

步骤 20 转换曲线并添加节点

执行"对象 > 转换为曲线"菜单命令或按快捷键
【Ctrl+Q】，将矩形转换为曲线。选择"形状工具"，
❶在矩形顶边合适的位置上右击鼠标，❷在弹出
的快捷菜单中单击"添加"命令，❸在右击的位
置添加一个节点。

步骤 21 添加并移动节点

用相同的方法在图形上再添加 3 个节点，然后同
时选中中间的两个节点，按【↓】键向下移动所
选节点。

步骤 22 转换路径类型和节点类型

选择"形状工具"，❶单击选中左侧的一个节点，
❷单击属性栏中的"转换为曲线"按钮，将直线
转换为曲线，❸再单击属性栏中的"平滑节点"
按钮，将尖突节点转换为平滑节点，并在节点两
侧显示控制手柄。

步骤 23 拖动节点调整图形外观

用相同的方法选中右侧的节点，依次单击"转换
为曲线"按钮和"平滑节点"按钮，将该节点转
换为平滑节点。拖动节点左侧的控制手柄，更改
图形的外观。

步骤 24 调整对象的叠放层次

用"选择工具"选中小猫对象，再解除编组。选中代表猫爪的椭圆形，按快捷键【Ctrl+PageUp】，将所选对象移到蓝色图形上方。

步骤 25 用"阴影工具"添加阴影

选择"阴影工具"，❶在属性栏中的"预设列表"中选择"平面右下"选项，❷设置"阴影不透明度"为 30，❸再拖动阴影控制手柄，调整阴影的位置，在猫爪下方添加阴影效果。

步骤 26 调整对象的叠放层次

用"选择工具"选中下方已置入图文框中的素材对象，执行"对象 > 顺序 > 到图层前面"菜单命令或按快捷键【Shift+PageUp】，将位于下层的对象移到上层。

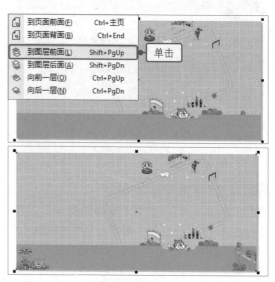

2．制作封一

制作好封面底图后，接着制作封一。用"文本工具"在封一中输入书名，将书名文本转换为曲线，并适当调整文本的外观；因为图书内容是介绍积木式少儿编程工具的，所以用"钢笔工具"在封一中绘制出积木块形状的图形，并为图形添加浮雕效果，增强其立体感。具体操作步骤如下。

步骤 01 用"文本工具"输入文本

选择"文本工具"，❶在属性栏中选择"华康少女文字 W5（P）"字体，❷设置"字体大小"为 30 pt，❸在封一上输入文本"少儿人工智能趣味入门"。

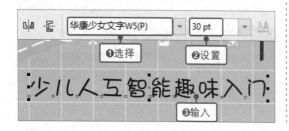

步骤 02 继续用"文本工具"输入文本

❶在属性栏中将字体更改为"方正粗圆简体"，❷设置"字体大小"为 100 pt，❸在已输入的文本下方输入"Scratch3.0"。

步骤 03 将文本转换为曲线并拆分

按快捷键【Ctrl+Q】将文本转换为曲线，然后按
快捷键【Ctrl+K】拆分曲线，将文本拆分为单个
图形。

步骤 04 选择并修剪对象

用"选择工具"选中字母 a 的图形，按快捷键
【Ctrl+PageDown】，将其向下移动一层。然后同
时选中这个对象上方的椭圆形，单击属性栏中的
"移除前面对象"按钮，移除前面的椭圆形，得
到镂空的字母效果。

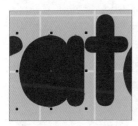

步骤 05 选择并修剪对象

用"选择工具"选中组合数字 0 的两个图形，单
击属性栏中的"移除前面对象"按钮，移除前面
的椭圆形，得到镂空的数字效果。

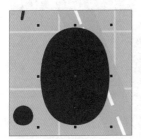
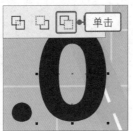

步骤 06 调整文本的排列效果

用"选择工具"分别选中每个字母和数字的图形，
调整其大小后，再做适当的旋转，使文本的排列
形式更加活泼。

步骤 07 更改字母的填充颜色

选择"选择工具"，按住【Shift】键依次单击选
中字母对象。选择"交互式填充工具"，❶单击
属性栏中的"均匀填充"按钮，❷设置填充颜色
为 C90、M30、Y0、K0，将所选对象填充为蓝色。

步骤 08 更改数字的填充颜色

选择"选择工具"，按住【Shift】键依次单击选
中"3"."."0"。选择"交互式填充工具"，❶单
击属性栏中的"均匀填充"按钮，❷设置填充颜
色为 C0、M100、Y100、K0，将所选对象填充
为红色。

步骤 09 设置轮廓属性

用"选择工具"同时选中蓝色字母和红色数字，
按【F12】键打开"轮廓笔"对话框，❶在对话
框中设置轮廓颜色为白色，❷设置轮廓宽度为
5.5 pt，❸单击"位置"右侧的"外部轮廓"按钮，
将轮廓置于所选对象外。设置后单击"OK"按钮，
为所选对象添加轮廓效果。

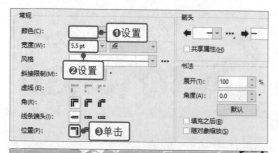

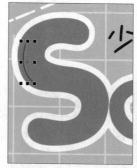 

步骤 10 将轮廓转换为对象并编组

执行"对象 > 将轮廓转换为对象"菜单命令或按快捷键【Ctrl+Shift+Q】，将轮廓转换为单独的对象。单击属性栏中的"组合对象"按钮，将轮廓对象编组。

步骤 11 调整轮廓对象的叠放层次

执行"对象 > 顺序 > 向后一层"菜单命令或按快捷键【Ctrl+PageDown】，调整对象的叠放层次，直至将所选轮廓对象移到英文和数字的下方。

步骤 12 用"钢笔工具"绘制曲线

选择"钢笔工具"，在字母"S"上绘制一条曲线。用"选择工具"选中曲线，在属性栏中设置轮廓宽度为 4 pt，在"属性"泊坞窗中设置轮廓颜色为白色，为文本添加高光效果。

步骤 13 用"钢笔工具"绘制更多线条

继续用"钢笔工具"在文本上绘制更多线条，并调整线条的轮廓宽度和轮廓颜色，为文本添加更多的高光效果。

步骤 14 绘制图形并填充颜色

选择"钢笔工具"，在文本下方绘制积木块图形。选择"交互式填充工具"，❶单击属性栏中的"均匀填充"按钮，❷设置图形的填充颜色为 C40、M70、Y0、K0。然后去除图形的轮廓线。

步骤 15 设置"浮雕"效果增强立体感

执行"效果 > 三维效果 > 浮雕"菜单命令，打开"浮雕"对话框，❶在对话框中设置"深度"为 20，❷设置"层次"为 40，❸设置"方向"为 265°，❹单击"原始颜色"单选按钮，❺设置好后单击"OK"按钮。

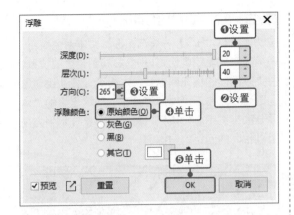

步骤 16 绘制图形并添加"浮雕"效果

返回文档窗口，可以看到为图形添加的浮雕效果。用"钢笔工具"再绘制一个积木块图形，将其填充为红色，并设置与紫色积木块图形相同的浮雕效果。

步骤 17 用"文本工具"输入文本

选择"文本工具"，在属性栏中设置合适的字体和字体大小，在积木块上分别输入文本"动画与游戏编程"和"一本通"。然后在属性栏中更改字体和字体大小，在积木块右侧输入"快学习教育　编著"，完善书名和作者信息。

步骤 18 调整对象的叠放层次

用"选择工具"选中积木块上方的"Scratch3.0"对象，执行"对象 > 顺序 > 向前一层"菜单命令或按快捷键【Ctrl+PageUp】，将所选对象叠加在积木块上方。

步骤 19 用"多边形工具"绘制三角形

选择"多边形工具"，❶在属性栏中设置"点数或边数"为 3，在页面右上方绘制一个三角形，将图形填充为蓝色并去除轮廓线，❷单击属性栏中的"垂直镜像"按钮，垂直翻转对象。

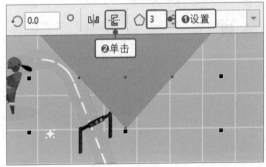

步骤 20 输入并旋转文本

选择"文本工具"，❶在属性栏中设置合适的字体和字体大小，❷在蓝色三角形上输入文本"赠"。用"选择工具"选中文本对象，❸拖动右上角的旋转手柄，旋转对象。

步骤 21 继续输入文本

用"文本工具"在蓝色三角形上输入文本"免费
线上视频课程"和"STEAM"，并将文本旋转至
合适的角度。

步骤 22 用"矩形工具"绘制图形

选择"矩形工具"，❶在属性栏中设置"圆角半
径"为 3.5 mm，在页面下方绘制一个圆角矩形。
选择"交互式填充工具"，❷单击属性栏中的"均
匀填充"按钮，❸设置图形的填充颜色为 C46、
M6、Y99、K0。然后去除圆角矩形的轮廓线。

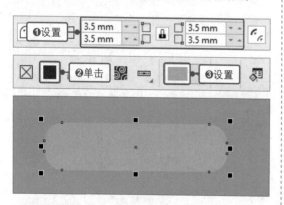

步骤 23 输入文本并对齐对象

选择"文本工具"，在属性栏中设置合适的字体和
字体大小，在圆角矩形上输入文本"锻炼思考力"。
用"选择工具"选中文本对象和圆角矩形，❶在"对
齐与分布"泊坞窗中单击"水平居中对齐"按钮，
❷再单击"垂直居中对齐"按钮，对齐对象。

步骤 24 复制对象并均匀排列

按快捷键【Ctrl+G】，将所选图形和文本对象编组。
将编组对象复制 3 份，分别向右移到合适的位置，
并更改图形的填充颜色和文本内容。将 4 组对象
同时选中，单击"对齐与分布"泊坞窗中的"水
平分散排列中心"按钮，将所选对象在水平方向
上以相同的间距均匀排列。

步骤 25 添加徽标并输入出版社信息

执行"文件 > 导入"菜单命令，将出版社徽标
图像"18.eps"导入页面。将导入的徽标移到合
适的位置，并调整其大小。用"文本工具"在徽
标右侧输入出版社信息。

步骤 26 用"2 点线工具"绘制线条

选择"2 点线工具"，按住【Ctrl】键向右拖动鼠标，
绘制一条横线，在属性栏中设置线条的轮廓宽度
为 0.5 pt。

3．制作书脊和封四

将准备好的公司徽标图像导入书脊顶部，用"文本工具"在公司徽标下方输入书名和出版社名，完成书脊部分的制作。用"文本工具"在封四中输入随书资源相关说明文本及案例效果展示等内容；用"矩形工具"绘制圆角矩形，导入图书中的案例效果图并置入图形中；最后在封四右下角添加上架建议、条码、定价等信息。具体操作步骤如下。

步骤 01　导入公司徽标

执行"文件 > 导入"菜单命令，将公司徽标图像"19.eps"导入文档，移至书脊顶部，然后将其调整至合适的大小。

步骤 02　复制文本并更改排列方向

用"选择工具"选中封一中的文本"少儿人工智能趣味入门"，❶按【+】键复制文本并适当调整大小。❷在"文本"泊坞窗中设置"字符间距"为 6%，❸单击"将文本更改为垂直方向"按钮。将调整好的文本移到公司徽标下方。

步骤 04　导入手机和二维码图像

执行"文件 > 导入"菜单命令，导入手机图像"20.eps"和二维码图像"21.eps"，调整大小后移到封四中的适当位置。选择"文本工具"，在二维码下方输入 4 行文本"扫描二维码""关注公众号""发送关键词""获下载资源"。

步骤 03　用"文本工具"输入文本

选择"文本工具"，在调整后的文本下方输入文本，根据版面调整输入文本的字体、字体大小、填充颜色等属性。选择并复制封一中的出版社徽标，将其移到书脊中的适当位置。

步骤 05　绘制圆形并输入文本

选择"椭圆形工具"，按住【Ctrl】键拖动鼠标，在封四上绘制一个圆形。用"交互式填充工具"设置圆形的填充颜色为 C0、M100、Y100、K0，然后去除圆形的轮廓线。选择"文本工具"，在圆形中间输入文本"在"。

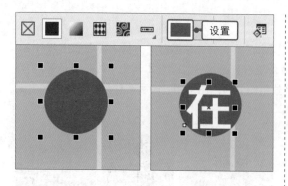

步骤 06 对齐对象

用"选择工具"同时选中圆形和文本，①单击"对齐与分布"泊坞窗中的"水平居中对齐"按钮，水平对齐对象，②再单击"垂直居中对齐"按钮，垂直对齐对象。

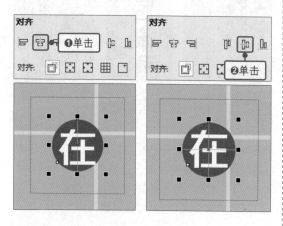

步骤 07 复制对象并更改文本内容

按快捷键【Ctrl+G】编组所选对象，再复制出多个编组对象，移到右侧合适的位置。选择"文本工具"，分别更改圆形中间的文本内容。

步骤 08 用"2点线工具"绘制线条

选择"2点线工具"，按住【Ctrl】键向右拖动鼠标，绘制一条横线。打开"属性"泊坞窗，①单击"轮廓"按钮，跳转至轮廓属性，②设置轮廓颜色为红色，③设置轮廓宽度为2 pt，④在"线条样式"下拉列表框中选择一种虚线样式，调整线条样式。

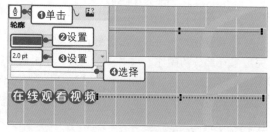

步骤 09 用"2点线工具"绘制线条

选择"2点线工具"，按住【Ctrl】键向下拖动鼠标，绘制一条竖线。打开"属性"泊坞窗，①单击"轮廓"按钮，跳转至轮廓属性，②设置轮廓颜色为红色，③设置轮廓宽度为2 pt。

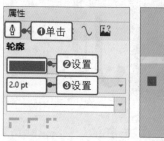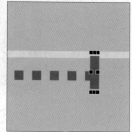

步骤 10 输入文本并调整属性

选择"文本工具"，在属性栏中设置合适的字体和字体大小，在页面中拖动鼠标，绘制一个文本框，在文本框中输入所需的文本。打开"文本"泊坞窗，单击"段落"按钮，跳转至段落属性，①设置"行间距"为160%，②设置"首行缩进"为6.9 mm，③设置"字符间距"为-4%。

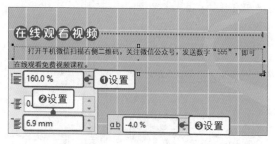

步骤 11 添加更多图形和文本

用"选择工具"选中图形和文本框，复制并移到下方合适的位置。选择"文本工具"，修改复制对象中的文本内容。

步骤 12 导入案例效果图

执行"文件 > 导入"菜单命令，导入素材图像"22.png～25.png"。分别选中导入的图像，在属性栏中设置宽度为 78 mm，然后移到合适的位置。

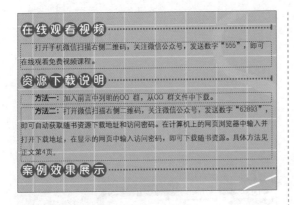

步骤 13 用"矩形工具"绘制图形

选择"矩形工具"，❶在属性栏中设置"圆角半径"为 1 mm，❷设置轮廓宽度为 0.5 pt，在第 1 张效果图上按住鼠标左键并拖动，绘制一个圆角矩形。

步骤 14 复制圆角矩形并调整位置

用"选择工具"选中圆角矩形，按快捷键【Ctrl+C】和【Ctrl+V】，复制出 3 个圆角矩形，并将它们分别移到另外几张效果图上方。

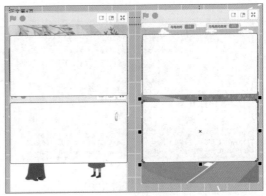

步骤 15 创建 PowerClip 对象

用"选择工具"选中第 1 张效果图，执行"对象 > PowerClip> 置于图文框内部"菜单命令，当鼠标指针变为黑色箭头形状时，在上方的圆角矩形内单击，将图像置入圆角矩形。

步骤 16 继续创建 PowerClip 对象

选中其余效果图，用相同的方法创建 PowerClip 对象，将这些图像分别置入每个图像上方的圆角矩形中。

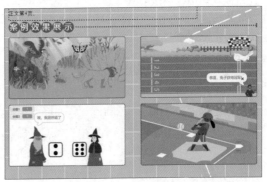

步骤 17 复制对象并输入文本

用"选择工具"选中封一中的书名对象，复制后移到封四下方合适的位置，并调整其大小和颜色。然后用"文本工具"在下方绘制文本框，并输入所需的文本。

步骤 18 用"矩形工具"绘制图形

选择"矩形工具"，❶在属性栏中设置"圆角半径"为 0.5 mm，❷设置轮廓宽度为 1.2 pt，在封四右下角拖动鼠标，绘制一个圆角矩形，并将其填充为白色。

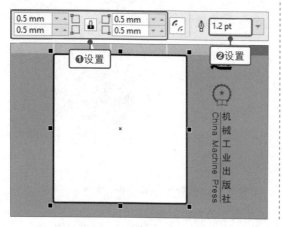

步骤 19 用"矩形工具"继续绘制图形

选择"矩形工具"，❶单击属性栏中的"同时编辑所有角"按钮，取消锁定状态，❷将左上角和右上角的圆角半径设置为 0.5 mm，❸设置轮廓宽度为"无"，在白色圆角矩形上方再绘制一个圆角矩形，并将这个圆角矩形填充为黑色。

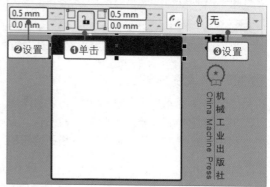

步骤 20 导入条码图像并输入文本

执行"文件 > 导入"菜单命令，导入条码图像"26.eps"，适当缩小条码图像，然后移到白色圆角矩形上。选择"文本工具"，输入书籍上架建议及定价等信息。用"2 点线工具"在条码和定价之间绘制一条横线。

4. 制作勒口

勒口多用于编排著译者简介或同类书目推荐，本案例要在勒口放置推荐书目。先导入推荐书目的封面图像，然后用"文本工具"输入推荐书目的书名、内容简介等文本，并为文本设置合适的颜色。具体操作步骤如下。

步骤 01 导入推荐书目的封面图像

执行"文件 > 导入"菜单命令，将推荐书目的封面素材图像"27.png ~ 29.png"导入页面。在属性栏中将导入图像的"宽度"和"高度"都设置为 54 mm，然后把图像分别移到前、后勒口位置。

步骤 02 用"文本工具"输入文本

选择"文本工具",在属性栏中设置合适的字体
和字体大小,在前勒口中的封面图像上方输入文
本"精品推荐",并设置文本的填充颜色为 C0、
M80、Y42、K0。

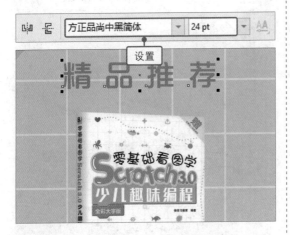

步骤 03 创建段落文本并调整段落属性

选择"文本工具",❶在属性栏中设置合适的字
体和字体大小,在封面图像下方拖动鼠标,绘制
一个文本框,并在文本框中输入图书的介绍文字。
打开"文本"泊坞窗,❷单击"段落"按钮,跳
转至段落属性,❸设置"行间距"为 162%、"首
行缩进"为 7.6 mm、"字符间距"为 18%,调
整段落文本的格式。

步骤 04 用"文本工具"输入文本

选择"文本工具",❶在属性栏中设置合适的字
体和字体大小,在前勒口底部的插画左侧输入英
文"PRESS START"。用"选择工具"选中英文
对象,打开"文本"泊坞窗,❷在段落属性下设
置"行间距"为 58%,❸设置"字符间距"为 2%。

技巧提示　设置分栏

如果段落文本的内容较多,可以通过将文
本分栏来方便读者阅读。单击"文本"泊坞窗
中的"图文框"按钮,跳转至图文框属性,在
"栏数"框中输入具体的数值,就可以对段落
文本进行分栏。输入的数值越大,添加的栏数
就越多。

步骤 05 用"文本工具"输入文本

选择"文本工具",❶在属性栏中设置合适的字
体和字体大小,在后勒口的封面图像上方输入文
本"轻松进入艺术的殿堂"。打开"文本"泊坞窗,
❷设置文本的填充颜色为 C2、M100、Y100、
K0,❸设置"字符间距"为 40%。

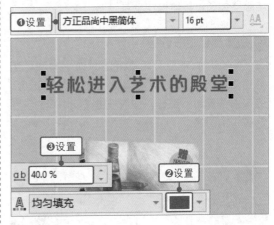

步骤 06 输入书名

选择"文本工具",在属性栏中设置合适的字体
和字体大小,在封面图像下方输入书名。至此,
封面平面图就编排完成了,导出编排好的平面图,
以便在 Photoshop 中做进一步处理。

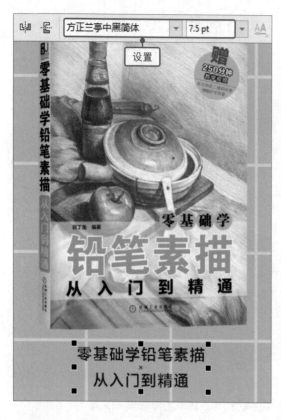

【Photoshop 应用】

5. 制作图书立体展示效果

在 Photoshop 中打开封面平面图，用"矩形选框工具"选取并复制封一和书脊部分的图像；用斜切编辑框编辑图像，调整透视效果；最后创建"渐变"填充图层填充颜色，在书脊部分添加阴影，增强立体感。具体操作步骤如下。

步骤 01 创建矩形选区

在 Photoshop 中打开编排好的封面平面图，选择"矩形选框工具"，拖动鼠标创建矩形选区，选中书脊和封一部分，按快捷键【Ctrl+C】复制选区中的图像。

步骤 02 编辑图像

创建一个新文档，按快捷键【Ctrl+V】粘贴复制的图像，得到"图层 1"图层。按快捷键【Ctrl+T】打开自由变换编辑框，将鼠标指针移到编辑框右下角的控制手柄上，当鼠标指针变为双向箭头形状时按下鼠标左键并向内侧拖动，缩小图像。

步骤 03 创建选区并复制图像

选择"矩形选框工具",创建矩形选区,选中书脊部分。按快捷键【Ctrl+J】复制选区内的图像,得到"图层2"图层。按住【Ctrl】键单击"图层2"图层缩览图,载入图层选区。

步骤 04 调整封一的透视效果

❶单击"图层1"图层,按【Delete】键删除选区内的图像。执行"编辑>变换>斜切"菜单命令,打开斜切编辑框,❷用鼠标向下拖动编辑框右上角的控制手柄,❸再向上拖动编辑框右下角的控制手柄,调整图像的透视效果。

步骤 05 调整书脊的透视效果

选中"图层2"图层,用相同的方法对图层中的图像做斜切处理,得到立体展示效果。按住【Ctrl】键单击"图层2"图层缩览图,载入图层选区。

步骤 06 创建"渐变填充1"图层

❶单击"图层"面板底部的"创建新的填充或调整图层"按钮,❷在弹出的菜单中单击"渐变"命令,打开"渐变填充"对话框,❸单击对话框中的渐变条。

步骤 07 设置渐变颜色并更改混合模式

打开"渐变编辑器"对话框,❶单击渐变条左侧的色标,❷单击下方的颜色块,设置色标颜色为R135、G135、B135,单击"确定"按钮,返回"渐变填充"对话框。❸设置"角度"为0°,单击"确定"按钮,应用设置的渐变颜色填充选区。❹将"渐变填充1"图层的混合模式设置为"正片叠底"。至此,本案例就制作完成了。

6.4.3 | 知识扩展——"浮雕"效果

在 CorelDRAW 中，应用"浮雕"效果可以使矢量图形或位图图像产生深度感，呈现具有凹凸质感的视觉效果。

选中需要设置浮雕效果的对象后，执行"效果 > 三维效果 > 浮雕"菜单命令，即可打开如下图所示的"浮雕"对话框。

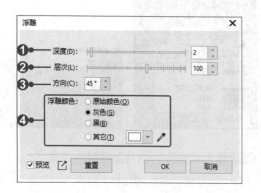

❶ **深度**：拖动"深度"滑块或在其后的数值框中输入数值，设置浮雕效果凸起区域的深度。取值范围为 1～20，设置的数值越大，浮雕效果越明显。如下两幅图分别为设置"深度"为 5 和 20 时的效果。

 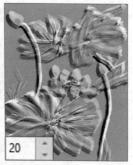

❷ **层次**：拖动"层次"滑块或在其后的数值框中输入数值，设置浮雕效果的背景颜色总量。取值范围为 1～500，设置的数值越大，浮雕效果中背景颜色的含量越高。如下两幅图分别为设置"深度"为 10 和 100 时的效果。

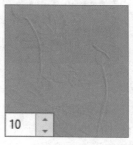 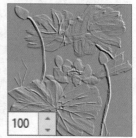

❸ **方向**：用于设置浮雕效果的采光角度，可单击右侧的按钮微调数值，也可直接输入数值。

❹ **浮雕颜色**：设置创建浮雕效果时浮雕的颜色，默认选择"灰色"。若要自定义颜色，可以单击下方的"其他"单选按钮，打开颜色挑选器，即可在其中重新指定浮雕的颜色，如下左图所示，设置后的图像效果如下右图所示。

 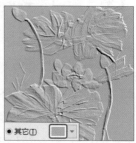

6.5 | 课后练习——人文历史类书籍封面设计

	素 材	无
	源文件	随书资源 \ 06 \ 课后练习 \ 源文件 \ 人文历史类书籍封面设计.psd

书籍封面的设计必然要与书籍的内容结合起来，使人能通过封面大致了解书籍的内容。本案例要为一本介绍楼兰古城的人文历史图书设计封面。总体上采用简约、大气的设计风格，在封一、书脊和封四部分使用流畅的线条进行连接，形成比较统一的视觉效果。利用错落的文字编排方式，对

古城进行了简单介绍，吸引读者产生阅读的兴趣。

● 在 CorelDRAW 中用"矩形工具"绘制矩形并填充合适的颜色，用"2 点线工具"绘制长短不一的直线，并用"椭圆形工具"在直线两端绘制圆形；

● 用"文本工具"输入所需的文本，在"文本"泊坞窗中设置文本的字体、大小和颜色等属性；

● 在 Photoshop 中导入制作好的封面平面图，用"矩形选框工具"选取封一和书脊部分，并调整透视角度；

● 用"钢笔工具"绘制封四和内页部分，用"投影"图层样式为书籍添加投影。

第7章
画册设计

画册是企业对外宣传自身文化、产品特点的广告媒介之一，其内容包括企业的发展、管理、决策、生产等一系列概况，或者是产品的外形、尺寸、材质、型号等信息。因此，在设计画册时需要与客户进行沟通，充分了解企业文化及产品特点、客户的观点、行业的特点，这样才能设计出既符合客户要求又有实效性的画册。

本章包含两个案例：家居画册设计，该画册采用简洁的图案与文本搭配，介绍不同的家居装修风格的特点；文化旅游宣传画册设计，该画册采用统一的风格详细介绍各个景点的位置、历史、周边环境，为游客提供丰富的参考信息。

7.1 画册的常用尺寸

画册通常以印刷品的形态出现，因此，在开始设计画册前，先要确定画册的印刷尺寸。画册的常用尺寸有很多种，如下表和下图所示。

常见纸张开切尺寸表 / mm		
	正度	大度
全开	787×520	889×1194
对开	520×740	570×840
4开	370×520	420×570
8开	260×370	285×420
16开	185×260	210×285
32开	130×185	142×210
64开	92×130	110×142

B度		A度	
B4	250×253	A4	210×297
B5	176×250	A5	148×210
B6	125×176	A6	105×148

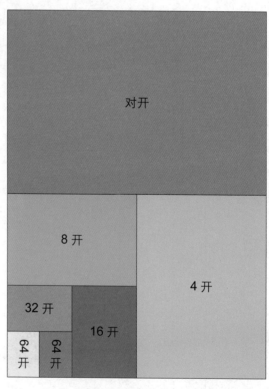

常规的画册尺寸是大度16开，即210 mm×285 mm，分为竖版和横版两种。竖版画册展开后尺寸为2倍16开，即8开大小，而横版画册展开后尺寸超过8开，意思是8开尺寸的纸张可以印两个竖版画册，但是无法印两个横版画册。相对而言，横版画册容易造成纸张浪费，印刷费用较

高。因此，在不影响画册设计效果的前提下，建议采用 16 开竖版尺寸设计和印刷。除了竖版画册和横版画册，还有一种方版画册，这种画册的尺寸一般为 210 mm×210 mm、250 mm×250 mm、285 mm×285 mm。

7.2 画册的编排要点

一本优秀的画册应该以富有艺术感染力的方式呈现企业的实力和精神，展示产品的形象和品质，而不是简单地堆砌枯燥的文字和呆板的图片。因此，在进行画册设计时，设计师需要对图片和文字进行合理和精心的编排，制作出既令人赏心悦目、又能准确传达信息的画册版面。画册编排的要点如下图所示。

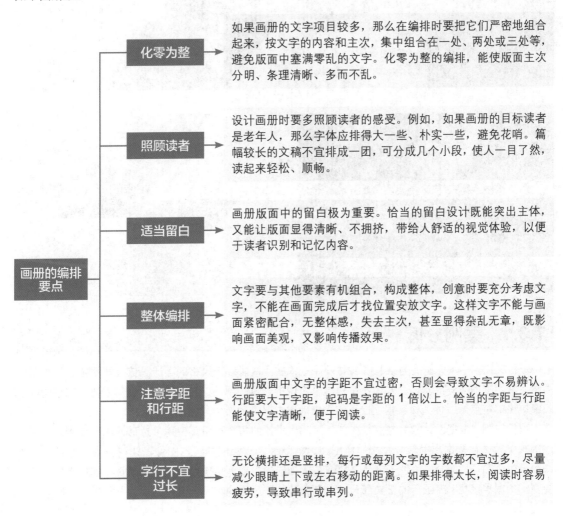

化零为整
如果画册的文字项目较多，那么在编排时要把它们严密地组合起来，按文字的内容和主次，集中组合在一处、两处或三处等，避免版面中塞满零乱的文字。化零为整的编排，能使版面主次分明、条理清晰、多而不乱。

照顾读者
设计画册时要多照顾读者的感受。例如，如果画册的目标读者是老年人，那么字体应排得大一些、朴实一些，避免花哨。篇幅较长的文稿不宜排成一团，可分成几个小段，使人一目了然，读起来轻松、顺畅。

适当留白
画册版面中的留白极为重要。恰当的留白设计既能突出主体，又能让版面显得清晰、不拥挤，带给人舒适的视觉体验，以便于读者识别和记忆内容。

整体编排
文字要与其他要素有机组合，构成整体，创意时要充分考虑文字，不能在画面完成后才找位置安放文字。这样文字不能与画面紧密配合，无整体感，失去主次，甚至显得杂乱无章，既影响画面美观，又影响传播效果。

注意字距和行距
画册版面中文字的字距不宜过密，否则会导致文字不易辨认。行距要大于字距，起码是字距的 1 倍以上。恰当的字距与行距能使文字清晰，便于阅读。

字行不宜过长
无论横排还是竖排，每行或每列文字的字数都不宜过多，尽量减少眼睛上下或左右移动的距离。如果排得太长，阅读时容易疲劳，导致串行或串列。

画册的编排要点

7.3 家居画册设计

素　材	随书资源 \ 07 \ 案例文件 \ 素材 \ 01.jpg～04.jpg
源文件	随书资源 \ 07 \ 案例文件 \ 源文件 \ 家居画册设计.cdr

7.3.1 案例分析

　　设计关键点：本案例要为某装修公司设计一本展示家居装修风格的画册。该公司希望通过画册向消费者展示家的美好感觉，引发消费者对温馨愉悦的家庭生活的向往；此外，画册中要说明不同家居装修风格的特点，以便消费者根据自己的喜好确定自己家的装修风格。

　　设计思路：根据设计的关键点，在创作时，在画册的每个页面都使用多边形的图形元素来构建统一的视觉效果，营造出简洁、轻松的氛围，再搭配装修样板间的实拍图像，让消费者产生通过装修来提升生活品质的意愿；为便于消费者快速了解画册的内容，需要设计一个目录页，简明地列出画册要介绍的家居风格；在画册的正文部分，分别介绍这些风格的特点、配色方式、常用的装饰物等，为消费者提供丰富的参考信息。

　　配色推荐：浅咖色 + 残红色。浅咖色属于中性暖色色调，朴素、庄重又不失雅致，是一种比较含蓄的颜色，用在家居画册中能提升画面的整体格调，给人低调奢华的感觉。搭配同为暖色系的残红色，整个画面的色调和谐统一，看起来柔和而舒适。

7.3.2 ｜ 操作流程

本案例的总体制作流程是先在 Photoshop 中将样板间的素材图像统一调整为暖色调效果，然后将图像导入 CorelDRAW，添加装饰元素和文字。

【Photoshop 应用】

1．调整素材图像的颜色

制作画册之前，先对素材图像进行处理。在 Photoshop 中利用"色阶"和"曲线"调整图层调整图像的明暗，将较暗的素材图像变亮；然后利用"色彩平衡"调整图层调整图像的颜色，营造温馨的画面效果。具体操作步骤如下。

步骤 01 设置"色阶"提亮图像

启动 Photoshop，打开素材图像"01.jpg"，新建"色阶 1"调整图层，打开"属性"面板，在面板中设置色阶值为 0、1.14、255，提高中间调部分图像的亮度。

步骤 02 设置"曲线"进一步提亮画面

新建"曲线 1"调整图层，打开"属性"面板，❶在适当位置向上拖动曲线，进一步提高画面的亮度，❷再选择"蓝"通道，❸在适当位置向下拖动曲线，降低该通道图像的亮度。

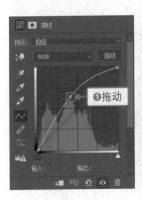
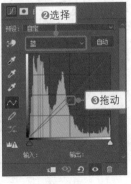

步骤 03 设置"色彩平衡"调整颜色

新建"色彩平衡 1"调整图层，打开"属性"面板，❶在面板中依次设置颜色值为 +37、0、+20，调整画面颜色，得到更温馨的画面效果。打开"图层"面板，❷按住【Ctrl】键依次单击选中"色阶 1""曲线 1""色彩平衡 1"调整图层，按快捷键【Ctrl+C】，复制图层。

步骤 04 粘贴复制的调整图层

打开素材图像"02.jpg"，打开"图层"面板，按快捷键【Ctrl+V】，粘贴复制的调整图层，对图像应用相同的调整效果。

步骤 05 **修改"曲线"的调整参数**

经过调整的图像显得太亮，需要修改调整参数。
❶在"图层"面板中双击"曲线 1"调整图层缩
览图，打开"属性"面板，❷选择"蓝"通道，
❸拖动曲线，调整该通道图像的亮度。

步骤 06 **进一步调整"曲线"**

❶在"属性"面板中选择"RGB"通道，❷然后
拖动曲线，适当降低画面的亮度，恢复图像中亮
部的细节。

步骤 07 **修改"色彩平衡"的调整参数**

❶在"图层"面板中双击"色彩平衡 1"调整图
层缩览图，打开"属性"面板，❷在面板中依次
设置颜色值为 +58、0、-4。

步骤 08 **查看设置后的效果**

在图像窗口中可以看到调整后的图像增加了红色
和黄色，画面变得更温暖。

步骤 09 **继续调整其他素材图像**

打开素材图像"03.jpg"和"04.jpg"，继续用相
同的方法，复制"色阶 1""曲线 1""色彩平衡 1"
调整图层，并根据不同图像的实际情况，修改其
中一部分调整图层的参数，将素材图像的颜色统
一调整为暖色调。最后将调整好的图像都导出为
JPEG 格式文件。

【CorelDRAW 应用】

2．制作画册的封一和封四

创建新文档，将调整好的素材图像导入 CorelDRAW；用"钢笔工具"绘制图形，将导入的图像置入绘制的图形；然后用"文本工具"输入封一和封四上的文字，用"矩形工具"绘制装饰元素。具体操作步骤如下。

步骤 01 创建新文档

启动 CorelDRAW，执行"文件 > 新建"菜单命令，打开"创建新文档"对话框，在对话框中设置"宽度"和"高度"分别为 420 mm 和 285 mm，单击"OK"按钮，创建新文档。

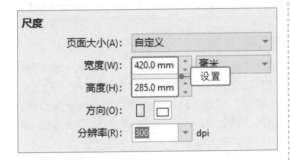

步骤 02 导入图像并在上方绘制图形

执行"文件 > 导入"菜单命令，将调色后的素材图像"01.jpg"导入创建的新页面，并调整其大小和位置。选择"钢笔工具"，在页面中绘制图形，将绘制的图形填充为白色。

步骤 03 创建 PowerClip 对象

用"选择工具"选中导入的素材图像，执行"对象 >PowerClip> 置于图文框内部"菜单命令，当鼠标指针变为黑色箭头形状时，在绘制的图形内单击，将图像置入图形。在属性栏中设置图形的轮廓宽度为"无"，去除轮廓线。

步骤 04 用"多边形工具"绘制三角形

选择"多边形工具"，❶在属性栏中设置"点数或边数"为 3，❷在页面中拖动鼠标，绘制一个三角形，❸然后在属性栏中设置"旋转角度"为 90°，❹旋转绘制的三角形。

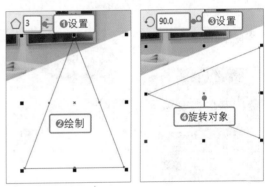

步骤 05 填充三角形并对齐页面边缘

选择"交互式填充工具"，❶单击属性栏中的"均匀填充"按钮，❷设置三角形的填充颜色为 C37、M49、Y50、K0。然后去除三角形的轮廓线。打开"对齐与分布"泊坞窗，❸单击"页面边缘"按钮，❹再单击"右对齐"按钮，让对象对齐页面边缘。

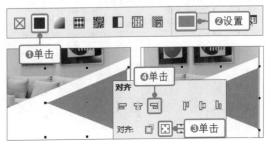

步骤 06 用"钢笔工具"绘制图形

❶选择"钢笔工具"，绘制出所需图形。单击"交互式填充工具"，❷单击属性栏中的"均匀填充"按钮，❸设置图形的填充颜色为 C13、M36、Y37、K0。然后去除图形的轮廓线。

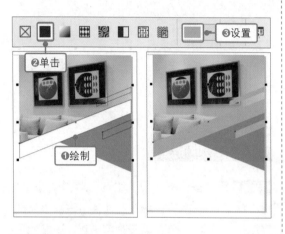

步骤 07 绘制图形并填充颜色

选择"钢笔工具"，再绘制一个图形，单击"默认调色板"中的白色色块，将图形填充为白色。

步骤 08 用"文本工具"输入文本

选择"文本工具"，❶在属性栏中设置合适的字体和字体大小，在页面中输入英文"HOME"。打开"文本"泊坞窗，单击"段落"按钮，跳转至段落属性，❷设置"字符间距"为 0%。

步骤 09 输入文本并绘制矩形

结合"文本工具"和"文本"泊坞窗在下方继续输入其他文本。选择"2 点线工具"，按住【Ctrl】键拖动鼠标，绘制一条横线。❶在"属性"泊坞窗中设置横线的轮廓颜色为 C13、M36、Y36、K0，❷设置轮廓宽度为 10 pt。

步骤 10 绘制矩形并复制图形

选择"矩形工具"，在页面右下角绘制一个矩形。选择"交互式填充工具"，❶单击属性栏中的"均匀填充"按钮，❷设置矩形的填充颜色为 C13、M20、Y22、K0。去除矩形的轮廓线。❸然后复制矩形，调整复制矩形的大小和位置。

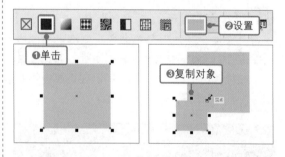

步骤 11 继续绘制矩形并填充颜色

选择"矩形工具"，在页面左侧绘制一个矩形。单击"交互式填充工具"，❶单击属性栏中的"均匀填充"按钮，❷设置矩形的填充颜色为 C13、M20、Y22、K0。然后去除矩形的轮廓线。

步骤 12 绘制矩形并复制图形

选择"矩形工具",按住【Ctrl】键拖动鼠标,绘制一个正方形。选择"交互式填充工具",❶单击属性栏中的"均匀填充"按钮,❷设置正方形的填充颜色为 C15、M36、Y36、K0。去除正方形的轮廓线。❸复制该正方形,并调整复制正方形的大小和位置。

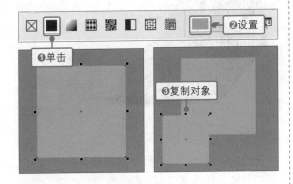

步骤 13 设置半透明效果

选择"选择工具",❶单击选中较大的正方形。选择"透明度工具",❷单击属性栏中的"均匀透明度"按钮,❸设置"透明度"为 75,得到半透明的图形效果。

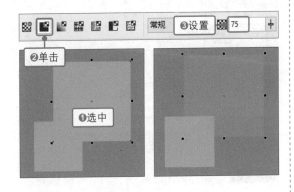

步骤 14 选中并复制对象

选择"选择工具",选中两个正方形。按快捷键【Ctrl+C】复制图形,再按快捷键【Ctrl+V】粘贴图形。调整复制图形的大小和位置。

3．制作画册的目录页

用"矩形工具"绘制图形,将调整好的素材图像置入绘制的图形;用"椭圆形工具"在页面右侧绘制图形,用"文本工具"在图形中输入数字序号,在旁边输入家居风格的名称;选中对象并编组,用"变换"面板再制对象,然后更改文本内容,完成目录页的制作。具体操作步骤如下。

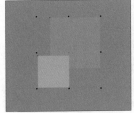
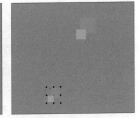

步骤 15 绘制矩形并设置轮廓属性

选择"矩形工具",绘制一个更大的矩形。打开"属性"泊坞窗,单击"轮廓"按钮,跳转至轮廓属性,设置轮廓颜色为 C15、M35、Y36、K0,轮廓宽度为 3 pt。

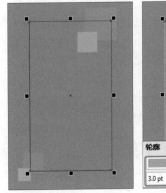
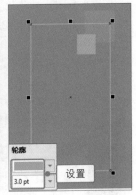

步骤 16 添加文本和公司徽标

用"文本工具"在页面中输入更多文本,用"文本"泊坞窗调整文本的字体大小、字符间距等。最后添加公司徽标,完成画册的封一和封四的制作。

步骤 01 插入页面

执行"布局 > 插入页面"菜单命令，打开"插入页面"对话框，设置"页码数"为 3，单击"OK"按钮，在当前页面后方插入 3 个新页面。

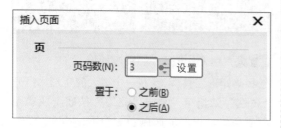

步骤 02 导入图像并绘制图形

切换至"页 2"，执行"文件 > 导入"菜单命令，导入调整好的图像"02.jpg"，并调整其大小和位置。双击"矩形工具"按钮，绘制一个与页面等大的矩形，将其填充为白色，并去除轮廓线。

步骤 03 创建 PowerClip 对象

选中导入的图像，执行"对象 >PowerClip> 置于图文框内部"菜单命令，当鼠标指针变为黑色箭头形状时，在矩形内单击，将图像置入矩形。

步骤 04 用"钢笔工具"绘制图形

选择"钢笔工具"，绘制图形，单击"默认调色板"中的白色色块，将绘制的图形填充为白色。

步骤 05 绘制矩形并设置倾斜效果

选择"矩形工具"，在页面底部绘制一个矩形。选择"交互式填充工具"，❶单击属性栏中的"均匀填充"按钮，❷设置矩形的填充颜色为 C15、M36、Y36、K0。去除矩形的轮廓线。用"选择工具"单击矩形以显示编辑框，❸向右拖动底部中间的控制手柄，将矩形倾斜变形为平行四边形。

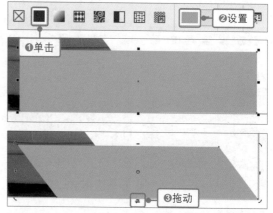

步骤 06 用"透明度工具"设置半透明效果

选择"透明度工具"，单击属性栏中的"均匀透明度"按钮，得到半透明的图形效果。

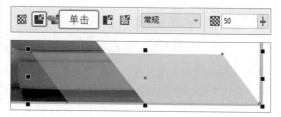

步骤 07 绘制图形并设置半透明效果

选择"钢笔工具",在页面中绘制一个图形,将其填充为 C15、M36、Y36、K0。选择"透明度工具",单击属性栏中的"均匀透明度"按钮,得到半透明的图形效果。

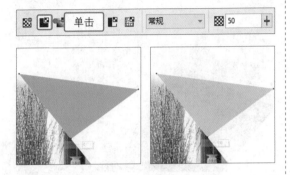

步骤 08 绘制矩形并设置半透明效果

用"矩形工具"绘制两个矩形,将它们的填充颜色设置为 C15、M36、Y36、K0,并去除轮廓线。选中大一些的矩形,选择"透明度工具",❶单击属性栏中的"均匀透明度"按钮,❷设置"透明度"为 75,得到半透明的图形效果。

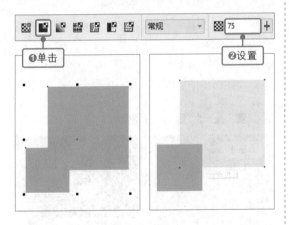

步骤 09 输入文本并绘制圆形

选择"文本工具",在页面中输入需要的文本,分别设置合适的字体和字体大小。选择"椭圆形工具",按住【Ctrl】键拖动鼠标,绘制一个圆形。

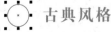

步骤 10 设置填充颜色

选择"交互式填充工具",❶单击属性栏中的"均匀填充"按钮,❷设置圆形的填充颜色为 C46、M55、Y58、K0。然后去除圆形的轮廓线。

步骤 11 调整对象的叠放层次并对齐对象

按快捷键【Ctrl+PageDown】,将圆形移到数字"01"下方。选择"选择工具",按住【Shift】键依次单击选中数字"01"和圆形,❶单击"对齐与分布"泊坞窗中的"水平居中对齐"按钮,水平对齐对象的中心,❷再单击"垂直居中对齐"按钮,垂直对齐对象的中心。

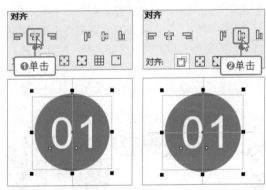

步骤 12 将对象编组

选择"选择工具",按住【Shift】键依次单击选中数字"01"、圆形和文本"古典风格",按快捷键【Ctrl+G】将对象编组。

步骤 13 用"变换"泊坞窗再制对象

执行"窗口 > 泊坞窗 > 变换"菜单命令，打开"变换"泊坞窗。❶单击"位置"按钮，❷设置"X"和"Y"分别为 0 mm 和 -21.6 mm，❸设置"副本"为 5，单击"应用"按钮，再制编组对象。

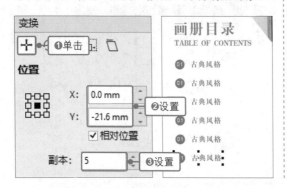

步骤 14 用"文本工具"更改文本内容

选择"文本工具"，在复制出的编组对象中依次更改序号和对应的家居风格的名称，完成画册目录页的制作。

4. 制作画册的正文

正文的制作与目录页的制作类似：用"矩形工具"绘制矩形并进行倾斜变形，得到平行四边形；用"透明度工具"调整图形的透明度，得到半透明效果；用"文本工具"在页面中输入每种家居风格的介绍文字。具体操作步骤如下。

步骤 01 创建 PowerClip 对象

切换至"页 3"，执行"文件 > 导入"菜单命令，导入调整好的图像"03.jpg"。双击"矩形工具"按钮，绘制一个与页面等大的矩形，填充白色并去除轮廓线。执行"对象 >PowerClip> 置于图文框内部"菜单命令，将图像置入绘制的矩形。

步骤 02 用"钢笔工具"绘制图形

选择"钢笔工具"，绘制图形。选择"交互式填充工具"，❶在属性栏中单击"均匀填充"按钮，❷设置图形的填充颜色为 C37、M49、Y50、K0。然后去除图形的轮廓线。

技巧提示 通过鼠标拖动创建PowerClip对象

用"选择工具"选中图像，然后在图像上按住鼠标右键并拖动，将图像拖动到目标图形上后释放鼠标，在弹出的快捷菜单中执行"PowerClip 内部"命令，同样可以创建 PowerClip 对象。

步骤 03 用 "2 点线工具" 绘制线条

选择 "2 点线工具"，绘制两条斜线。选中这两条斜线，打开 "属性" 泊坞窗，❶在轮廓属性下设置轮廓颜色为 C16、M35、Y36、K0，❷设置轮廓宽度为 4 pt。

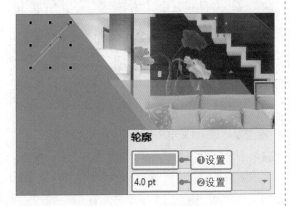

步骤 04 用 "矩形工具" 绘制图形

选择 "矩形工具"，在页面中间绘制一个矩形，并去除轮廓线。选择 "交互式填充工具"，❶单击属性栏中的 "均匀填充" 按钮，❷设置矩形的填充颜色为 C15、M36、Y36、K0。

步骤 05 对图形进行倾斜变形

选择 "选择工具"，单击矩形以显示编辑框，用鼠标向右拖动编辑框底部中间的控制手柄，将矩形倾斜变形为平行四边形。

步骤 06 修剪对象

选择 "矩形工具"，❶在平行四边形超出页面边缘的一角上绘制一个矩形。用 "选择工具" 同时选中平行四边形和矩形，❷单击属性栏中的 "移除前面对象" 按钮，移除平行四边形的一角。

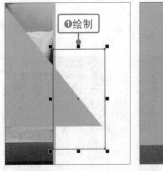

步骤 07 用 "透明度工具" 设置半透明效果

用 "选择工具" 选中对象。选择 "透明度工具"，❶单击属性栏中的 "均匀透明度" 按钮，❷设置 "透明度" 为 50，得到半透明的图形效果。

步骤 08 输入文本并设置属性

选择 "文本工具"，在图形中输入文本 "A Home A Warmth"，并设置合适的字体和字体大小。打开 "文本" 泊坞窗，在段落属性下设置 "字符间距" 为 -5%，缩小字符间距。

步骤 09 绘制矩形并设置半透明效果

选择"矩形工具"，在页面中绘制两个矩形并填充合适的颜色。❶用"选择工具"选中其中较大的矩形，选择"透明度工具"，❷单击属性栏中的"均匀透明度"按钮，❸设置"透明度"为75，得到半透明的图形效果。

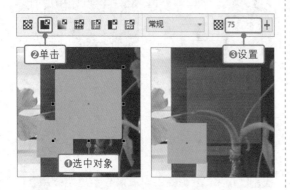

步骤 10 导入图像并绘制白色矩形

执行"文件 > 导入"菜单命令，再次导入调整好的图像"03.jpg"。选择"矩形工具"，在导入的图像上方绘制一个矩形，将矩形填充为白色并去除轮廓线。

步骤 11 创建 PowerClip 对象

选中导入的图像，执行"对象 >PowerClip> 置于图文框内部"菜单命令，当鼠标指针变为黑色箭头形状时，在矩形内单击，将图像置入矩形。

步骤 12 复制对象

执行"编辑 > 复制"和"编辑 > 粘贴"菜单命令，将 PowerClip 对象复制两份，将复制出的对象向右移动到合适的位置。

步骤 13 调整图文框中对象的位置

❶单击 PowerClip 工具栏中的"选择内容"按钮，选中矩形框中的内容部分，❷然后拖动调整矩形框中所显示的图像内容。用相同的方法调整另一个矩形框中显示的图像内容。

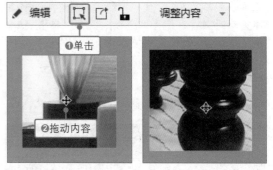

步骤 14 输入文本

选择"文本工具"，在页面中输入标题文本，并设置合适的字体和字体大小。然后在标题文本下方拖动鼠标，创建一个文本框，在文本框中输入正文文本。

步骤15 **在"文本"泊坞窗中设置段落属性**

用"选择工具"选中正文的文本框。打开"文本"泊坞窗，❶单击"段落"按钮，跳转至段落属性，❷设置"行间距"为 115%，加大行间距，❸设置"首行缩进"为 8 mm。

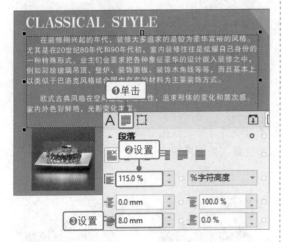

步骤16 **输入段落文本**

用相同的方法在图像下方再绘制一个文本框，输入所需文本，设置与步骤 15 相同的行间距和首行缩进效果，完成一个正文页面的设计。

室内多用带有图案的壁纸、地毯、窗帘、床罩、帐幔以及古典式装饰画或物件；为体现华丽的风格，家具、门、窗多漆成白色，家具、画框的线条部位饰以金线、金边。古典风格是一种追求华丽、高雅的欧洲古典主义，典雅中透着高贵，深沉里显露豪华，具有很强的文化感受和历史内涵。

步骤17 **编排第 4 个页面**

用相同的方法编排出第 4 个页面的内容。至此，本案例就制作完成了。

7.3.3 知识扩展——设置对象的透明度

在 CorelDRAW 中，通过设置某个对象的透明度，可使该对象呈半透明效果，从而部分显示出位于该对象下层的其他对象。要设置对象的透明度，既可以使用"透明度工具"，也可以使用"属性"泊坞窗中的"透明度"属性。CorelDRAW 还提供多种透明度类型，如均匀透明度、渐变透明度、图样透明度等，下面分别进行介绍。

1. 均匀透明度

均匀透明度会等量改变对象或可编辑区域的所有像素的透明度值。选中要应用透明度的对象，如右图一所示。选择"透明度工具"，单击属性栏中的"均匀透明度"按钮，即可得到均匀的透明效果，如右图二所示。

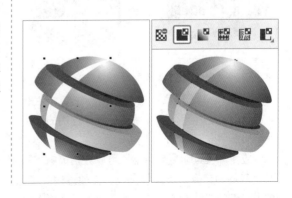

对对象应用均匀透明度后，可以在属性栏中输入"透明度"值或拖动对象上透明填充手柄的滑块，更改均匀透明度的大小。设置的值越大，颜色越透明，反之则越不透明。如下两幅图分别为设置透明度为 70 和 20 时的效果。

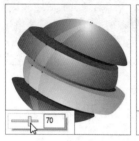
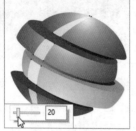

2．渐变透明度

渐变透明度可以使对象的透明度从一个值逐渐变化到另一个值，让对象产生更丰富的渐变透明效果。

渐变透明度又分为线性、椭圆形、圆锥形、矩形 4 种，如下面几幅图所示。

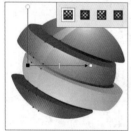
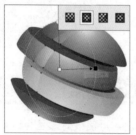

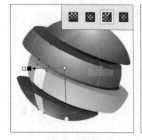
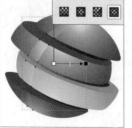

用"选择工具"选中对象。然后选择"透明度工具"，单击属性栏中的"渐变透明度"按钮，即可在对象上应用渐变透明度，默认应用的是线性渐变透明度。

应用渐变透明度效果后，可以分别选中控制滑块两侧的节点，更改起点或终点的透明度值。单击左侧的黑色节点，在下方显示的透明度框中输入数值或拖动滑块，更改起点的透明度值，如

下左图所示；然后单击右侧的白色节点，在下方显示的透明度框中输入数值或拖动滑块，更改终点的透明度值，如下右图所示。

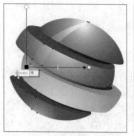
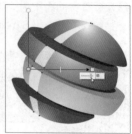

此外，在选中控制滑块两侧节点的情况下，还可以通过拖动这两个节点，调整透明度的角度和位置，如下两图所示。

3．图样透明度

图样透明度可以为对象填充带有花纹和图案的透明效果，包括矢量图样、位图图样和双色图 3 种。选择一种图样透明度后，单击"透明度挑选器"下拉列表框，在展开的面板中单击一种图样，如下左图所示，即可为对象设置指定的图样透明度效果，如下右图所示。

对对象应用图样透明度后，可以用属性栏中的"前景透明度"和"背景透明度"选项调整图样前景色和背景色的不透明度。如下页左图所示为设置"前景透明度"为 20 时的效果，如下页右图所示为设置"背景透明度"为 90 时的效果。

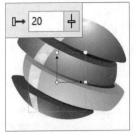
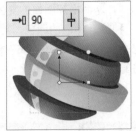

技巧提示　取消透明度效果

如果要将已应用了透明度效果的对象恢复到未应用透明度效果的状态，可以单击属性栏或"属性"泊坞窗中的"无透明度"按钮，移除透明度效果。

7.4 文化旅游宣传画册设计

素　材	随书资源 \ 07 \ 案例文件 \ 素材 \ 05.jpg～10.jpg
源文件	随书资源 \ 07 \ 案例文件 \ 源文件 \ 文化旅游宣传画册设计.cdr

7.4.1 案例分析

　　设计关键点：本案例要设计一本介绍北京的旅游宣传画册。北京是一座历史悠久的城市，所以画册的设计风格要着重表现其厚重的历史感；北京的旅游景点数量众多，本画册要选择其中具有代表性的景点加以展示，以吸引游客前来观光。

　　设计思路：根据设计的关键点，把所有的景点图片通过调色转换为黑白效果，以更好地表现北京古朴、沧桑的气质和浓厚的历史文化底蕴；画册的内容选择了比较有特色的几个景点（如前门大街、故宫博物院、天坛公园等）进行详细介绍，帮助游客了解这些地方的周边环境、文化历史等；在相关文字的编排上，模仿古籍采用从右往左竖排的排版形式，从而增加版面的复古气息。

配色推荐：深灰色 + 白色 + 深红色。深灰色是一种接近黑色的颜色，明度很低，能给人厚重的视觉感受，正好能够突出城市厚重的历史感；白色纯净、清新，给一种遐想的空间，适合作为背景颜色，能在一定程度上起到拓展视觉空间的效果；搭配小面积的红色，极具视觉冲击力，有效缓解了黑白画面的沉闷感。

7.4.2 操作流程

本案例的总体制作流程是先在 Photoshop 中用动作将图像转换为黑白效果，然后在 CorelDRAW 中导入黑白图像，添加相应的说明文字。

【Photoshop 应用】

1. 录制动作制作黑白图像

先创建新动作，记录制作黑白图像的一系列操作，主要有：新建"黑白"调整图层，将图像转换成黑白效果；创建"色阶"和"曲线"调整图层，应用预设调整图像的明暗，增强对比效果；用"智能锐化"滤镜对图像进行锐化处理，得到清晰的画面。然后通过对素材图像播放录制的动作，快速制作出多张黑白图像。具体操作步骤如下。

步骤 01 创建新动作

启动 Photoshop，打开素材图像"05.jpg"。执行"窗口 > 动作"菜单命令，打开"动作"面板，选择"默认动作"动作组，单击面板底部的"创建新动作"按钮。

步骤 02 输入动作名称并开始记录动作

打开"新建动作"对话框，❶在对话框中输入动作名称"黑白色"，❷单击"记录"按钮，开始记录动作。

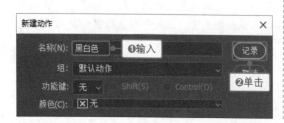

步骤 03 创建"黑白"调整图层

打开"调整"面板，❶单击面板中的"黑白"按钮，新建"黑白1"调整图层，打开"属性"面板，❷单击面板中的"自动"按钮，根据图像自动调整颜色值。

步骤 04 查看图像效果

在"图层"面板中会显示创建的"黑白1"调整图层，在图像窗口可查看转换效果。

步骤 05 创建"色阶"调整图层

❶单击"调整"面板中的"色阶"按钮,新建"色阶 1"调整图层,打开"属性"面板,❷在"预设"下拉列表框中选择"增加对比度 3"选项。

步骤 06 创建"曲线"调整图层

❶单击"调整"面板中的"曲线"按钮,新建"曲线 1"调整图层,打开"属性"面板,❷在"预设"下拉列表框中选择"线性对比度(RGB)"选项。

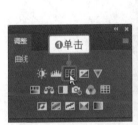

步骤 07 盖印图层

在"图层"面板中会显示创建的"色阶 1"和"曲线 1"调整图层,在图像窗口中可查看调整亮度和对比度的效果。按快捷键【Ctrl+Alt+Shift+E】盖印图层,得到"图层 1"图层。

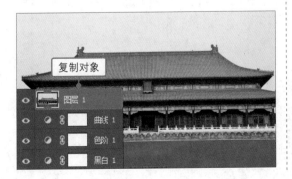

步骤 08 用"智能锐化"滤镜锐化图像

执行"滤镜 > 锐化 > 智能锐化"菜单命令,打开"智能锐化"对话框,❶在对话框中设置"数量"为 130%,❷设置"半径"为 2 px,❸单击"确定"按钮,用滤镜锐化图像。

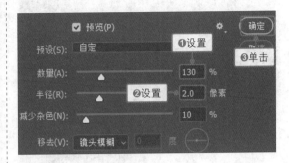

步骤 09 设置存储选项

执行"文件 > 另存为"菜单命令,打开"另存为"对话框,❶在对话框中指定文件存储位置,❷选择"保存类型"为"JPEG(*.JPG;*.JPEG;*.JPE)",❸单击"保存"按钮。

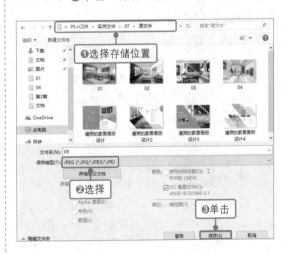

步骤 10 存储图像并停止记录动作

打开"JPEG 选项"对话框,❶单击对话框中的"确定"按钮,保存文件,❷单击"动作"面板底部的"停止播放 / 记录"按钮,停止记录动作。

步骤 11 打开图像并播放动作

打开素材图像"06.jpg"，在"动作"面板中选中创建的"黑白色"动作，单击面板底部的"播放选定的动作"按钮，播放动作。

步骤 13 用相同的方法转换黑白图像

分别打开另外几张素材图像，同样通过播放动作，将它们也转换为黑白图像。

步骤 12 将图像转换成黑白效果

随后会自动执行动作中记录的操作，将打开的图像转换为黑白效果，并存储到指定的文件夹中。

【CorelDRAW 应用】

2. 制作画册的封一和封四

创建包含 4 个页面的新文档；在第 1 个页面中用"矩形工具"和"钢笔工具"绘制图形；导入编辑好的素材图像，通过创建 PowerClip 对象，将图像置入绘制的图形中；然后用"椭圆形工具"绘制圆形并填充为红色，用"文本工具"在图形上添加所需文本。具体操作步骤如下。

步骤 01 创建新文档

启动 CorelDRAW，执行"文件 > 新建"菜单命令，打开"创建新文档"对话框，❶在对话框中输入文件名称，❷设置"页码数"为 4，❸设置页面的"宽度"和"高度"分别为 420 mm 和 285 mm，单击"OK"按钮，创建一个包含 4 个页面的文档。

步骤 02 用"矩形工具"绘制图形

双击"矩形工具"按钮，绘制一个与页面等大的矩形。❶单击"默认调色板"中的白色色块，将矩形填充为白色，❷在属性栏中设置轮廓宽度为"无"，去除矩形的轮廓线。

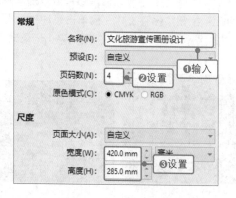

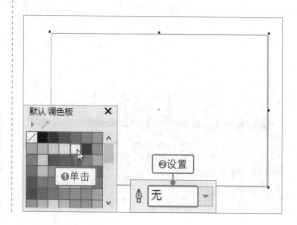

步骤 03　导入图像并绘制图形

执行"文件 > 导入"菜单命令，将编辑好的图像"05.jpg"导入页面，并调整至合适的大小和位置。选择"矩形工具"，在图像上方绘制一个矩形。

步骤 04　创建 PowerClip 对象

用"选择工具"选中导入的图像，执行"对象 > PowerClip> 置于图文框内部"菜单命令，当鼠标指针变为黑色箭头形状时，在矩形内单击，将图像置入矩形，然后去除矩形的轮廓线。

步骤 05　导入图像并绘制图形

执行"文件 > 导入"菜单命令，将编辑好的素材图像"06 拷贝 .jpg"导入页面，并调整至合适的大小和位置。选择"钢笔工具"，在图像上方绘制一个不规则的图形。

步骤 06　创建 PowerClip 对象

用"选择工具"选中导入的图像，执行"对象 > PowerClip> 置于图文框内部"菜单命令，当鼠标指针变为黑色箭头形状时，在绘制的图形内单击，将图像置入图形，然后去除图形的轮廓线。

 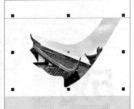

步骤 07　用"文本工具"输入文本

选择"文本工具"，❶在属性栏中设置合适的字体和字体大小，❷单击"将文本更改为垂直方向"按钮，❸输入文本"盛京"。

步骤 08　用"椭圆形工具"绘制圆形

选择"椭圆形工具"，按住【Ctrl】键拖动鼠标，绘制一个圆形。选择"交互式填充工具"，❶单击属性栏中的"均匀填充"按钮，❷设置圆形的填充颜色为 C15、M100、Y100、K0。❸复制绘制的圆形，将其移到下方的适当位置。

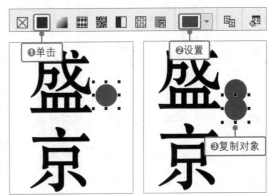

步骤 09 用"文本工具"输入文本

选择"文本工具"，❶在属性栏中设置合适的字体和字体大小，❷输入文本"文化"，❸然后在"文本"泊坞窗的段落属性下设置"字符间距"为 -40%，缩小字符间距，使文本不超出圆形的范围。

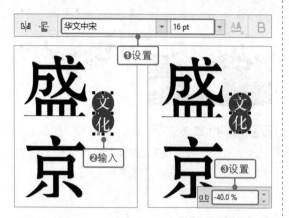

步骤 10 继续输入文本

选择"文本工具"，在属性栏中将"字体大小"更改为 12 pt，输入文本"SHENG JING"。

步骤 11 输入段落文本

选择"文本工具"，在页面中拖动鼠标，创建文本框，此时插入点位于文本框的右上角，在文本框中输入所需的段落文本。

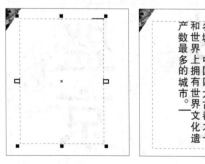

步骤 12 用"文本"泊坞窗设置段落属性

打开"文本"泊坞窗，❶单击"段落"按钮，跳转至段落属性，❷设置"行间距"为 130%，加大行间距，❸设置"首行缩进"为 6 mm，实现段落首行缩进效果。

步骤 13 继续添加更多文本

使用"文本工具"在页面中输入更多所需文本，并利用"文本"泊坞窗为文本设置合适的字符属性和段落属性。

步骤 14 用"矩形工具"绘制矩形

选择"矩形工具"，在页面右侧绘制一个矩形，在属性栏中设置矩形的"宽度"为 210 mm、"高度"为 285 mm。

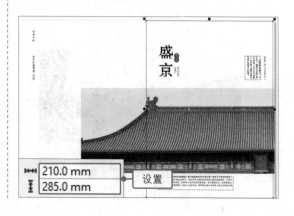

步骤 15 对齐对象

打开"对齐与分布"泊坞窗，❶单击"页面边缘"按钮，❷单击"右对齐"按钮，使矩形对齐页面的右侧边缘，❸单击"顶端对齐"按钮，使矩形对齐页面的顶部边缘。

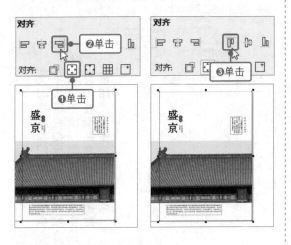

步骤 16 选择渐变节点颜色

打开"属性"泊坞窗，❶单击"填充"按钮，跳转至填充属性，❷单击"渐变填充"按钮，❸单击选中渐变条左侧的节点，❹单击"颜色"右侧的下拉按钮，❺在打开的色板中设置节点颜色为C38、M30、Y29、K0。

步骤 17 调整节点透明度

❶单击选中渐变条右侧的节点，单击"透明度"选项，弹出"透明度"滑块，❷向右拖动滑块，将"透明度"设为 100%，❸然后将渐变条上方的中点滑块拖动至 9% 的位置。

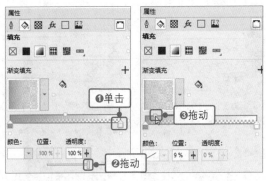

步骤 18 设置合并模式并调整透明度

❶单击"属性"泊坞窗中的"透明度"按钮，跳转至透明度属性，❷在"合并模式"下拉列表框中选择"减少"选项，❸单击"均匀透明度"按钮，得到半透明的矩形效果，❹在属性栏中设置轮廓宽度为"无"，去除轮廓线。

3. 制作画册的正文

　　导入所需的素材图像；用"文本工具"在页面中绘制文本框，创建段落文本，在"文本"泊坞窗中调整段落文本属性；然后在页面中插入页码，用"文本工具"编辑页码内容，完成画册正文的设计。具体操作步骤如下。

步骤 01 导入图像并绘制矩形

切换至"页 2"，执行"文件 > 导入"菜单命令，导入素材图像"07 拷贝 .jpg"，并调整其大小和位置。选择"矩形工具"，在页面左侧拖动鼠标，绘制一个矩形。

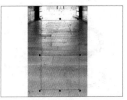

步骤 02 创建 PowerClip 对象

用"选择工具"选中导入的图像，执行"对象 >
PowerClip> 置于图文框内部"菜单命令，❶当鼠
标指针变为黑色箭头形状时，在矩形内单击，将
图像置入矩形。❷在属性栏中设置矩形的轮廓宽
度为"无"，去除轮廓线。

步骤 03 导入更多图像

执行"文件 > 导入"菜单命令，导入图像"08
拷贝.jpg"，并调整其大小和位置。用相同的方
法绘制矩形，并将导入的图像置入矩形。

步骤 04 用"文本工具"输入文本

选择"文本工具"，❶在属性栏中设置合适的字
体和字体大小，❷输入文本"S"，更改字体大小，
❸继续输入其他文本。

步骤 05 输入段落文本

选择"文本工具"，❶在属性栏中设置合适的字
体和字体大小，❷在页面中拖动鼠标，绘制文本
框，❸在文本框中输入所需的段落文本。

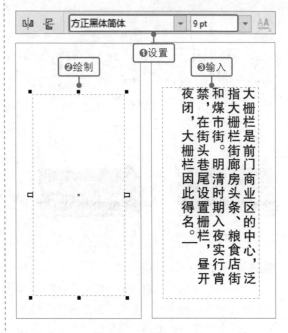

步骤 06 用"文本"泊坞窗设置段落属性

打开"文本"泊坞窗，❶单击"段落"按钮，跳
转至段落属性，❷设置"行间距"为120%，增
大行间距，❸设置"首行缩进"为6 mm，实现
首行缩进效果。

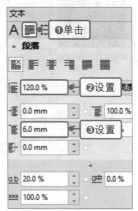

步骤 07 添加更多的文本

继续用"文本工具"在页面中输入更多的文本，
然后结合属性栏和"文本"泊坞窗，调整这些文
本的字体大小、行间距等属性。

步骤 08　用"矩形工具"绘制矩形

选择"矩形工具",在页面左下角绘制一个矩形。单击"默认调色板"中的黑色色块,将矩形填充为黑色,然后去除矩形的轮廓线。

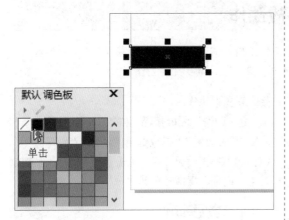

步骤 09　输入页码

选择"文本工具",在黑色矩形右侧输入当前页面的页码"01"。

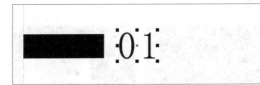

技巧提示　插入能自动编号的页码

　　执行"布局 > 插入页码"菜单命令,可选择在活动图层、所有页面、所有奇数页或偶数页中插入页码。这种方式插入的页码会自动编号,并且可通过执行"布局 > 页码设置"菜单命令设置页码的数字格式。本案例则是用"文本工具"手动输入页码,原因是 CorelDRAW 中没有本案例想要使用的页码数字格式。

步骤 10　继续输入文本并调整文本属性

在页码数字"01"后输入符号"/"和文本"新娱传播",❶在属性栏中设置合适的字体和字体大小。打开"文本"泊坞窗,单击"段落"按钮,跳转至段落属性,❷设置"字符间距"为 -10%,缩小字符间距。

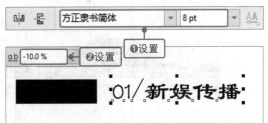

步骤 11　复制对象并更改文本

用"选择工具"选中矩形和右侧的页码信息,按快捷键【Ctrl+C】和【Ctrl+V】,复制所选对象。将复制出的对象移到页面右侧,将页码数字更改为"02",并将矩形移到页码信息右侧。

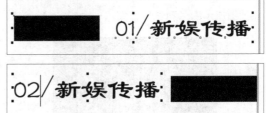

步骤 12　复制阴影对象

切换至"页 1",选择"选择工具",单击选中页面右侧的阴影图形,按快捷键【Ctrl+C】复制对象。切换至"页 2",按快捷键【Ctrl+V】粘贴对象,为页面 2 也添加相同的阴影效果。

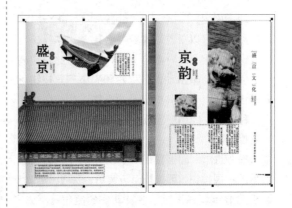

步骤13 编辑另外两个页面的内容

分别切换到"页3"和"页4"，用相同的方法在页面中导入所需图像，并在图像旁边添加对应的文本。至此，本案例就制作完成了。

7.4.3 | 知识扩展——创建和播放动作

在 Photoshop 中，动作是指在单个文件或一批文件上执行的一系列任务，如菜单命令、面板选项、工具操作等。可以用"动作"面板来创建和播放动作，快速完成重复性的工作。

执行"窗口>动作"菜单命令，即可打开如下图所示的"动作"面板。

❶ 动作组：一个动作组可以包含多个动作，双击动作组可以更改动作组的名称。

❷ 动作名称：一般会为动作起一个比较容易记忆的名称。单击动作名称左侧的小三角按钮可展开该动作，查看其中记录的操作。

❸ 记录的操作：显示了一个动作所包含的一系列操作。

❹ "动作"面板菜单：单击"动作"面板右上角的扩展按钮，可打开面板菜单，完成"动作"面板的显示模式设置，以及动作的复位、载入、

存储等基本操作。

❺ "动作"面板按钮：依次为"停止播放/记录""开始记录""播放选定的动作""创建新组""创建新动作""删除"。单击这些按钮可以完成创建、记录、播放动作等操作。

1．创建动作

打开一张素材图像，在"动作"面板底部单击"创建新动作"按钮，如下左图所示，或从"动作"面板菜单中选择"新建动作"命令，如下右图所示。

打开"新建动作"对话框，在对话框中输入一个动作名称，选择一个动作组，然后为动作指定快捷键和颜色等，如下页图所示，设置好后单击"记录"按钮，开始记录动作。

命令，停止记录动作。

此时"动作"面板底部的"开始记录"按钮变为红色，如下左图所示。接下来开始编辑图像，编辑过程中的所有操作将被记录在创建的新动作中，如下右图所示。

完成所需操作后，单击"停止播放 / 记录"按钮，或从"动作"面板菜单中选择"停止记录"

2．播放动作

要对图像应用"动作"面板中的某个动作，可在选中该动作后单击"播放选定的动作"按钮。

7.5 课后练习——时装宣传画册设计

素　材	随书资源 \ 07 \ 课后练习 \ 素材 \ 01.jpg～03.jpg
源文件	随书资源 \ 07 \ 课后练习 \ 源文件 \ 时装宣传画册设计.cdr

画册的设计元素具有重复使用的特性。本案例要为某品牌时装设计一本产品宣传画册。画册中重复利用几何图形作为页面的装饰元素，构建出统一又不失活泼的版面。

● 在 Photoshop 中用"表面模糊"滤镜对模特的皮肤部分进行模糊处理，使其变得更加光滑、细腻；

● 用"曲线"和"色阶"调整图层调整图像的亮度；

● 创建"纯色"填充图层并更改混合模式，创建光晕效果；

● 在 CorelDRAW 中导入处理好的图像，用"钢笔工具"和"椭圆形工具"在页面中绘制不同形状的几何图形；

● 用"文本工具"输入所需文字，在"文本"泊坞窗中调整字符属性和段落属性，完成画册页面的编排设计。

第8章
包装设计

包装是联系商品与消费者的第一道桥梁。优秀的商品包装不仅可以很好地保护商品、传达商品信息，而且可以在形态和视觉表现形式上与商品的特性完美结合，达到突出商品特色、提升商品吸引力的目的。包装设计的类型通常包括包装工程设计、包装材料设计和包装的视觉传达设计。其中包装的视觉传达设计是对包装的外观进行美化的艺术设计，所以也常被称为包装装潢设计，本章所讲的包装设计就是指包装的视觉传达设计。

本章包含两个案例：护肤品包装设计和茶叶包装设计。这两个案例根据商品的类型分别选用了不同的包装材料，并根据商品的特色及目标消费群体采用有针对性的设计思路和表现形式，塑造出不同的商品形象。

8.1 包装的分类

商品包装种类繁多、形态各异，分类的方式也是多种多样。例如，可以根据所包装的商品的类型、包装的材料、包装在流通环节的作用来分类，如下图所示。此外，还可以根据包装的形状、包装的防护技术方法等进行分类。

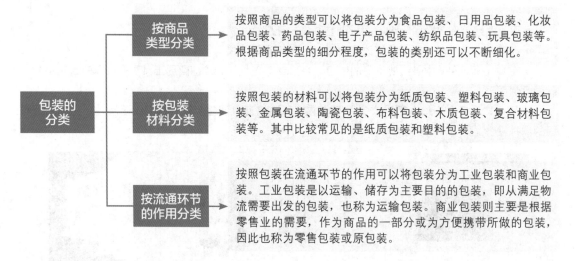

包装的分类	按商品类型分类	按照商品的类型可以将包装分为食品包装、日用品包装、化妆品包装、药品包装、电子产品包装、纺织品包装、玩具包装等。根据商品类型的细分程度，包装的类别还可以不断细化。
	按包装材料分类	按照包装的材料可以将包装分为纸质包装、塑料包装、玻璃包装、金属包装、陶瓷包装、布料包装、木质包装、复合材料包装等。其中比较常见的是纸质包装和塑料包装。
	按流通环节的作用分类	按照包装在流通环节的作用可以将包装分为工业包装和商业包装。工业包装是以运输、储存为主要目的的包装，即从满足物流需要出发的包装，也称为运输包装。商业包装则主要是根据零售业的需要，作为商品的一部分或为方便携带所做的包装，因此也称为零售包装或原包装。

8.2 包装的设计要点

商品的包装设计必须要避免与同类商品雷同，要针对目标消费群体的喜好，在独创性、新颖性和指向性上下功夫。商品包装的设计要点如下页图所示。

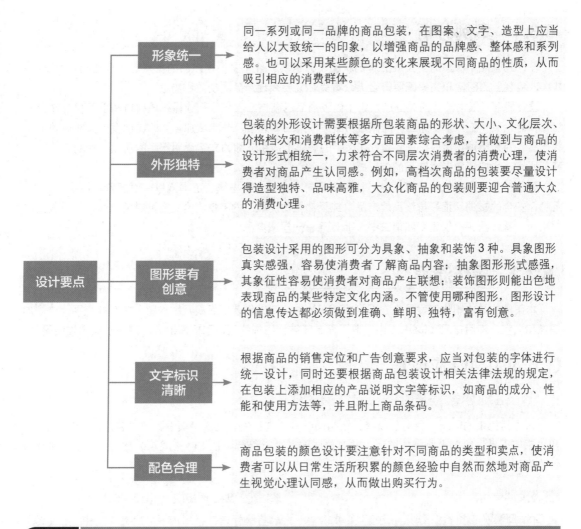

形象统一	同一系列或同一品牌的商品包装，在图案、文字、造型上应当给人以大致统一的印象，以增强商品的品牌感、整体感和系列感。也可以采用某些颜色的变化来展现不同商品的性质，从而吸引相应的消费群体。
外形独特	包装的外形设计需要根据所包装商品的形状、大小、文化层次、价格档次和消费群体等多方面因素综合考虑，并做到与商品的设计形式相统一，力求符合不同层次消费者的消费心理，使消费者对商品产生认同感。例如，高档次商品的包装要尽量设计得造型独特、品味高雅，大众化商品的包装则要迎合普通大众的消费心理。
图形要有创意	包装设计采用的图形可分为具象、抽象和装饰 3 种。具象图形真实感强，容易使消费者了解商品内容；抽象图形形式感强，其象征性容易使消费者对商品产生联想；装饰图形则能出色地表现商品的某些特定文化内涵。不管使用哪种图形，图形设计的信息传达都必须做到准确、鲜明、独特，富有创意。
文字标识清晰	根据商品的销售定位和广告创意要求，应当对包装的字体进行统一设计，同时还要根据商品包装设计相关法律法规的规定，在包装上添加相应的产品说明文字等标识，如商品的成分、性能和使用方法等，并且附上商品条码。
配色合理	商品包装的颜色设计要注意针对不同商品的类型和卖点，使消费者可以从日常生活所积累的颜色经验中自然而然地对商品产生视觉心理认同感，从而做出购买行为。

（设计要点）

8.3 护肤品包装设计

素 材 随书资源\08\案例文件\素材\01.png、02.png
源文件 随书资源\08\案例文件\源文件\护肤品包装设计.psd

8.3.1 案例分析

　　设计关键点：本案例要为某品牌护肤品设计包装。首先要根据产品的特点选择合适的包装材料；其次，包装上的图案和文案既要符合大众审美，又要表现产品的功效和特性。

　　设计思路：根据设计的关键点，为了体现商品的高档品质，分别选择纸质材料和玻璃材料作为外包装和内包装；在图案设计上，选择植物图案作为主体元素，既能增加画面的美观度，又能表现该品牌产品"纯天然植物提取"的特性；在文字的编排上，用详细的文字说明产品的功效、使用方法、注意事项等，增加消费者对产品的信任感。

　　配色推荐：墨绿色＋柠檬黄色。绿色象征着大自然，而墨绿色色调浓厚，明度低，能给人高雅、沉稳、安全的感觉，正好与该品牌产品"纯天然植物提取"的特性吻合；在墨绿色中加入柠檬黄色加以中和，整体画面不仅显得和谐统一，而且透着一丝清爽。

8.3.2 操作流程

　　本案例的总体制作流程是先在 CorelDRAW 中绘制出包装平面展开结构图，并在各个平面中添加图像和文字，然后在 Photoshop 中选取平面展开结构图中的正面和侧面部分，制作出立体效果图。

【CorelDRAW 应用】

1. 绘制包装盒的平面展开结构图

　　考虑到包装的印刷，我们会以展开结构图的方式进行包装盒的平面设计，主要是用"矩形工具"和"钢笔工具"绘制出所需的图形，并对这些图形进行组合和拼接，构成包装盒的各个面。具体操作步骤如下。

步骤 01 创建新文档

在 CorelDRAW 中执行"文件 > 新建"菜单命令，打开"创建新文档"对话框，设置"宽度"和"高度"分别为 425 mm 和 430 mm，单击"OK"按钮，创建新文档。

步骤 02 创建辅助线

❶将鼠标指针移到水平标尺上，按住鼠标左键并向下拖动，创建一条水平辅助线，❷继续用相同的方法创建更多辅助线，规划整个页面的布局。

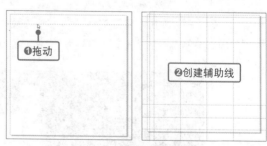

步骤 03 用"矩形工具"绘制图形

选择"矩形工具"，❶在页面中拖动鼠标，绘制一个矩形，❷单击属性栏中的"同时编辑所有角"按钮，取消锁定状态，❸设置矩形的左上角和右上角的"圆角半径"为 12 mm，将这两个角转换为圆角效果。

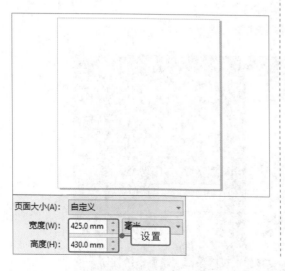

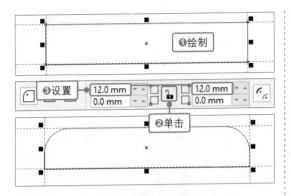

步骤 04 设置填充属性和轮廓属性

打开"属性"泊坞窗，❶单击"填充"按钮，❷单击"均匀填充"按钮，❸单击"默认 CMYK 调色板"中的"10% 黑"色块，将图形填充为灰色。选择"轮廓笔工具"，❹在弹出的列表中选择"无轮廓"选项，去除图形的轮廓线。

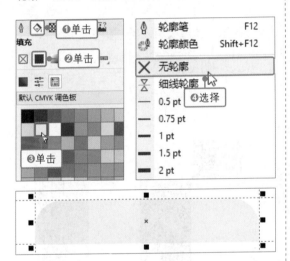

步骤 05 用"矩形工具"绘制矩形

选择"矩形工具"，绘制一个矩形。选择"交互式填充工具"，❶单击属性栏中的"均匀填充"按钮，❷设置矩形的填充颜色为 C93、M50、Y100、K16。然后去除矩形的轮廓线。

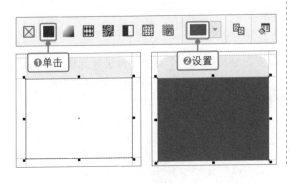

步骤 06 绘制更多矩形

选择"矩形工具"，在页面中绘制另外几个矩形，分别为它们填充相同的灰色或绿色。

步骤 07 用"钢笔工具"绘制图形

选择"钢笔工具"，在最左侧的灰色矩形下方连续单击，绘制一个梯形。选择"交互式填充工具"，❶单击属性栏中的"均匀填充"按钮，单击"填充色"下拉按钮，❷单击"显示调色板"按钮，❸单击"10% 黑"色块。然后去除图形的轮廓线。

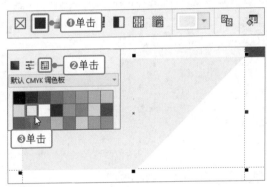

步骤 08 用"颜色滴管工具"吸取颜色

选择"矩形工具"，❶在梯形下方绘制一个矩形。❷选择"颜色滴管工具"，❸在梯形上单击，吸取该位置的颜色。

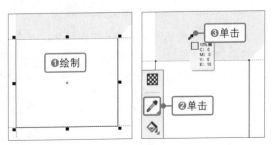

步骤 09 填充颜色并转换为圆角

❶在绘制的矩形内部单击，为图形填充吸取的颜色。选择"选择工具"，❷单击属性栏中的"同时编辑所有角"按钮，取消锁定，❸设置矩形右下角的"圆角半径"为 12.5 mm，将右下角转换为圆角。然后去除矩形的轮廓线。

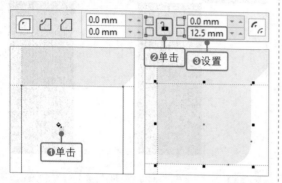

步骤 10 焊接对象

选择"选择工具"，按住【Shift】键依次单击选中梯形和下方的圆角矩形，单击属性栏中的"焊接"按钮，合并所选对象。

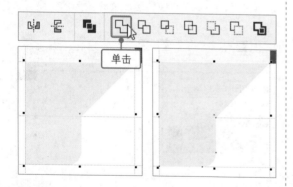

步骤 11 复制对象并移动位置

选中合并后的对象，按快捷键【Ctrl+C】和【Ctrl+V】，复制对象。将复制出的对象向右拖动到绿色矩形下方。

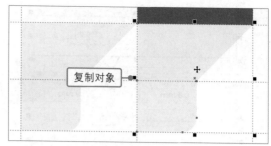

步骤 12 继续复制对象并移动位置

继续用相同的方法复制出另外两个图形，并分别移到合适的位置上。

步骤 13 用"钢笔工具"绘制更多图形

选择"钢笔工具"，在左侧和上方再绘制所需的其他图形。将这些图形统一填充为灰色，完成包装盒平面展开结构图的制作。

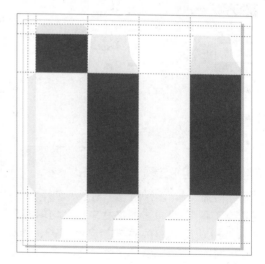

2. 制作包装盒的顶面效果

　　绘制好包装盒的平面展开结构之后，接下来就要在结构图的各个面上添加设计元素。首先是包装盒的顶面部分，用"钢笔工具"绘制出叶子图形，用"矩形工具"在叶子图形右侧绘制圆角矩形，在圆角矩形中间和下方输入所需的文本。具体操作步骤如下。

步骤 01 用"钢笔工具"绘制图形

选择"钢笔工具",在正面位置绘制一个叶子形状的图形。选择"交互式填充工具", ❶单击属性栏中的"均匀填充"按钮, ❷设置图形的填充颜色为C56、M7、Y92、K0。然后去除图形的轮廓线。

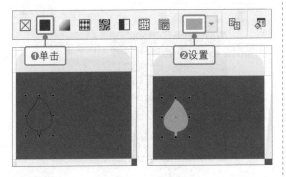

步骤 02 用"矩形工具"绘制图形

选择"矩形工具",在叶子图形右侧绘制一个矩形,并填充相同的绿色。在属性栏中设置矩形4个角的"圆角半径"为11.5 mm,将直角矩形转换为圆角矩形。

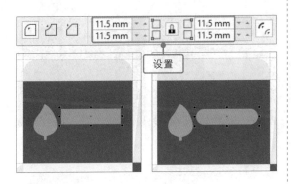

步骤 03 用"文本工具"输入文本

选择"文本工具", ❶在属性栏中设置字体为"方正卡通简体", ❷设置"字体大小"为19.5 pt,在圆角矩形中输入产品名称。打开"文本"泊坞窗, ❸设置"字符间距"为-10%,缩小字符间距。

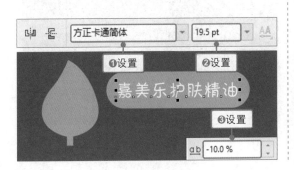

步骤 04 对齐对象

选择"选择工具",按住【Shift】键依次单击选中圆角矩形和文本。打开"对齐与分布"泊坞窗, ❶单击"水平居中对齐"按钮, ❷再单击"垂直居中对齐"按钮,让文本与圆角矩形居中对齐。

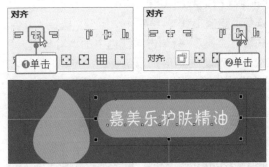

步骤 05 用"文本工具"输入文本

选择"文本工具",在属性栏中设置"字体大小"为10 pt,在圆角矩形下方输入产品相关信息。

步骤 06 设置文本的段落属性

打开"文本"泊坞窗, ❶单击"段落"按钮,跳转至段落属性, ❷单击"中"按钮,将段落文本设置为居中对齐, ❸设置"行间距"为130%,加大行间距, ❹设置"字符间距"为15%,加大字符间距。

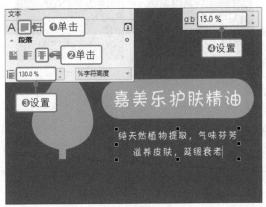

3. 制作包装盒的正面效果

在包装盒的正面部分，先用"矩形工具"绘制一个矩形，确定标签的形状；再结合使用"椭圆形工具"和"文本工具"创建路径文本；在路径文本下方绘制其他图案并添加所需文本；接着导入植物图像，放置在标签下方，并添加所需文本。具体操作步骤如下。

步骤 01 用"矩形工具"绘制图形

选择"矩形工具"，绘制一个矩形。选择"交互式填充工具"，❶单击属性栏中的"均匀填充"按钮，❷设置矩形的填充颜色为 C93、M50、Y100、K16。然后去除矩形的轮廓线。

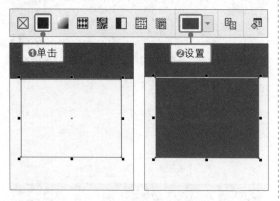

步骤 02 用"文本工具"创建路径文本

选择"椭圆形工具"，按住【Ctrl】键拖动鼠标，绘制一个圆形。选择"文本工具"，在属性栏中设置合适的字体和字体大小，将鼠标指针移到圆形上，当鼠标指针变为 形状时单击并输入文本，创建路径文本。

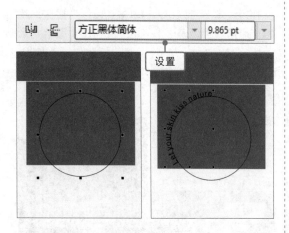

步骤 03 更改文本颜色

用"选择工具"选中路径文本。选择"交互式填充工具"，❶单击属性栏中的"均匀填充"按钮，❷设置文本的填充颜色为 C56、M7、Y92、K0。

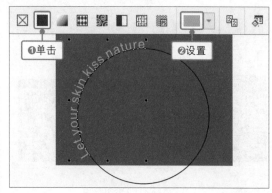

步骤 04 调整路径文本的位置

选择"选择工具"，将鼠标指针移到路径上，当鼠标指针变为 形状时，在路径上拖动鼠标，将文本移到合适的位置。

步骤 05 去除轮廓线

用"选择工具"选中圆形，在属性栏中设置轮廓宽度为"无"，去除轮廓线。

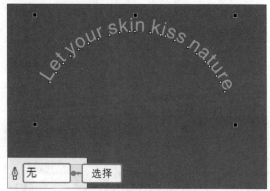

步骤 06 用"钢笔工具"绘制图形

选择"钢笔工具",在路径文本下方绘制图形。选择"交互式填充工具",设置图形的填充颜色为 C56、M7、Y92、K0。然后去除图形的轮廓线。

步骤 07 用"文本工具"输入文本

选择"文本工具",在属性栏中设置合适的字体和字体大小,输入品牌名称"嘉美乐"。然后更改字体大小,在下方输入"让肌肤亲吻大自然"。

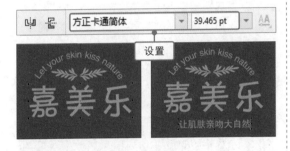

步骤 08 导入图像并输入文本

执行"文件 > 导入"菜单命令,导入植物素材图像"01.png"。选择"文本工具",在图像上方和下方输入所需文本。

步骤 09 用"2 点线工具"绘制线条

选择"2 点线工具",❶在属性栏中设置轮廓宽度为 3 pt,❷设置"线条样式"为虚线,按住【Ctrl】键向右拖动鼠标,绘制一条虚线。

步骤 10 设置线条的轮廓属性

打开"属性"泊坞窗,❶单击"轮廓"按钮,跳转至轮廓属性,❷单击颜色右侧的下拉按钮,❸在显示的颜色选择器中设置轮廓颜色为 C93、M50、Y100、K16。

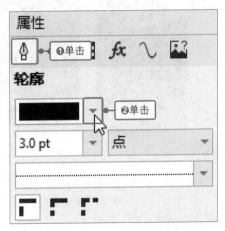

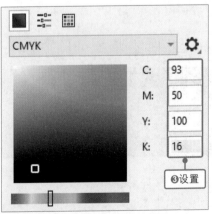

4．制作包装盒的侧面效果

包装盒侧面主要展示护肤品的功效、使用方法和注意事项。先用"文本工具"绘制文本框，输入所需的段落文本；然后用"矩形工具"在段落文本下方绘制矩形，在矩形中添加商品条码。具体操作步骤如下。

步骤 01 创建 PowerClip 对象

选中并复制包装盒正面的植物图像，适当调整其大小后移到侧面合适的位置上。执行"对象 > PowerClip> 置于图文框内部"菜单命令，当鼠标指针变为黑色箭头形状时，在绿色矩形内单击，将图像置入绿色矩形。

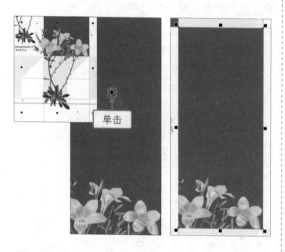

步骤 02 用"矩形工具"绘制图形

选择"矩形工具"，在属性栏中设置"圆角半径"为 4 mm，绘制一个圆角矩形。设置圆角矩形的填充颜色为 C56、M7、Y92、K0，去除圆角矩形的轮廓线。

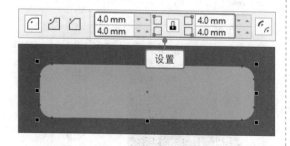

步骤 03 用"文本工具"输入文本

选择"文本工具"，❶在属性栏中设置字体为"方正卡通简体"、"字体大小"为 27 pt，在圆角矩形中输入文本"嘉美乐护肤精油"。打开"文本"泊坞窗，❷在段落属性下设置"字符间距"为 -10%，缩小字符间距。

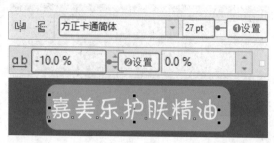

步骤 04 对齐对象

选择"选择工具"，按住【Shift】键依次单击选中文本和圆角矩形。打开"对齐与分布"泊坞窗，❶单击"水平居中对齐"按钮，水平对齐对象，❷再单击"垂直居中对齐"按钮，垂直对齐对象。

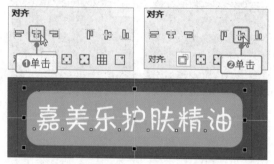

步骤 05 输入段落文本

选择"文本工具"，在圆角矩形下方拖动鼠标，绘制文本框，并输入所需文本。打开"文本"泊坞窗，❶单击"段落"按钮，❷设置"行间距"为 150%，❸设置"首行缩进"为 4 mm。

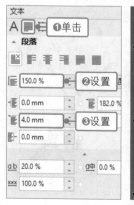

步骤 06 绘制矩形

选择"矩形工具",在段落文本下方绘制一个矩形。单击"默认调色板"中的白色色块,为矩形填充白色,然后去除矩形的轮廓线。

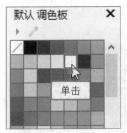

步骤 07 用"文本工具"输入条码信息

选择"文本工具",❶在绘制的矩形中输入条码数字。用"选择工具"选中条码数字文本对象,❷在属性栏中设置字体为专用的条码字体"IntHrP72DITt"、"字体大小"为 65 pt。

步骤 08 调整条码的宽度和高度

用鼠标向左拖动编辑框的右边框,减小条码的宽度。再用鼠标向上拖动编辑框的上边框,增大条码的高度。

步骤 09 输入更多信息

选择"文本工具",在制作好的条码下方输入生产许可证、执行标准等信息,完成包装盒侧面的设计。

步骤 10 复制对象并移动位置

选择"选择工具",按住【Shift】键依次单击选中包装盒正面中的标签、图像、图形、文本等对象,按快捷键【Ctrl+G】将选中的对象编组。然后按快捷键【Ctrl+C】和【Ctrl+V】,复制编组对象。将复制出的编组对象拖动到右侧的灰色矩形上方。

步骤 11 复制对象并移动位置

选择"选择工具"，按住【Shift】键依次单击选中包装盒侧面的文本和图形，按快捷键【Ctrl+G】将所选对象编组。按快捷键【Ctrl+C】和【Ctrl+V】，复制编组对象。将复制出的对象拖动到最右侧的绿色矩形上方。

步骤 12 创建 PowerClip 对象

执行"文件 > 导入"菜单命令，再次导入植物素材图像"01.png"。右击导入的图像，在弹出的快捷菜单中单击"PowerClip 内部"选项，当鼠标指针变为黑色箭头形状时，在下方的绿色矩形内单击，将图像置入矩形。

5. 制作瓶贴效果

瓶贴好比商品的"内衣"，其有效信息的展示面要减少很多。在设计时，先用"矩形工具"绘制图形，确定瓶贴的样式，再添加植物图像，然后复制包装正面中的商品标签、生产厂商、净含量等信息，粘贴到瓶贴上。具体操作步骤如下。

步骤 01 绘制图形并导入图像

执行"布局 > 插入页面"菜单命令，在当前页面之后插入一个新页面，用于制作瓶贴。选择"矩形工具"，在新页面中绘制一个矩形，并填充为浅灰色。执行"文件 > 导入"菜单命令，导入植物素材图像"01.png"，将其调整至合适的大小和位置。

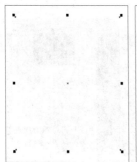

步骤 02 复制对象并调整线条长度

选中"页 1"中制作好的标签和文本等对象，按快捷键【Ctrl+C】复制对象，切换至"页 2"，按快捷键【Ctrl+V】粘贴对象。选择"形状工具"，调整产品名称下方线条的长度，完成瓶贴的制作。将制作好的包装平面展开结构图和瓶贴导出为 JPEG 格式文件。

【Photoshop 应用】

6. 制作包装立体效果

用"矩形选框工具"选取并复制包装平面展开结构图的正面和侧面的图像；用"钢笔工具"在图

像左侧绘制图形，通过设置"投影"样式为图像添加投影效果；最后导入瓶子模型并将瓶贴图像粘贴到瓶身上，用"变形"命令编辑瓶贴图像，让瓶贴的轮廓与瓶体融为一体。具体操作步骤如下。

步骤 01 用"矩形工具"绘制矩形

启动 Photoshop，创建一个新文档。选择"矩形工具"，绘制一个矩形。❶单击选项栏中的"填充"色块，❷在打开的面板中单击"渐变"按钮，❸依次设置渐变颜色为 R39、G99、B63 和 R19、G47、B32，❹设置"旋转角度"为 -131°。

步骤 02 用"矩形选框工具"选择图像

打开编辑好的平面展开结构图，❶选择"矩形选框工具"，在图像上拖动鼠标，创建矩形选区，选中正面部分。按快捷键【Ctrl+C】，复制选区中的图像，切换到新文档，按快捷键【Ctrl+V】，粘贴复制的图像。按快捷键【Ctrl+T】打开自由变换编辑框，❷用鼠标拖动右上角的控制手柄，将图像缩小至合适的大小。

步骤 03 绘制图形并设置"投影"样式

选择"钢笔工具"，❶在选项栏中选择工具模式为"形状"，❷设置填充颜色为 R3、G63、B30，❸在包装盒正面图像的左侧绘制图形，得到"形状 1"图层。双击"形状 1"图层，打开"图层样式"对话框，在左侧单击"投影"图层样式，❹在右侧设置样式选项，为图形添加投影效果。

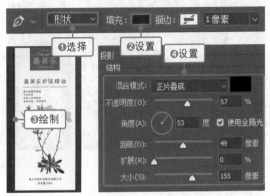

步骤 04 继续复制图像并制作投影效果

按照相同的方法，用"矩形选框工具"选取包装盒侧面部分的图像并复制到新文档中，然后用"钢笔工具"在图像左侧绘制图形，并为图形添加投影效果。

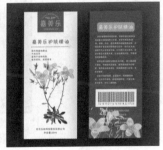

步骤 05 导入瓶子图像并设置"投影"样式

执行"文件 > 置入嵌入对象"菜单命令，置入瓶子素材图像"02.png"。双击图层，打开"图层样式"对话框，在左侧单击"投影"图层样式，在右侧设置样式选项，为图像添加投影效果。

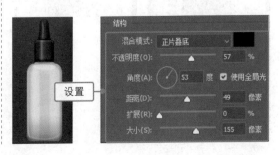

步骤 06 导入瓶贴图像并调整大小和位置

执行"文件 > 置入嵌入对象"菜单命令，置入瓶贴图像。将鼠标指针移到瓶贴图像的右上角，按住左键并向内侧拖动，将图像缩小至合适的大小，然后移到瓶身的中间位置。

步骤 07 执行"变形"命令

❶执行"编辑 > 变换 > 变形"菜单命令，打开变形编辑框，❷向下拖动变形编辑框上方的控制手柄，将图像变形。

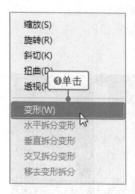

步骤 08 继续拖动控制手柄将图像变形

继续拖动变形编辑框上方和右下角的其他控制手柄，调整图像外观。完成变形设置后，按【Enter】键应用变形效果。

步骤 09 载入选区并创建"纯色"填充图层

❶按住【Ctrl】键单击"瓶贴"图层缩览图，载入图层选区，❷单击"图层"面板底部的"创建新的填充或调整图层"按钮，❸在弹出的菜单中单击"纯色"选项，新建"颜色填充 1"图层。

步骤 10 设置颜色填充选区

打开"拾色器（纯色）"对话框，❶在对话框中设置填充颜色为 R139、G139、B139，❷在"图层"面板中将"颜色填充 1"图层的混合模式更改为"正片叠底"。

步骤 11 用"矩形选框工具"创建选区

选择"矩形选框工具"，❶单击选项栏中的"添加到选区"按钮，❷设置"羽化"为 25 px，在瓶贴上方拖动鼠标，创建选区。

步骤 12 将蒙版选区填充为黑色

❶在"图层"面板中单击"颜色填充 1"蒙版缩览图，❷在工具箱中设置前景色为黑色，按快捷键【Alt+Delete】，用黑色填充蒙版选区，隐藏选区内的填充颜色，得到更有光泽感的画面效果。至此，本案例就制作完成了。

8.3.3 知识扩展——绘制矩形

在 CorelDRAW 中，用"矩形工具"可以绘制矩形，包括长方形和正方形。该工具的属性栏如下图所示，下面来介绍其中的主要选项。

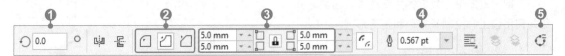

❶ **旋转角度**：用于设置图形的旋转角度。此选项在绘制图形前为不可用状态，在绘制图形后则被激活，此时可以输入数值来旋转图形。

❷ **选择角类型**：用于设置矩形的角的类型，包括圆角、扇形角和倒棱角 3 种。单击"圆角"按钮，可创建圆角矩形；单击"扇形角"按钮，可创建扇形角矩形；单击"倒棱角"按钮，可创建倒棱角矩形。如下图所示分别为直角矩形、圆角矩形、扇形角矩形和倒棱角矩形的效果。

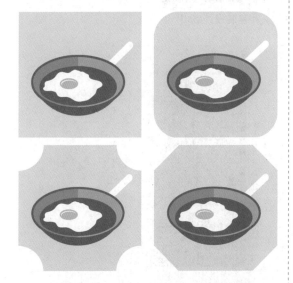

❸ **圆角半径**：用于控制每个角的圆滑程度。设置的数值越大，所得到的圆角越圆，扇形角越

深，倒棱角边缘越长。以圆角矩形为例，将"圆角半径"设置为 10 mm 和 35 mm 的效果分别如下左图和下右图所示。

单击"同时编辑所有角"按钮🔒，使其图标变为🔓，则可分别指定每个角的半径。例如，绘制一个矩形并设置为倒棱角，如下左图所示；再单击"同时编辑所有角"按钮，将左下角和右下角的半径更改为 0 mm，效果如下右图所示。

❹ **轮廓宽度**：轮廓宽度用于设置图形的轮廓线粗细，设置的数值越大，图形的轮廓线就越粗，

反之则越细。设置轮廓宽度为 4 pt，得到如下左图所示的效果，设置轮廓宽度为 16 pt，得到如下右图所示的效果。

❺ 转换为曲线：单击"转换为曲线"按钮，可将不具有曲线性质的几何图形转换成曲线，随后可以使用"形状工具"修改对象的外形。

了解了"矩形工具"的主要选项，下面来介绍如何用该工具绘制长方形和正方形。

1. 绘制长方形

单击工具箱中的"矩形工具"按钮，在绘图窗口中沿对角线方向拖动鼠标，直至长方形达到所需大小时释放鼠标，即可绘制出长方形图形，如下左图和下右图所示。

2. 绘制正方形

选择"矩形工具"后，按住【Ctrl】键在绘图窗口中拖动鼠标，即可绘制出正方形图形，如下左图和下右图所示。

8.4 茶叶包装设计

素　材	随书资源 \ 08 \ 案例文件 \ 素材 \ 03.jpg、04.jpg、05.png
源文件	随书资源 \ 08 \ 案例文件 \ 源文件 \ 茶叶包装设计.psd

8.4.1 | 案例分析

设计关键点：本案例要为某品牌茶叶设计包装。该品牌茶叶的主要消费群体是中年男性，所以在设计时要考虑中年男性的喜好；其次，茶叶是传统性和民族性较强的商品，所以包装图案除了要准确传递茶叶信息，还要体现一定的文化内涵。

设计思路：根据设计的关键点，根据中年男性的喜好选用简约的设计风格，并通过留白的方式提升设计品味，突显茶叶的档次；用青花瓷茶具的图像作为包装图案的主体，并添加传统祥云图案作为装饰，不仅能直观地传达包装内商品的信息，而且能营造传统茶文化的意境。

配色推荐：钴蓝色 + 深青灰色。钴蓝色纯度较高，色调鲜明，有着深沉、冷静的特质；搭配同色系的深青灰色，通过明度的变化丰富画面的层次，营造出安静与柔和的氛围。

8.4.2 | 操作流程

本案例的总体制作流程是先在 CorelDRAW 中绘制图形并添加文本，制作包装平面图；然后在 Photoshop 中添加茶具和茶叶素材图像等完善画面效果；最后将制作好的平面图叠加于包装袋上，制作成立体效果图。

【CorelDRAW 应用】

1. 制作包装袋的正面效果

用"矩形工具"绘制矩形；用"钢笔工具"在矩形上方绘制品牌徽标，用"文本工具"输入厂家名称；然后用"钢笔工具"在下方绘制祥云图形，通过修剪对象的方式制作镂空的祥云图案；用"文本工具"在页面中间输入茶叶名称和净含量信息。具体操作步骤如下。

步骤 01 创建新文档并绘制矩形

启动 CorelDRAW，执行"文件 > 新建"菜单命令，打开"创建新文档"对话框，❶设置"宽度"和"高度"分别为 300 mm 和 220 mm，单击"OK"按钮，创建新文档。❷双击"矩形工具"按钮，绘制一个与页面等大的矩形，并将矩形填充为白色。

步骤 02 用"矩形工具"绘制图形

选择"矩形工具"，❶在页面左侧绘制一个矩形。选择"交互式填充工具"，❷设置矩形的填充颜色为 C82、M56、Y29、K0。然后去除矩形的轮廓线。❸再用"矩形工具"在已绘制矩形的底部绘制一个同等宽度的矩形，❹将填充颜色设置为 C100、M80、Y44、K7。同样去除第 2 个矩形的轮廓线。

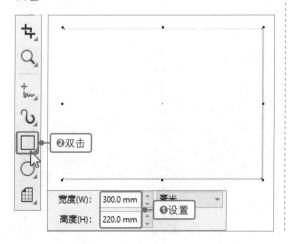

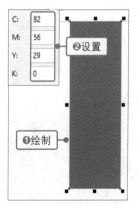

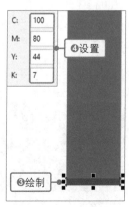

步骤 03 用"钢笔工具"绘制图形

选择"钢笔工具"，在矩形中间绘制不规则图形。❶单击"默认调色板"中的白色色块，将图形填充为白色，❷设置轮廓宽度为"无"，去除图形的轮廓线。

步骤 04 修剪对象

用"钢笔工具"绘制更多图形。选择"选择工具"，按住【Shift】键依次单击选中这些图形，单击属性栏中的"焊接"按钮，将选中的图形合并为一个具有相同属性的对象，完成品牌徽标的制作。

步骤 05 用"文本工具"输入文本

选择"文本工具"，在属性栏中设置字体为"汉仪中楷简"、"字体大小"为 11.6 pt，在品牌徽标下方输入文本"天福茗茶"，并设置文本的填充颜色为白色。

技巧提示 快速更改字体大小

除了可以在属性栏或"文本"泊坞窗中设置字体大小，也可以用"选择工具"选中文本对象以显示编辑框，然后拖动编辑框的控制手柄来快速调整字体大小。如果需要调整段落文本的字体大小，则需要选中段落文本，用"字体大小"选项进行调整。

步骤 06 用"钢笔工具"绘制图形

选择"钢笔工具"，在页面中绘制祥云图形。选择"交互式填充工具"，❶单击属性栏中的"均匀填充"按钮，❷设置图形的填充颜色为 C93、M72、Y40、K3。然后去除图形的轮廓线。继续用"钢笔工具"在图形中间绘制其他图形，设置图形的填充颜色为白色。

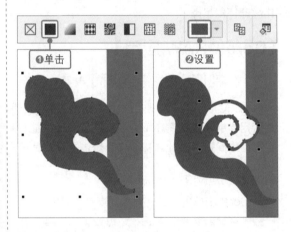

步骤 07 焊接对象

继续用"钢笔工具"绘制更多图形并填充为白色。用"选择工具"同时选中这些白色图形，单击属性栏中的"焊接"按钮，合并对象，再选中后方的蓝色图形。

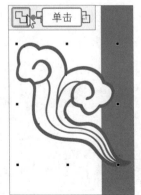 

步骤 08 修剪对象

单击属性栏中的"移除前面对象"按钮,移除蓝色图形与白色图形重叠的部分,得到镂空的图形效果。

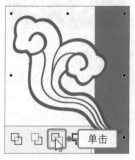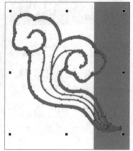

步骤 09 复制对象

按照相同的方法,在页面中绘制出更多的祥云图形。选中左侧的祥云图形,执行"编辑>复制"菜单命令,复制对象,然后执行"编辑>粘贴"菜单命令,粘贴对象。调整复制对象的大小和位置,并进行适当的旋转。

步骤 10 用"矩形工具"绘制图形

选择"矩形工具",❶在属性栏中设置"圆角半径"为 2 mm,在页面中绘制一个圆角矩形。选择"交互式填充工具",❷单击属性栏中的"均匀填充"按钮,❸设置圆角矩形的填充颜色为 C100、M85、Y49、K12。去除圆角矩形的轮廓线。

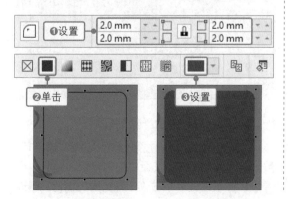

步骤 11 用"文本工具"输入文本

选择"文本工具",❶在属性栏中设置字体为"汉仪中楷简"、"字体大小"为 55 pt,在圆角矩形中间输入文本"精"。用"选择工具"选中输入的文本,❷单击"默认调色板"中的白色色块,将文本的填充颜色更改为白色。

步骤 12 设置文本的轮廓属性

按【F12】键打开"轮廓笔"对话框,❶设置轮廓颜色为 C100、M100、Y55、K21,❷设置轮廓宽度为 1.5 pt,❸单击"角"右侧的"圆角"按钮,设置轮廓的角类型为圆角,❹单击"位置"右侧的"外部轮廓"按钮,将轮廓置于对象外。

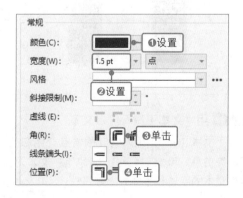

步骤 13 对齐对象

用"选择工具"同时选中圆角矩形和文本对象。
❶单击"对齐与分布"泊坞窗中的"水平居中对齐"按钮，水平居中对齐所选对象，❷再单击"垂直居中对齐"按钮，垂直居中对齐所选对象。

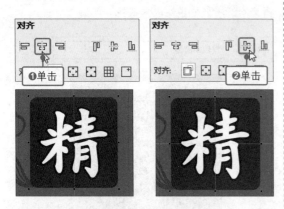

步骤 14 复制对象并更改文本内容

按快捷键【Ctrl+G】将对象编组，再将编组对象复制3份，分别移到所需的位置。选择"文本工具"，将编组对象中的文本依次更改为"品""绿""茶"。

步骤 15 用"文本工具"输入文本

选择"文本工具"，❶在属性栏中设置字体为"汉仪中楷简"、"字体大小"为 14 pt，❷在页面中输入文本"净含量：50g"。打开"文本"泊坞窗，❸设置"字符间距"为 -15%，缩小字符间距。

2．制作包装袋的背面效果

复制包装袋正面的矩形、徽标和祥云图案，并移到包装袋背面的合适位置；用"文本工具"输入茶叶的特点介绍和生产厂家等信息；再用"表格工具"绘制表格，在表格中输入茶叶的营养成分数据。具体操作步骤如下。

步骤 01 复制对象

用"选择工具"选中蓝色矩形和矩形上方的徽标，复制后移到页面右侧的空白区域。

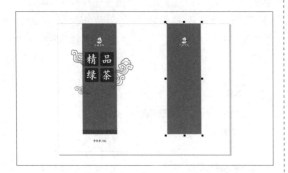

步骤 02 用"文本工具"输入文本

选择"文本工具"，输入茶叶的特点介绍和生产厂家等信息。用"选择工具"分别选中文本对象，调整文本的字体和字体大小等属性。

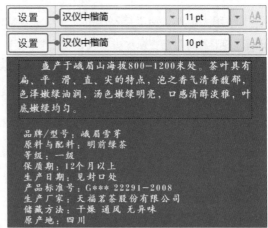

步骤 03 用"表格工具"绘制表格

选择"表格工具"，❶在属性栏中设置列数和行数分别为 3 和 6，在页面中拖动鼠标，绘制一个表格。在属性栏中单击"边框选择"按钮，❷选择"全部"选项，❸设置轮廓颜色为白色、轮廓宽度为 1 pt。

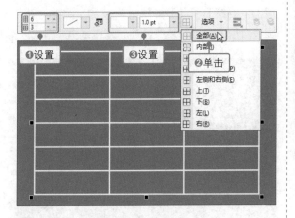

步骤 04 调整第 1 列单元格的宽度

将鼠标指针移到表格第 1 列单元格的右边框上，当鼠标指针变为双向箭头形状时，按下左键并向左拖动，减小第 1 列单元格的宽度。

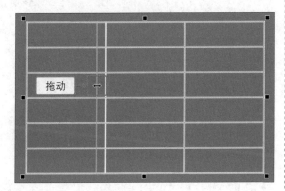

步骤 05 调整第 2 列单元格的宽度

用相同的方法减小第 2 列单元格的宽度。

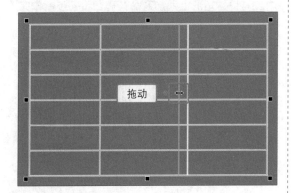

步骤 06 选择单元格

将鼠标指针移到左上角的单元格上，按下左键并向右下角拖动，选中表格中的所有单元格。

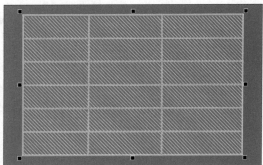

步骤 07 调整页边距并输入文本

❶单击属性栏中的"页边距"按钮，❷在展开的面板中设置页边距（这里是指单元格中文本与单元格边框的间距）为 0.5 mm，❸然后单击第 1个单元格，在单元格中输入文本"项目"。

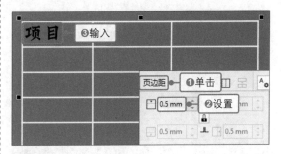

步骤 08 设置文本属性

选中输入的文本，打开"文本"泊坞窗。❶在字符属性下设置合适的字体、字体大小和填充颜色，❷在段落属性下设置"字符间距"为 -20%，缩小字符间距。

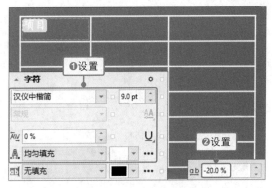

步骤 09 调整文本的对齐方式

❶单击属性栏中的"文本对齐"按钮，❷在展开的列表中单击"中"选项，❸再单击属性栏中的"垂直对齐"按钮，❹在展开的列表中单击"居中垂直对齐"选项，让文本在单元格中居中显示。

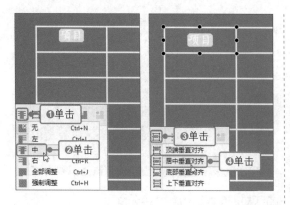

步骤10 输入更多文本

按照相同的方法，继续在表格中输入所需文本，并利用"文本"泊坞窗和属性栏为文本设置相同的格式。

项目	每100克	营养素参考值
能量	1484.00 kJ	18%
蛋白质	7.8 g	13%
脂肪	0.5 g	1%
碳水化合物	78.4 g	26%
钠	39 mg	2%

步骤11 复制并翻转对象

选择"选择工具"，选中前面绘制好的祥云图案，复制并粘贴到表格的右侧，单击属性栏中的"水平镜像"按钮，水平翻转对象，再将翻转后的对象缩放至合适的大小。

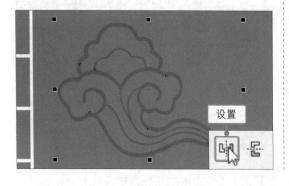

步骤12 旋转对象并更改填充颜色

再次单击对象，将鼠标指针移到右上角的旋转手柄上，当指针变为↻形状时，按住左键并拖动，旋转对象至合适的角度，然后为对象填充白色。

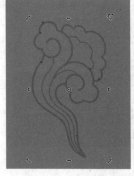 

步骤13 继续复制对象

用相同的方法复制出另一个祥云图案。将复制的图案移到合适的位置，并相应调整其角度和大小，再将填充颜色更改为白色。

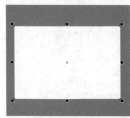

步骤14 绘制矩形并添加条码

选择"矩形工具"，在表格下方绘制一个矩形，并填充为白色。然后结合使用"矩形工具"和"文本工具"在矩形上添加商品条码。将初步制作完成的包装平面图导出为 JPEG 格式文件。

【Photoshop 应用】

3. 添加茶具和茶叶图像

在 Photoshop 中打开在 CorelDRAW 中导出的包装平面图，将茶具和茶叶素材图像复制到平面图上方；添加图层蒙版，隐藏图像的多余部分；通过创建"色相／饱和度"和"曲线"调整图层，调整图像颜色，让画面色调更统一。具体操作步骤如下。

步骤01 打开图像并调整大小

启动 Photoshop，打开前面导出的包装平面图。执行"图像 > 图像大小"菜单命令，打开"图像大小"对话框，设置"高度"为 1500 px，设置后 Photoshop 会根据图像的长宽比自动更改宽度值，单击"确定"按钮，调整图像大小。

步骤02 创建图层组并置入图像

❶创建图层组，将图层组命名为"茶壶"，❷执行"文件 > 置入嵌入对象"菜单命令，置入素材图像"03.jpg"，调整图像至合适的大小，然后将对应的图层移到"茶壶"图层组中。

步骤03 编辑图层蒙版

为"03"图层添加图层蒙版。然后选择"画笔工具"，❶在选项栏中单击"画笔"右侧的下拉按钮，❷在展开的界面中选择"硬边圆"画笔，❸单击"03"图层蒙版缩览图，❹在工具箱中设置前景色为黑色，❺涂抹茶壶旁边的背景区域。

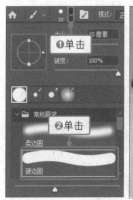
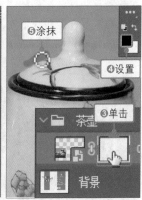

步骤04 载入蒙版选区

按【[】或【]】键调整画笔大小，继续涂抹，将多余的图像都隐藏起来，只显示中间的茶壶部分。然后按住【Ctrl】键单击"03"图层蒙版缩览图，载入蒙版选区。

步骤05 设置"色相／饱和度"调整颜色

新建"色相／饱和度 1"调整图层，❶在打开的"属性"面板中勾选"着色"复选框，❷设置"色相"为 221、"饱和度"为 8，调整选区内茶壶图像的颜色。

步骤 06 设置"曲线"调整明暗对比

按住【Ctrl】键单击"03"图层蒙版缩览图，再次载入蒙版选区。新建"曲线 1"调整图层，在打开的"属性"面板中向上拖动曲线中间的控制点，再分别拖动曲线左下角和右上角的控制点，增强图像的明暗对比。

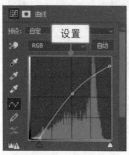

步骤 07 用"椭圆工具"绘制图形

选择"椭圆工具"，在选项栏中设置填充颜色为黑色，在画面中绘制一个椭圆形，得到"椭圆 1"图层。❶将"椭圆 1"图层移到"03"图层下方，❷设置"不透明度"为 60%，降低不透明度。

步骤 08 用"高斯模糊"滤镜模糊图形

执行"滤镜 > 模糊 > 高斯模糊"菜单命令，弹出提示对话框，❶单击对话框中的"转换为智能对象"按钮，打开"高斯模糊"对话框，❷设置"半径"为 15 px，单击"确定"按钮，得到模糊的图形，作为茶壶的阴影。

步骤 09 复制图层

❶选中"椭圆 1""03""色相 / 饱和度 1""曲线 1"图层，❷按快捷键【Ctrl+J】，复制选中的图层。

步骤 10 调整图层的叠放层次并创建图层组

❶按快捷键【Ctrl+]】，将复制的图层移到"茶壶"图层组上方，❷单击"创建新组"按钮，创建图层组，将选中的图层放置到图层组中，❸将图层组重命名为"茶杯"。

步骤 11 编辑图层蒙版调整显示范围

单击"03 拷贝"图层蒙版缩览图，用"画笔工具"编辑蒙版，调整图像的显示范围，最终只显示茶杯部分，将其他部分隐藏起来。

步骤 12 复制并替换图层蒙版

❶按住【Alt】键，用鼠标将"03 拷贝"图层蒙版缩览图向上拖动到"色相/饱和度 1 拷贝"图层蒙版缩览图上，释放鼠标，弹出提示对话框，❷单击"是"按钮，复制并替换图层蒙版。

步骤 13 调整阴影的位置和大小

继续用相同的方法复制并替换"曲线 1 拷贝"图层蒙版，完成茶杯图像颜色的处理。选中"椭圆 1 拷贝"图层，在图像窗口中将阴影移到茶杯图像下方。按快捷键【Ctrl+T】，调整阴影的大小。

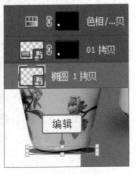

步骤 14 盖印图层并调整位置和大小

❶选中"茶杯"图层组，按快捷键【Ctrl+Alt+E】盖印图层，❷得到"茶杯（合并）"图层，❸将图层移到茶壶图像下方，并将盖印的茶杯图像缩小至合适的大小。

步骤 15 置入茶叶图像

创建"茶叶"图层组，执行"文件 > 置入嵌入对象"菜单命令，置入茶叶素材图像"04.jpg"。添加并编辑图层蒙版，隐藏多余的背景部分。

步骤 16 设置"内阴影"样式

双击"茶叶"图层组，打开"图层样式"对话框，在对话框中设置"内阴影"样式，为茶叶图像的右侧添加阴影，使茶叶和茶具右侧变得更暗。

步骤 17 盖印图层

❶选中"茶壶""茶杯""茶叶"图层组，❷按快捷键【Ctrl+Alt+E】盖印图层组中的图层，得到"茶叶（合并）"图层。

步骤 18 调整图像大小和位置

选中"茶叶（合并）"图层，将图层中的图像移到条码右侧。按快捷键【Ctrl+T】打开自由变换编辑框，向内侧拖动控制手柄，缩小图像。

4．制作立体展示效果

完成包装平面图的设计后，为了更直观地展示包装的设计效果，导入包装袋素材，复制平面图的正面和背面部分，将其移到包装袋上方，通过更改图层混合模式，让二者融合在一起。具体操作步骤如下。

步骤 01 用"矩形选框工具"创建选区

❶按快捷键【Ctrl+Alt+Shift+E】盖印所有图层，在"图层"面板中生成"图层 1"图层。❷选择"矩形选框工具"，在画面左侧拖动鼠标，创建一个矩形选区，选中包装平面图的正面部分。

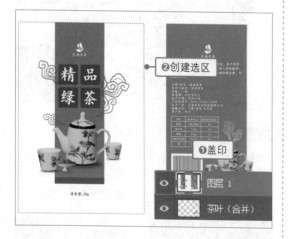

步骤 02 复制选区内的图像

❶按快捷键【Ctrl+J】复制选区内的图像，得到"图层 2"图层。❷继续用"矩形选框工具"创建选区，选中包装平面图的背面部分，❸按快捷键【Ctrl+J】复制选区内的图像，得到"图层 3"图层。

步骤 03 用"渐变工具"填充背景

❶在工具箱中设置前景色为 R240、G240、B240，背景色为 R213、G213、B213。选择"渐变工具"，❷在选项栏中单击"对称渐变"按钮，❸新建"图层 4"图层，❹从画面中间向外侧拖动，为图层填充渐变颜色。

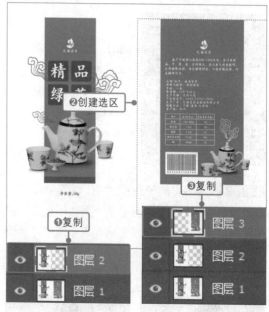

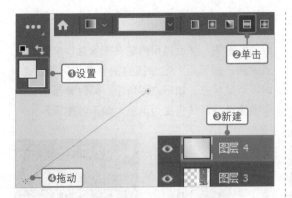

步骤 06 调整图层的叠放层次并缩小图像

选中"图层2"和"图层3"图层，❶按快捷键【Ctrl+]】，将它们移到"05 拷贝"图层上方，❷再选中"图层2"图层，按快捷键【Ctrl+T】，将图层中的图像缩小一些。

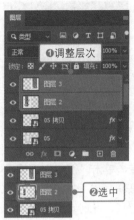

步骤 04 置入图像并设置"投影"样式

执行"文件>置入嵌入对象"菜单命令，将素材图像"05.png"置入画面，得到"05"图层，并将图像调整至合适的大小。双击"05"图层缩览图，打开"图层样式"对话框，启用并设置"投影"图层样式，为图像添加投影效果。

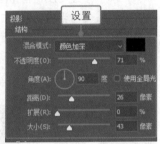

步骤 07 更改图层的混合模式

❶设置"图层2"图层的混合模式为"正片叠底"。按照相同的方法，❷选中"图层3"图层，将图层中的图像缩小一些，❸设置图层的混合模式为"正片叠底"。至此，本案例就制作完成了。

步骤 05 复制图像并调整位置

按快捷键【Ctrl+J】复制"05"图层，得到"05 拷贝"图层，将图层中的图像向右移到合适的位置上。

8.4.3 知识扩展——添加与编辑图层蒙版

图层蒙版是 Photoshop 中一项十分重要的功能。我们可以用各种绘图工具在蒙版上涂色：蒙版中被涂抹为黑色的部分会变成完全透明的状态，即看不见当前图层的图像；蒙版中被涂抹为白色的部分会变成完全不透明的状态，即可以看到当前图层的图像；蒙版中被涂抹为灰色的部分会变成半透明状态，透明的程度由涂色的灰度深浅决定。

打开两幅图像，将它们添加到一个文档中，如下左图所示，在"图层"面板中显示"背景"和"图层 1"两个图层，如下右图所示。

版的缩览图，然后运用画笔在图像窗口中的图像上涂抹，即可看到被涂抹的图像变为透明状态，即不可见状态，如下左图所示，同时蒙版缩览图中被涂抹的区域也变为黑色，如下右图所示。

选中"图层 1"图层，单击"图层"面板底部的"添加图层蒙版"按钮，如下左图所示，即可为所选图层添加图层蒙版，此时可以看到蒙版缩览图全部显示为白色，如下右图所示。

在选项栏中将画笔的"不透明度"设置为50%，降低不透明度，再用画笔涂抹，可以看到被涂抹区域变为半透明效果，如下左图所示，蒙版缩览图中被涂抹区域显示为灰色，如下右图所示。如果涂抹的位置有误，可以将前景色设置为白色，涂抹需要重新显示的区域。

添加图层蒙版后，接下来通过编辑蒙版，隐藏商品后面的白色背景。选择工具箱中的"画笔工具"，设置前景色为黑色，单击添加的图层蒙

8.5 课后练习——酒盒包装设计

素　材　随书资源\08\课后练习\素材\01.ai
源文件　随书资源\08\课后练习\源文件\酒盒包装设计.psd

本案例要为某品牌白酒设计包装盒。这款产品的定位是高端的礼品酒，因此，包装盒的设计也要突显酒的档次。在创作时使用大量纯色的色块，并在其中叠加颜色较浅的装饰花纹，突出商品的高档品质；在整体配色上，使用红色作为主色调，以增加商品包装的分量感。

- 在 CorelDRAW 中用"矩形工具"绘制包装盒平面展开结构图的几个面；
- 用"文本工具"在每个面中输入相应的文本，然后在文本旁边添加装饰元素；
- 在 Photoshop 中用"矩形选框工具"选择平面展开结构图中的正面、顶面和侧面三个部分，并复制这三个部分的内容；

- 通过"斜切"变换图像，并为图像添加"投影"样式，制作出立体展示效果。

第9章
移动 UI 设计

UI 是 User Interface（用户界面）的缩写。UI 设计是对软件的人机交互、操作逻辑、界面美观性的整体设计，而移动 UI 设计主要是针对运行在移动设备上的应用程序（App）所做的用户界面设计，如手机 App 的 UI 设计。UI 是系统和用户之间进行交互和信息交换的媒介。好的移动 UI 设计不仅能让 App 变得有个性、有品位，而且能让 App 的操作更加舒适、简单、自由。UI 设计一般由交互设计、界面设计和图标设计 3 个部分组成，本章主要讲解其中的界面设计。

本章包含两个案例：登录与注册界面设计，该界面用简约的图形和高纯度的色块打造出简洁、美观的画面效果；音乐播放界面设计，该界面中绘制了大量的操作按钮，用于帮助用户轻松地完成曲目切换、音量调整等常用操作。

9.1 移动 UI 设计的流程

在进行移动 UI 设计之前，先要了解 UI 设计的流程，这样才能在设计过程中少走弯路，更加顺利地完成工作。UI 设计的流程会根据公司性质、规模、项目性质、项目规模、UI 职能要求等特点进行变化，一般来说包括产品定位与市场分析、产品交互设计、界面视觉设计、界面输出、可用性测试 5 个重要阶段。

1. 产品定位与市场分析阶段

在设计一个界面之前，需要对使用者、使用环境、使用方式做需求分析。明确什么人用（用户的年龄、性别、爱好、收入、教育程度等）、什么地方用（办公室、家庭、厂房车间、公共场所等）、如何用（鼠标、键盘、遥控器、触摸屏等）。产品定位与市场分析由产品经理负责牵头，相关需求部门与产品需求专员、市场人员进行多次会议研讨，确定用户群的最终需求，从而对产品进行准确的定位。

2. 产品交互设计阶段

经过最初的产品定位与市场分析阶段后，UI 设计的流程进入产品交互设计阶段，也就是方案形成阶段。该阶段包含分析需求、制作信息架构流程图、制作交互设计初稿、详细交互设计和交互设计终稿评审等工作内容。

分析需求：分析用户在使用产品的过程中需要进行的行为与认识过程；根据产品的功能特点确定用户需要完成哪些任务，并突出主要任务；找出需求遗漏，并与产品经理反馈、沟通。

制作信息架构流程图：信息架构流程图可以明确整个产品的层次结构、页面之间的关系。在信息架构流程图上可以只标注页面名称，不用体现界面细节，也可以简单标注界面的主要内容模块等，如下页图所示。

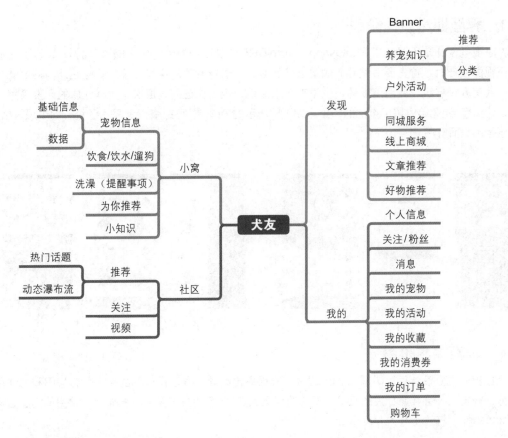

制作交互设计初稿：制作交互设计初稿的主要目的是确认导航设计、页面流程、页面布局是否符合产品需求。交互设计初稿的优点是可快速成型，修改时间成本低，如遇分歧可快速修改并重新评审，基本确认后再做详细设计。交互设计初稿大多采用手绘的方式制作，如下左图所示。

详细交互设计：详细交互设计就是在交互设计初稿的基础上，对页面细节的进一步设计，如下右图所示。在这一步中，设计师需要完善不同状态下的页面布局和内容展示、用户操作反馈提示、通用或异常的场景等。

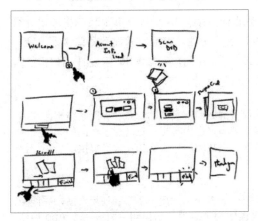

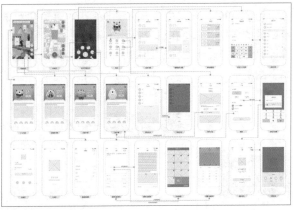

交互设计终稿评审：在交互设计终稿评审阶段，由产品经理、开发人员、设计师三方评审，让三方人员了解设计需求，评估设计方案的实现合理性和交互细节的完善程度。

3．界面视觉设计阶段

界面视觉设计阶段要使用 Photoshop、CorelDRAW 等设计软件完成全部界面的 UI 设计。在进行界面视觉设计时，首先要清楚界面的重点是什么，并进行有效的突出展示。除此之外，还要清楚界面一共有几个层级，并用清晰的视觉语言予以展现，应当保证同样层次、同样性质的元素采用一致的设计语言，避免给人留下杂乱的印象。如下图所示的 App 界面中，各元素采用了统一的表现风格，画面显得工整而有序。

4．界面输出阶段

完成界面视觉设计后，UI 设计的流程进入界面输出阶段。界面设计稿的输出分为切图和标注两大部分。开发人员会按照标注的尺寸，把切图以高保真 UI 图的方式摆放到界面上。常用的切图工具为 Photoshop，标注工具为 MarkMan。

5．可用性测试阶段

可用性测试阶段主要用于检验 UI 设计的成果是否符合市场及用户群体的需求。UI 可用性测试有可寻性测试、一致性测试、信息反馈测试和界面美观度测试 4 个标准。

9.2 移动 UI 设计的原则

一个 App 想要在竞争中脱颖而出，最重要的一点就是 UI 设计。UI 设计与其他传统平面设计有着明显的区别，它不仅讲究设计的美观性，而且追求设计的实用性。这就要求设计师要遵照一定的设计原则进行设计。移动 UI 设计的原则主要有一致性、简易性、从用户习惯考虑、安全性、顺序性等，如下图所示。

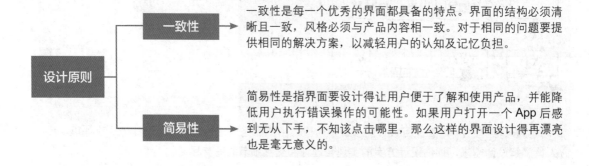

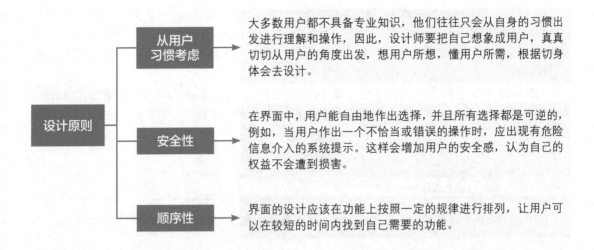

设计原则

从用户习惯考虑 → 大多数用户都不具备专业知识，他们往往只会从自身的习惯出发进行理解和操作，因此，设计师要把自己想象成用户，真真切切从用户的角度出发，想用户所想，懂用户所需，根据切身体会去设计。

安全性 → 在界面中，用户能自由地作出选择，并且所有选择都是可逆的，例如，当用户作出一个不恰当或错误的操作时，应出现有危险信息介入的系统提示。这样会增加用户的安全感，认为自己的权益不会遭到损害。

顺序性 → 界面的设计应该在功能上按照一定的规律进行排列，让用户可以在较短的时间内找到自己需要的功能。

9.3　登录与注册界面设计

素　材　随书资源 \ 09 \ 案例文件 \ 素材 \ 01.jpg
源文件　随书资源 \ 09 \ 案例文件 \ 源文件 \ 登录与注册界面设计.cdr

9.3.1　案例分析

设计关键点：本案例要为某购物 App 设计登录与注册界面。登录与注册是获取用户的第一步，在设计界面时需要考虑用户的操作习惯，合理安排界面中的元素，同时还要保证界面中的按钮和操作标签文字具有明确的指向性，让用户能快速掌握交互方法。

设计思路：根据设计的关键点，首先考虑到用户的操作习惯，在界面中分别安排了注册和登录两大版块，并且采用统一的表现方式。另外，为了减轻用户的认知及记忆负担，在界面中的标签、输入框和按钮上方都添加了简短的说明文字，引导用户顺畅地输入信息，完成注册和登录，提升用户的操作体验。

配色推荐：灰色 + 蔷薇色。灰色是介于黑色和白色之间的一系列颜色，大致分为深灰色和浅灰色。本案例中使用了大面积的灰色，为画面营造出高雅的格调，搭配上鲜艳、明亮的蔷薇色，可以缓解画面的沉闷感，并增添时尚感。

9.3.2　操作流程

本案例的总体制作流程是先用 Photoshop 制作界面背景图，然后在 CorelDRAW 中绘制各种界面元素。

【Photoshop 应用】

1. 制作界面背景图

先利用预设创建适配目标设备屏幕尺寸的新文档；将素材图像复制到创建的文档中，用"色相 / 饱和度"调整图层降低图像的颜色和饱和度；再通过创建"纯色"填充图层和"渐变"填充图层，更改画面色调。具体操作步骤如下。

步骤 01 应用预设创建新文档

启动 Photoshop，执行"文件 > 新建"菜单命令，打开"新建文档"对话框，❶单击"移动设备"标签，❷单击"iPhone X"选项，单击"创建"按钮，创建一个新文档。

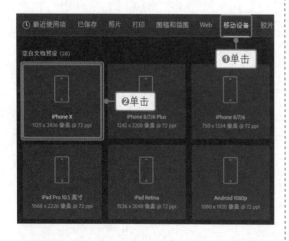

步骤 02 复制图像

打开素材图像"01.jpg"，按快捷键【Ctrl+A】全选图像，再按快捷键【Ctrl+C】复制选中的图像，切换到新文档，按快捷键【Ctrl+V】粘贴复制的图像。

步骤 03 调整图像的位置和大小

选择"移动工具"，将复制的图像拖动到合适的位置。按快捷键【Ctrl+T】打开自由变换编辑框，然后按住【Shift】键，用鼠标向内侧拖动左上角的控制手柄，缩小编辑框中的图像。

步骤 04 设置"色相/饱和度"调整颜色

新建"色相/饱和度 1"调整图层，在打开的"属性"面板中将"饱和度"滑块向左拖动到 -40 处，降低图像的颜色饱和度。

步骤 05 创建"纯色"填充图层

❶单击"图层"面板底部的"创建新的填充或调整图层"按钮，❷在弹出的菜单中执行"纯色"命令，❸新建"颜色填充 1"图层。

步骤 06 设置填充颜色

此时会弹出"拾色器（纯色）"对话框，❶在对话框中设置填充颜色为 R3、G14、B39，❷单击"确定"按钮，填充画面。

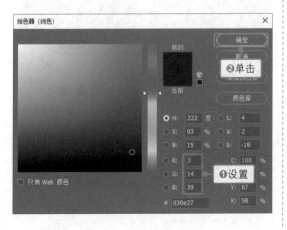

步骤 07 更改图层不透明度

在"图层"面板中选中"颜色填充 1"图层，将图层的"不透明度"更改为 60%，降低图层的不透明度。

步骤 08 创建"渐变"填充图层

❶单击"图层"面板底部的"创建新的填充或调整图层"按钮，❷在弹出的菜单中执行"渐变"命令，新建"渐变填充 1"图层。此时会弹出"渐变填充"对话框，❸单击对话框中的渐变条。

步骤 09 编辑渐变颜色

打开"渐变编辑器"对话框，❶在对话框中双击渐变条左侧的色标，❷将色标颜色设置为 R57、G54、B65，❸然后将色标向右拖动到 30% 处，单击"确定"按钮，确认设置。

步骤 10 查看效果并导出图像

在"图层"面板中显示创建的"渐变填充 1"图层，在图像窗口中可查看当前的画面效果。执行"文件 > 存储为"菜单命令，将图像存储为 JPEG 格式文件。

【CorelDRAW 应用】

2. 制作状态栏

将编辑好的界面背景图导入 CorelDRAW，用"文本工具"在左上角输入时间，用"2 点线工具"和"3 点曲线工具"等绘制手机信号图标，再用"矩形工具"在手机信号图标右侧绘制电量图标。具体操作步骤如下。

步骤 01 创建新文档并导入图像

启动 CorelDRAW，执行"文件 > 新建"菜单命令，打开"新建文档"对话框。❶在对话框中设置"页码数"为 2，❷单击"RGB"单选按钮，❸设置"宽度"和"高度"分别为 1125 px 和 2436 px，单击"OK"按钮，创建新文档。执行"文件 > 导入"菜单命令，将处理好的界面背景图导入新文档。

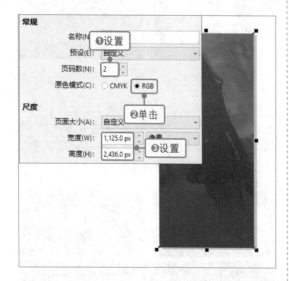

步骤 02 用"文本工具"输入时间

选择"文本工具"，在属性栏中设置字体为"萍方-简"、"字体大小"为 11 pt，然后在画面左上角输入时间"9:41"。

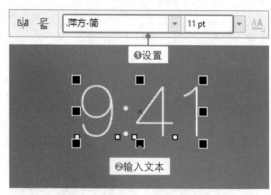

步骤 03 用"2 点线工具"绘制线条

选择"2 点线工具"，❶按住【Ctrl】键拖动鼠标，绘制一条竖线，❷在属性栏中设置竖线的轮廓宽度为 8 px，并更改轮廓颜色为白色。

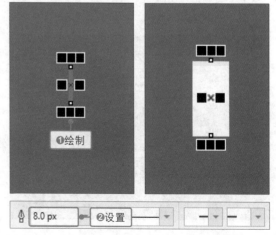

步骤 04 继续绘制线条并将对象编组

用相同的方法再绘制 3 条竖线，并调整线条的轮廓宽度。用"选择工具"选中所有线条，单击属性栏中的"组合对象"按钮，将所选线条编组。

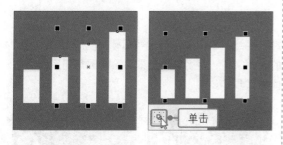

步骤 05 用"3 点曲线工具"绘制平行曲线

选择"3 点曲线工具"，❶在属性栏中设置轮廓宽度为 8 px。单击"平行绘图"按钮，打开"平行绘图"工具栏。❷单击"平行线条"按钮，❸设置"线条数量"为 1，❹设置"距离"为 14 px。然后在画面中拖动鼠标，绘制平行线条，并将线条的轮廓颜色更改为白色。

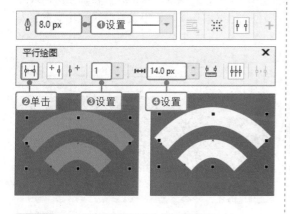

步骤 06 用"椭圆形工具"绘制图形

选择"椭圆形工具"，按住【Ctrl】键拖动鼠标，在平行线条下方绘制一个圆形，将圆形的填充颜色设置为白色。用"选择工具"选中线条和圆形，按快捷键【Ctrl+G】将所选对象编组。

步骤 07 用"矩形工具"绘制图形

选择"矩形工具"，❶在属性栏中设置"圆角半径"为 3 px，❷设置轮廓宽度为 3 px，在页面中拖动鼠标，绘制一个圆角矩形，并将矩形的轮廓颜色更改为白色。

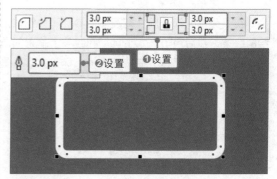

步骤 08 继续用"矩形工具"绘制图形

❶用"矩形工具"再绘制一个矩形，设置填充颜色为白色，❷单击属性栏中的"同时编辑所有角"按钮，取消锁定状态，❸设置左上角和左下角的"圆角半径"为 3 px。

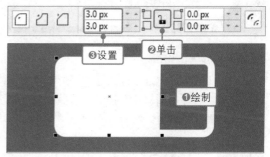

步骤 09 绘制图形并将对象编组

用"矩形工具"在已绘制的圆角矩形右侧再绘制一个矩形，并将矩形的填充颜色设置为白色。用"选择工具"选中所有矩形，按快捷键【Ctrl+G】将对象编组。

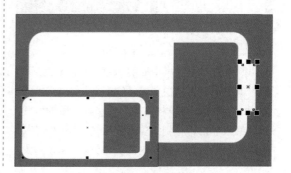

步骤 10 将状态栏中的对象编组

用"选择工具"选中状态栏中的文本和图形，按快捷键【Ctrl+G】将对象编组。

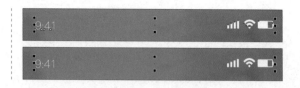

3. 制作登录界面

在页面中间部分用"椭圆形工具"和"钢笔工具"等绘制出用户、锁定等图标；用"2 点线工具"绘制线条，然后用"文本工具"在线条上输入简单的说明文字；用"矩形工具"绘制圆角矩形作为按钮，再用"文本工具"在按钮上输入标签文字。具体操作步骤如下。

步骤 01 绘制图形

选择"椭圆形工具"，在页面中间部分绘制一个圆形和一个椭圆形，并填充为白色。选择"矩形工具"，在椭圆形上方绘制矩形。

步骤 02 修剪所选对象

用"选择工具"同时选中椭圆形和矩形，单击属性栏中的"移除前面对象"按钮，从椭圆形中移除被矩形覆盖的部分。

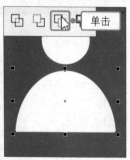

步骤 03 复制对象并调整位置和大小

选中圆形和下方的半个椭圆，按快捷键【Ctrl+G】将对象编组，再按快捷键【Ctrl+C】和【Ctrl+V】复制编组对象。将复制出的对象移到合适的位置，然后将鼠标指针移到编辑框左上角，当鼠标指针变为双向箭头形状时向内侧拖动鼠标，缩小对象。

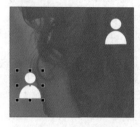
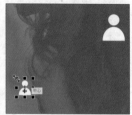

步骤 04 用"2 点线工具"绘制线条

选择"2 点线工具"，❶按住【Ctrl】键向右拖动鼠标，绘制一条横线。将横线的轮廓颜色设置为白色，❷然后在属性栏中设置横线的轮廓宽度为2 px。

步骤 05 用"文本工具"在线条上输入文本

选择"文本工具"，执行"窗口 > 泊坞窗 > 文本"菜单命令，打开"文本"泊坞窗，❶在"段落"选项组中将"字符间距"设置为 0%，❷在横线上方单击并输入文本"请输入手机号或账号"。

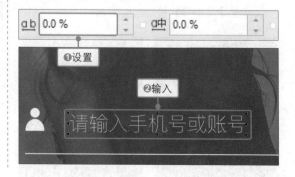

步骤 06 绘制图标并输入文本

用"钢笔工具"在页面中绘制锁形图标。然后复制一条横线,将复制的横线移到锁形图标的下方。用"文本工具"在横线上方输入文本"请输入密码"。

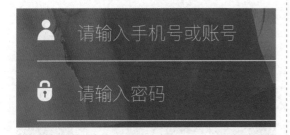

步骤 07 用"矩形工具"绘制图形

选择"矩形工具",❶在属性栏中设置"圆角半径"为 100 px,❷在页面中的适当位置拖动鼠标,绘制圆角矩形。

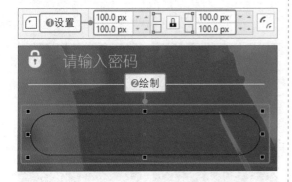

步骤 08 设置图形的填充属性和轮廓属性

展开"属性"泊坞窗,❶单击"填充"按钮,跳转至填充属性,❷单击"均匀填充"按钮,❸再单击"显示颜色查看器"按钮,❹选择"RGB"颜色模式,❺输入颜色值 R236、G88、B78,应用设置的颜色填充图形,❻在属性栏中设置轮廓宽度为"无",去除轮廓线。

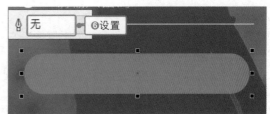

步骤 09 用"文本工具"输入文本

选择"文本工具",❶在属性栏中设置"字体大小"为 14 pt,❷在圆角矩形中输入文本"登录"。

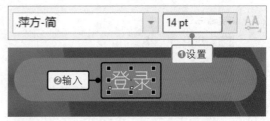

步骤 10 对齐对象

用"选择工具"同时选中文本和圆角矩形。执行"窗口 > 泊坞窗 > 对齐与分布"菜单命令,打开"对齐与分布"泊坞窗,❶单击"水平居中对齐"按钮,水平对齐对象,❷再单击"垂直居中对齐"按钮,垂直对齐对象。

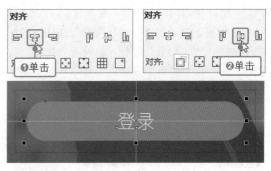

步骤 11 添加更多图形和文本

用"2 点线工具"和"矩形工具"绘制横线和圆角矩形,然后用"文本工具"分别输入文本"忘记密码?"和"立即注册"。

步骤 12 用"矩形工具"绘制图形

选择"矩形工具"，绘制矩形。打开"属性"泊坞窗，❶单击"填充"按钮，跳转至填充属性，❷单击"渐变填充"按钮，❸设置从 R62、G60、B71 到 R115、G115、B115 的渐变颜色，❹在属性栏中设置轮廓宽度为"无"，去除轮廓线。

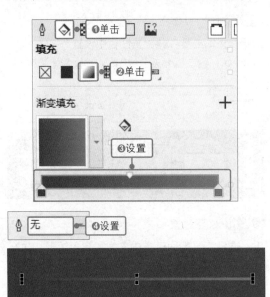

步骤 13 通过变换再制对象

执行"窗口 > 泊坞窗 > 变换"菜单命令，打开"变换"泊坞窗。❶单击"缩放和镜像"按钮，❷单击下方的"水平镜像"按钮，❸设置"副本"数量为 1，单击"应用"按钮，创建对象副本并对其进行水平镜像翻转。

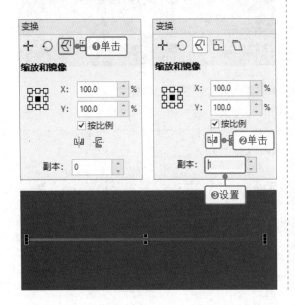

步骤 14 调整对象位置并输入文本

用"选择工具"选中创建的矩形副本，❶将其移到右侧合适的位置。选择"文本工具"，❷在属性栏中将"字体大小"更改为 14 pt，❸在两个矩形之间输入文本"or"。

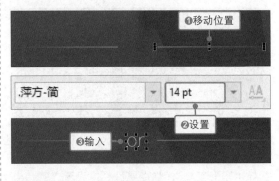

步骤 15 制作新浪微博图标

选择"椭圆形工具"，按住【Ctrl】键拖动鼠标，绘制圆形。设置圆形的轮廓宽度为 2 px、轮廓颜色为白色，然后在中间添加新浪微博图标。

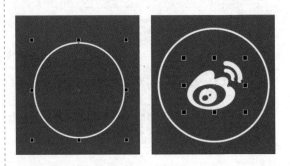

步骤 16 对齐对象

同时选中圆形和新浪微博图标，打开"对齐与分布"泊坞窗，❶单击"水平居中对齐"按钮，水平对齐对象，❷再单击"垂直居中对齐"按钮，垂直对齐对象。

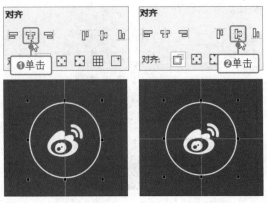

步骤 17 添加微信和 QQ 图标

复制两个圆形，分别移到右侧合适的位置，并在其中添加微信和 QQ 图标。选择"文本工具"，在圆形下方输入相应的文字。

4．制作注册界面

用"矩形工具"绘制图形，填充合适的颜色作为界面背景；将制作好的状态栏复制到页面上方，用"钢笔工具"在界面中绘制箭头形状的图形；再用"矩形工具""钢笔工具""文本工具"等在页面中添加更多的图形和文本。具体操作步骤如下。

步骤 01 用"矩形工具"绘制图形

切换至"页 2"，双击"矩形工具"按钮，❶绘制与页面等大的矩形，❷将矩形的填充颜色设置为 R230、G231、B233。❸用"矩形工具"在灰色矩形顶部再绘制一个矩形，❹将矩形的填充颜色设置为 R236、G88、B78。

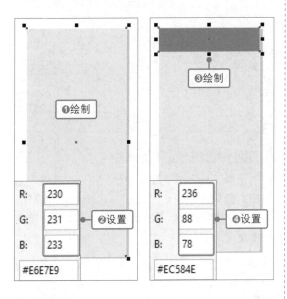

步骤 02 复制状态栏元素

切换到"页 1"，用"选择工具"选中状态栏中的文本和图标，按快捷键【Ctrl+C】复制文本和图标。切换到"页 2"，按快捷键【Ctrl+V】粘贴文本和图标。

步骤 03 用"钢笔工具"绘制箭头

选择"钢笔工具"，❶在属性栏中设置轮廓宽度为 5 px，❷绘制一个箭头形状的图形。

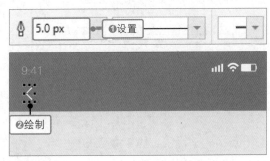

步骤 04 用"文本工具"输入文本

选择"文本工具"，❶在属性栏中设置字体为"萍方-简"、"字体大小"为 16 pt，❷在页面中输入文本"注册"，将文本颜色设置为白色。

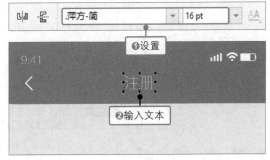

步骤 05 用"文本工具"输入更多文本

继续用"文本工具"在页面中输入更多的文本。❶将"字体大小"更改为 11 pt，❷输入"手机号""验证码""密码"；❸将"字体大小"更改为 9 pt，❹输入对应的说明信息。

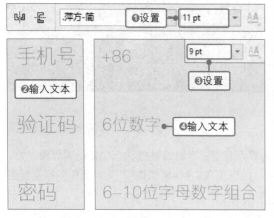

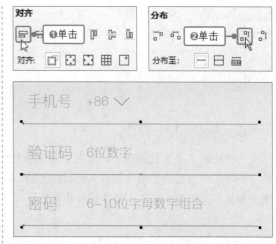

步骤 06 用"钢笔工具"绘制箭头

选择"钢笔工具"，❶在属性栏中将轮廓宽度设置为 2 px，在页面中连续单击，❷绘制一个灰色的向下箭头。

步骤 09 用"矩形工具"绘制图形

选择"矩形工具"，❶在属性栏中设置"圆角半径"为 10 px，❷在页面中绘制一个圆角矩形。

步骤 07 用"2 点线工具"绘制线条

选择"2 点线工具"，❶在属性栏中设置轮廓宽度为 2 px，❷按住【Ctrl】键向右拖动鼠标，绘制一条横线，❸在"属性"泊坞窗中的轮廓属性下将横线的轮廓颜色设置为"60% 黑"。

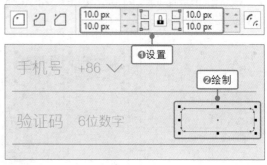

步骤 10 设置图形的轮廓属性

用"选择工具"选中圆角矩形。打开"属性"泊坞窗，❶单击"轮廓"按钮，跳转到轮廓属性，❷设置轮廓颜色为 R236、G88、B78，❸设置轮廓宽度为 3 px。

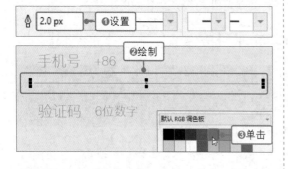

步骤 08 复制对象并对齐

用"选择工具"选中横线，按快捷键【Ctrl+C】和【Ctrl+V】，复制出两条横线。同时选中这些横线，打开"对齐与分布"泊坞窗，❶单击"左对齐"按钮，让所选对象靠左边缘对齐，❷再单击"顶部分散排列"按钮，让所选对象在垂直方向上均匀排列。

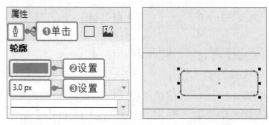

步骤 11 用"文本工具"输入文本

选择"文本工具"，打开"文本"泊坞窗，❶设置字体为"萍方-简"，❷设置"字体大小"为 8 pt，❸设置文本颜色为 R236、G88、B78，❹在圆角矩形中间输入文本"发送验证码"。

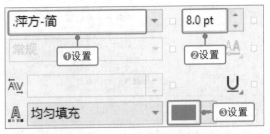

步骤 12 用 "钢笔工具" 绘制图形

选择 "钢笔工具"，①在页面中绘制眼睛形状的图形。选择 "交互式填充工具"，②单击属性栏中的 "均匀填充" 按钮，③设置图形的填充颜色为 R120、G120、B120。然后去除图形的轮廓线。

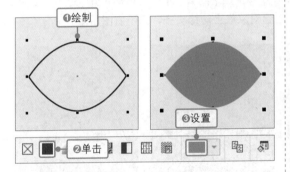

步骤 13 用 "椭圆形工具" 绘制圆形

选择 "椭圆形工具"，①按住【Ctrl】键拖动鼠标，绘制一个圆形。选择 "交互式填充工具"，②单击属性栏中的 "均匀填充" 按钮，③设置圆形的填充颜色为 R230、G231、B233。然后去除圆形的轮廓线。

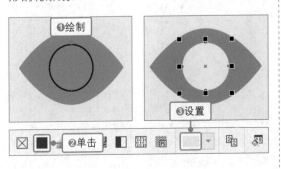

步骤 14 用 "椭圆形工具" 绘制圆形

选择 "椭圆形工具"，①按住【Ctrl】键拖动鼠标，再绘制一个更小一些的圆形。选择 "交互式填充工具"，②单击属性栏中的 "均匀填充" 按钮，③设置圆形的填充颜色为 R120、G120、B120。然后去除圆形的轮廓线。用 "选择工具" 同时选中眼睛相关图形，按快捷键【Ctrl+G】将对象编组。

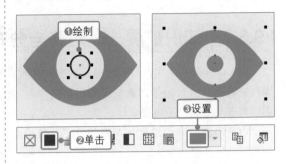

步骤 15 复制按钮并更改文本

切换至 "页 1"，①选中页面中绘制好的 "登录" 按钮，按快捷键【Ctrl+C】复制按钮，切换到 "页 2"，按快捷键【Ctrl+V】粘贴按钮，②将按钮中间的文本更改为 "注册"。

步骤 16 用 "矩形工具" 绘制图形

选择 "矩形工具"，打开 "属性" 泊坞窗，①单击 "轮廓" 按钮，跳转至轮廓属性，②设置轮廓颜色为 R116、G116、B116，③设置轮廓宽度为 3 px，④在 "注册" 按钮下方绘制一个矩形。

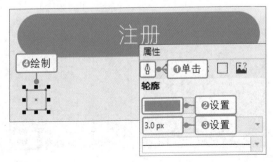

步骤 17 用 "文本工具" 输入文本

选择 "文本工具"，打开 "文本" 泊坞窗，❶设置合适的字体和字体大小，❷设置文本填充颜色为 R44、G44、B44，❸在矩形右侧输入文本 "我已看过并同意＜用户协议＞"。至此，本案例就制作完成了。

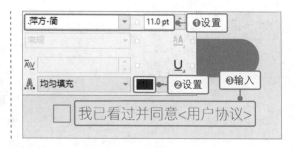

9.3.3 | 知识扩展——对齐与分布对象

在 CorelDRAW 中，可以准确地对齐和分布对象。既可以使对象互相对齐，即按对象的中心或边缘对齐排列，也可以使对象与绘图页面的中心、边缘或网格等部分对齐。对象的对齐与分布主要应用 "对齐与分布" 泊坞窗实现。

执行 "窗口 ＞ 泊坞窗 ＞ 对齐与分布" 菜单命令，即可打开 "对齐与分布" 泊坞窗，下面讲解该泊坞窗的主要使用方法。

1. 对齐对象

对齐对象主要是指将选中的对象按照一定的规则进行对齐排列。"对齐与分布" 泊坞窗的 "对齐" 选项组提供了 "左对齐" "水平居中对齐" "右对齐" "顶端对齐" "垂直居中对齐" "底端对齐" 6 种对齐方式，如下图所示。单击某个按钮即可实现相应的对齐操作。

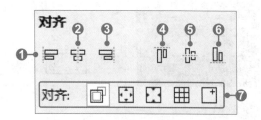

❶ 左对齐：单击 "左对齐" 按钮，让所选对象靠左边缘对齐，如下左图所示。

❷ 水平居中对齐：单击 "水平居中对齐" 按钮，让对象沿垂直轴居中对齐，如下右图所示。

❸ 右对齐：单击 "右对齐" 按钮，让所选对象靠右边缘对齐，如下左图所示。

❹ 顶端对齐：单击 "顶端对齐" 按钮，让所选对象靠上边缘对齐，如下右图所示。

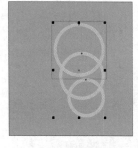
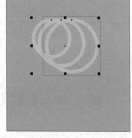

❺ 垂直居中对齐：单击 "垂直居中对齐" 按钮，让对象沿水平轴居中对齐，如下左图所示。

❻ 底端对齐：单击 "底端对齐" 按钮，让所选对象靠下边缘对齐，如下右图所示。

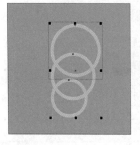
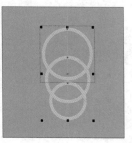

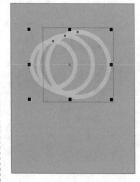
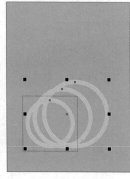

⑦ **对齐**：用于指定所选对象的对齐参考点。单击"选定对象"按钮，可使对象与特定对象对齐；单击"页面边缘"按钮，可使对象与页面边缘对齐；单击"页面中心"按钮，可使对象中心与页面中心对齐；单击"网格"按钮，可使对象与最接近的网格线对齐；单击"指定点"按钮，可以在"X"和"Y"框中输入坐标值，如下左图所示，再单击上方的对齐按钮，对象就会以指定点为参考点对齐，如下右图所示。

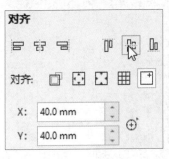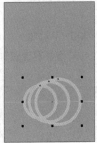

2．分布对象

分布对象主要用于控制所选对象之间的距离，以满足用户对均匀间距的要求，通常用于平均分布 3 个或 3 个以上对象。"对齐与分布"泊坞窗的"分布"选项组提供了 8 种分布方式，如下图所示。

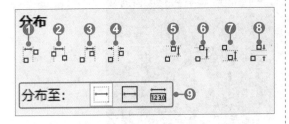

① **左分散排列**：单击"左分散排列"按钮，平均设定对象左边缘之间的距离，如下左图所示。

② **水平分散排列中心**：单击"水平分散排列中心"按钮，沿着水平轴平均设定对象中心点之间的距离，如下右图所示。

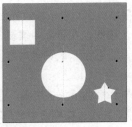

③ **右分散排列**：单击"右分散排列"按钮，平均设定对象右边缘之间的距离，如下左图所示。

④ **水平分散排列间距**：单击"水平分散排列间距"按钮，沿水平轴将对象之间的距离设为相同值，如下右图所示。

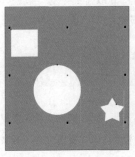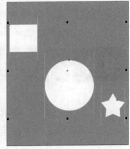

⑤ **顶部分散排列**：单击"顶部分散排列"按钮，平均设定对象上边缘之间的距离，如下左图所示。

⑥ **垂直分散排列中心**：单击"垂直分散排列中心"按钮，沿着垂直轴平均设定对象中心点之间的距离，如下右图所示。

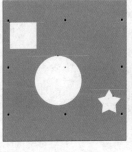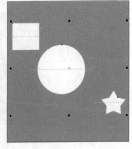

⑦ **底部分散排列**：单击"底部分散排列"按钮，平均设定对象下边缘之间的距离，如下左图所示。

⑧ **垂直分散排列间距**：单击"垂直分散排列间距"按钮，沿垂直轴将对象之间的距离设为相同值，如下右图所示。

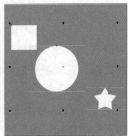

❾ **分布至**：用于指定所选对象的分布区域。单击"选择对象"按钮，将对象分布到对象周围的边框区域；单击"页面边缘"按钮，将对象分布到整个绘图页面；单击"对象间距"按钮，在"H"和"垂直"框中输入值，如左图一所示，再单击"水平分散排列中心"或"垂直分散排列中心"按钮，可按指定距离分散排列对象，如右图二所示。

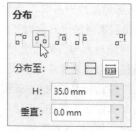

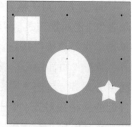

9.4 | 音乐播放界面设计

素　材	随书资源 \ 09 \ 案例文件 \ 素材 \ 02.jpg、03.jpg
源文件	随书资源 \ 09 \ 案例文件 \ 源文件 \ 音乐播放界面设计.cdr

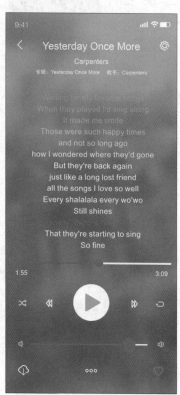

9.4.1 | 案例分析

　　设计关键点：本案例要为某音乐 App 设计音乐播放界面。音乐播放界面要具备一些基本的功能，如歌曲的播放和暂停、音量的控制、曲目的切换等，因此，在界面中需要设计相应的控件元素。除此之外，在播放歌曲时，界面中还应当显示歌曲名称、歌手、歌词等内容，让用户对当前播放的歌曲有更多的了解。

　　设计思路：根据设计的关键点，首先在界面下方制作歌曲播放进度条、上一曲 / 下一曲、播放 / 暂停等功能按钮，满足用户对音乐播放的基本功能需求；其次，在界面中使用不同大小的文本分别展示歌曲名称、歌手和歌词等，通过颜色的变化来突显正在播放的内容，让用户能够准确把握歌曲的播放进度。

　　配色推荐：紫色 + 牡丹红色。紫色混合了红色的热情与躁动、蓝色的智慧与宁静，具有极强的表现力，用在音乐播放界面中能给人留下优雅而华丽的印象；用少量的牡丹红色作为点缀，不仅能丰富画面的层次，而且能起到一定的突出和强调作用。

9.4.2　操作流程

　　本案例的总体制作流程是先在 Photoshop 中对图像进行模糊处理并调整图像的颜色，然后在 CorelDRAW 中导入图像，绘制控件元素并添加文本。

【Photoshop 应用】

1．制作模糊的背景图

　　在 Photoshop 中打开花朵图像，用"高斯模糊"滤镜模糊图像；创建"渐变"填充图层为图像填充渐变颜色，然后更改图层的混合模式，调整图像颜色。具体操作步骤如下。

步骤 01 用"高斯模糊"模糊图像

启动 Photoshop，打开素材图像"02.jpg"，❶复制"背景"图层，得到"背景 拷贝"图层。执行"滤镜 > 模糊 > 高斯模糊"菜单命令，打开"高斯模糊"对话框，❷在对话框中设置"半径"为25 px，单击"确定"按钮，用滤镜模糊图像。

步骤 02 创建"渐变"填充图层

打开"图层"面板，❶单击面板底部的"创建新的填充或调整图层"按钮，❷在弹出的菜单中单击"渐变"选项。

步骤 03 设置渐变颜色

打开"渐变填充"对话框，❶单击对话框中的渐变条，打开"渐变编辑器"对话框，❷在对话框中设置从 R40、G7、B130 到 R172、G51、B206 的渐变颜色，❸单击"确定"按钮，填充图像。

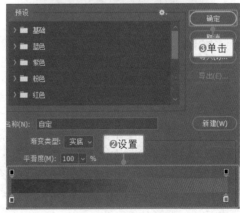

步骤 04 更改图层的混合模式和不透明度

在"图层"面板中选中创建的"渐变填充 1"图层，
①将图层的混合模式更改为"颜色"，②然后按
快捷键【Ctrl+J】复制图层，得到"渐变填充 1
拷贝"图层，③设置图层的混合模式为"正常"，
"不透明度"为 49%。将处理好的背景图像导出
为 JPEG 格式文件。

【CorelDRAW 应用】

2．制作界面导航栏

　　在 CorelDRAW 中导入编辑好的背景图像，通过创建 PowerClip 对象，将背景图像置入图文框；
用"钢笔工具"在页面两侧绘制返回按钮和设置按钮；用"文本工具"在两个图标之间的位置输入歌
曲信息。具体操作步骤如下。

步骤 01 创建新文档

启动 CorelDRAW，执行"文件 > 新建"菜单命
令，打开"创建新文档"对话框。①设置"页码数"
为 2，②单击"RGB"单选按钮，③设置"宽度"
和"高度"分别为 1125 px 和 2436 px，④单击
"OK"按钮，创建新文档。

步骤 03 创建 PowerClip 对象

用"选择工具"选中导入的图像，执行"对象 >
PowerClip> 置于图文框内部"菜单命令，当鼠
标指针变为黑色箭头形状时，在白色矩形内单击，
将图像置入矩形。

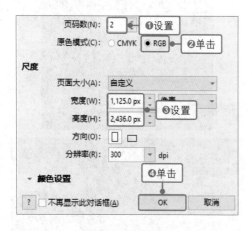

步骤 02 用"矩形工具"绘制图形

执行"文件 > 导入"菜单命令，将编辑好的背
景图像"02.jpg"导入新文档。双击"矩形工具"
按钮，绘制一个与页面等大的矩形，将矩形填充
为白色，并去除轮廓线。

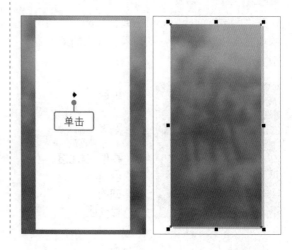

步骤 04 添加状态栏元素

用"文本工具"在页面左上角输入时间信息，然后用图形绘制工具绘制出信号强度、网络连接、电量等图标，制作出状态栏。

步骤 05 用"钢笔工具"绘制箭头

选择"钢笔工具"，在状态栏下方左侧绘制一个箭头图形作为返回按钮。打开"属性"泊坞窗，单击"轮廓"按钮，跳转至轮廓属性，❶设置轮廓颜色为白色，❷设置轮廓宽度为 5 px。

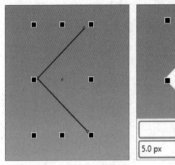
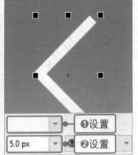

步骤 06 用"钢笔工具"绘制图形

选择"钢笔工具"，在状态栏下方右侧绘制图形。❶单击"默认调色板"中的"白"色块，将图形填充为白色，❷然后在属性栏中设置轮廓宽度为"无"，去除轮廓线。

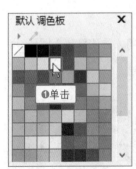

步骤 07 继续绘制图形

选择"椭圆形工具"，按住【Ctrl】键拖动鼠标，绘制一个白色的圆形。选择"矩形工具"，在属性栏中设置"圆角半径"为 10 px，在白色圆形旁边绘制一个白色的圆角矩形，并去除该矩形的轮廓线。

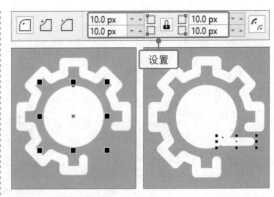

步骤 08 旋转和焊接对象

选择"选择工具"，选中白色圆角矩形，通过拖动编辑框的旋转手柄旋转图形。同时选中白色的圆形和圆角矩形，单击属性栏中的"焊接"按钮，将选中的两个对象合并为一个对象。

步骤 09 用"椭圆形工具"绘制图形

选择"椭圆形工具"，按住【Ctrl】键拖动鼠标，绘制一个圆形。用"选择工具"同时选中圆形和下方的图形。

步骤 10 修剪对象

❶单击属性栏中的"移除前面对象"按钮，从下方的图形中移除被上方的圆形覆盖的部分，制作出镂空的效果。用"选择工具"同时选中修剪后的图形和外侧的图形，❷单击属性栏中的"组合对象"按钮，将对象编组，完成设置按钮的绘制。

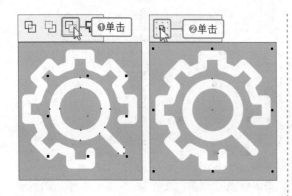

步骤 11 用"文本工具"输入文本

选择"文本工具"，❶在属性栏中设置字体为"Arial"、"字体大小"为 16 pt，❷在绘制的两个按钮之间输入文本。

步骤 12 调整部分文本的字体大小

❶用"文本工具"选中第 2 行文本，❷在属性栏中设置"字体大小"为 11 pt。

步骤 13 设置文本的段落属性

用"选择工具"选中文本对象，执行"窗口 > 泊坞窗 > 文本"菜单命令，打开"文本"泊坞窗。❶单击"段落"按钮，跳转至段落属性，❷单击"中"按钮，让文本居中对齐，❸设置"行间距"为 163%，❹设置"字符间距"为 0%。

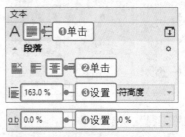

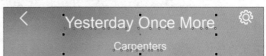

3.制作专辑封面

导入人物图像；用"椭圆形工具"绘制圆形，通过创建 PowerClip 对象，将人物图像置入圆形；用"文本工具"在人物图像下方输入歌曲信息。具体操作步骤如下。

步骤 01 导入图像并绘制图形

执行"文件 > 导入"菜单命令，导入素材图像"03.jpg"。选择"椭圆形工具"，按住【Ctrl】键拖动鼠标，绘制圆形。

步骤 02 设置图形的轮廓属性

打开"属性"泊坞窗，❶单击"轮廓"按钮，跳转至轮廓属性，❷设置轮廓颜色为 R208、G175、B228，❸设置轮廓宽度为 25 px。

步骤 03 设置图形的填充颜色

单击"默认调色板"中的"白"色块，将圆形填充为白色。

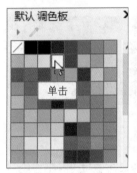

步骤 04 创建 PowerClip 对象

用"选择工具"选中导入的图像，执行"对象 > PowerClip> 置于图文框内部"菜单命令，当鼠标指针变为黑色箭头形状时，在圆形内单击，将图像置入圆形。

步骤 05 用"阴影工具"添加阴影

选择"阴影工具"，❶在圆形上方拖动鼠标，添加阴影，❷然后在属性栏中设置"阴影不透明度"为 15，❸设置"阴影羽化"为 2，调整阴影的效果。

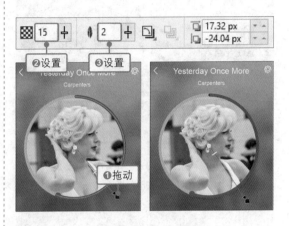

步骤 06 用"椭圆形工具"绘制图形

选择"椭圆形工具"，按住【Ctrl】键拖动鼠标，再绘制一个圆形。❶将圆形的轮廓颜色设置为 R228、G0、B130，❷在属性栏中设置轮廓宽度为 25 px。

步骤 07 将图形转换为曲线并做拆分

选择"形状工具"，❶右击圆形，❷在弹出的快捷菜单中单击"转换为曲线"命令，将图形转换为曲线。❸右击转换后的图形，❹在弹出的快捷菜单中单击"拆分"命令，从右击处拆分曲线。

步骤 08 删除节点

单击选中拆分后的曲线上的节点，按【Delete】键删除选中的节点及对应的曲线。

步骤 09 继续删除节点

用"形状工具"单击选中左侧的节点，按【Delete】键删除该节点及对应的曲线。

步骤 10 用"椭圆形工具"绘制红色小圆

选择"椭圆形工具"，按住【Ctrl】键拖动鼠标，绘制一个较小的圆形。选择"交互式填充工具"，❶单击属性栏中的"均匀填充"按钮，❷设置圆形的填充颜色为 R228、G0、B130。然后去除圆形的轮廓线。

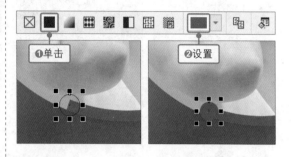

步骤 11 用"文本工具"输入歌词

选择"文本工具"，在人物图像下方输入歌词，并为文本设置合适的字体、字体大小、填充颜色。

4. 添加控件元素

　　结合使用"矩形工具"和"椭圆形工具"绘制出进度条；然后用"钢笔工具"在进度条下方绘制箭头图形，用"多边形工具"在箭头右侧绘制三角形；选中箭头和三角形，通过修剪对象制作出镂空效果；用相同的方法绘制出更多控件元素。具体操作步骤如下。

步骤 01 用"矩形工具"绘制图形

选择"矩形工具"，在属性栏中设置"圆角半径"为 5 px，在页面中拖动鼠标，绘制一个白色的圆角矩形。

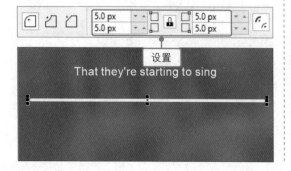

步骤 02 复制图形并进行编辑

用"选择工具"选中绘制的圆角矩形，按快捷键【Ctrl+C】和【Ctrl+V】，复制图形。❶将鼠标指针移到编辑框右侧，当鼠标指针变为双向箭头形状时向左拖动鼠标，缩小图形的宽度，❷在"属性"泊坞窗中将图形的填充颜色更改为 R228、G0、B130。

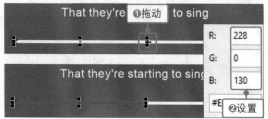

步骤 03 用"椭圆形工具"绘制图形

选择"椭圆形工具",按住【Ctrl】键,在粉红色圆角矩形右侧拖动鼠标,绘制一个圆形,并为圆形填充相同的颜色。

步骤 04 用"文本工具"输入时间信息

选择"文本工具",在属性栏中设置合适的字体和字体大小,在进度条下方输入歌曲的已播放时间"1:55"和总时长"3:09"。

步骤 05 绘制箭头和三角形

选择"钢笔工具",在进度条下方绘制箭头图形,并将图形填充为白色。选择"多边形工具",在属性栏中设置"点数或边数"为3,在箭头顶端绘制一个三角形。

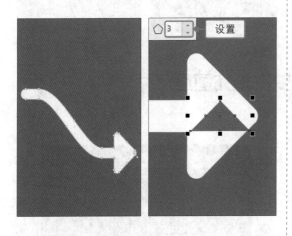

步骤 06 旋转三角形

绘制三角形后,在属性栏中输入"旋转角度"为270°,旋转图形。用"选择工具"同时选中箭头和三角形。

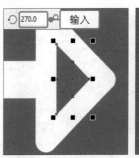

步骤 07 修剪对象制作镂空效果

❶单击属性栏中的"移除前面对象"按钮,移除箭头中间的三角形对象,制作出镂空箭头效果。用相同的方法制作出另一个镂空箭头。同时选中两个箭头图形,❷单击"焊接"按钮,将它们合并为一个图形。

步骤 08 绘制更多的图形

继续用相同的方法在页面下方绘制更多的控件元素,然后结合使用"矩形工具"和"椭圆形工具"绘制出音量调整滑块。至此,"页 1"中的所有元素就制作完成了。

步骤 09 选择并复制对象

按快捷键【Ctrl+A】选中"页 1"中的所有对象,按快捷键【Ctrl+C】复制选中的对象,切换至"页2",按快捷键【Ctrl+V】粘贴复制的对象,然后删除中间部分的内容。

步骤 10 输入专辑名和歌手名

选择"文本工具"，在歌曲名下方输入专辑名和歌手名。❶选中输入的专辑名和歌手名，❷在属性栏中设置字体为"方正黑体简体"、"字体大小"为 8 pt。

步骤 11 输入歌词并设置渐变透明效果

选择"文本工具"，在页面中输入歌词内容。选择"透明度工具"，❶单击属性栏中的"渐变透明度"按钮，❷在歌词上按下鼠标左键并拖动，设置渐变透明效果。

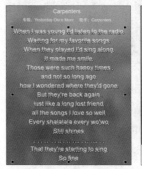

步骤 12 调整透明度

❶单击上方的节点，❷在弹出的透明度框中拖动滑块，设置透明度为 100，❸单击下方的中点节点，❹拖动透明度框中的滑块，设置透明度为 0。至此，本案例就制作完成了。

9.4.3 | 知识扩展——创建"渐变"填充图层

Photoshop 提供的"渐变"填充图层可使用用户指定的渐变颜色填充图像。单击"图层"面板底部的"创建新的填充或调整图层"按钮，在弹出的菜单中单击"渐变"选项，会打开如右图所示的"渐变填充"对话框。在此对话框中设置各项参数后，单击"确定"按钮，即可在"图层"面板中生成"渐变填充"图层。下面介绍"渐变填充"对话框中的主要选项。

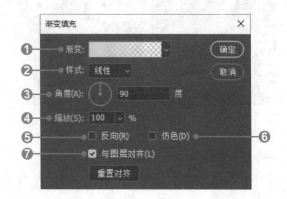

❶ 渐变：单击"渐变"右侧的渐变条，会打开"渐变编辑器"对话框，如下图所示。在该对话框中，既可以在"预设"区中选择一种预设的渐变颜色，也可以单击下方的渐变色标，自定义渐变颜色。

❷ 样式："样式"下拉列表框用于设置渐变填充的形状，包含"线性""径向""角度""对称的""菱形"5 个选项。默认的渐变样式为"线性"，其余几种渐变样式的填充效果如下面四图所示。

❸ 角度：用于指定应用渐变时使用的角度，默认值为 90°。可拖动小圆来调整角度，也可直接在数值框中输入精确的角度值。如下左图所示为默认角度时的线性渐变填充效果，如下右图所示为将"角度"更改为 -130° 时的填充效果。

❹ 缩放：用于指定填充范围的大小，设置的值越大，填充范围就越大，反之则越小。

❺ 反向：勾选"反向"复选框将翻转应用渐变的方向。

❻ 仿色：通过对渐变应用仿色让颜色过渡更自然。

❼ 与图层对齐：用图层的定界框来计算渐变填充，还可以在图像窗口中拖动鼠标来移动渐变的中心。

9.5 课后练习——列表页设计

| 素材 | 随书资源 \ 09 \ 课后练习 \ 素材 \ 01.jpg～06.jpg |
| 源文件 | 随书资源 \ 09 \ 课后练习 \ 源文件 \ 列表页设计.psd |

列表页是手机 App 中常见的页面类型之一，用于展示多个信息条目。本案例要为一款美食 App 设计列表页。为了让用户看到更多的信息，采用网格布局与列表布局相结合的表现方式。其中美食推荐页面采用网格布局方式，可以更直观地展示食物；食物点评页面则采用列表布局方式，紧凑的编排可以让用户看到更多评论内容。

● 在 CorelDRAW 中用"矩形工具"绘制矩形，构建出页面的整体框架；创建新图层，在各个图层中分别绘制相应的圆角矩形和圆形；

    ● 用"钢笔工具""常见形状工具"等绘制各种小图标，用"文本工具"输入所需文本，将编辑好的页面导出为 PSD 格式文件；

    ● 在 Photoshop 中打开页面，置入美食图像，然后通过创建剪贴蒙版，隐藏图像中多余的部分；

    ● 创建"曲线"和"色相 / 饱和度"等调整图层，调整图像的亮度和颜色，使其色泽变得更诱人。

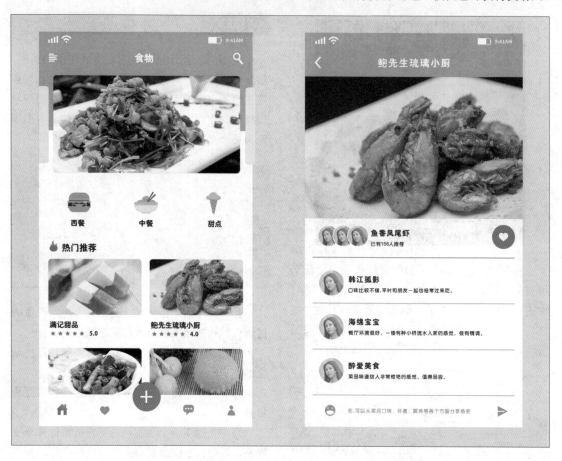

第10章
网页设计

　　网页是一种可以在互联网上传输的、能被浏览器识别和渲染成页面并显示出来的文件，是网站的基本构成元素。网页中一般都会有文本、图像、动画等元素，而网页设计就是将这些元素以合理的布局方式组合在一起，使页面呈现最佳的视觉表现效果。

　　本章包含两个案例：萌宠网站页面设计，将猫咪图像作为网站 Banner 来突出设计主题；购物网站页面设计，添加多种商品图像，以"左文右图"或"右文左图"的方式介绍商品，便于用户快速了解商品信息。

10.1 网页的基本组成元素

　　网页的内容千变万化，但网页的基本组成元素大多是固定的，包括徽标、导航条、Banner、内容版块、版尾版块，如下图所示。

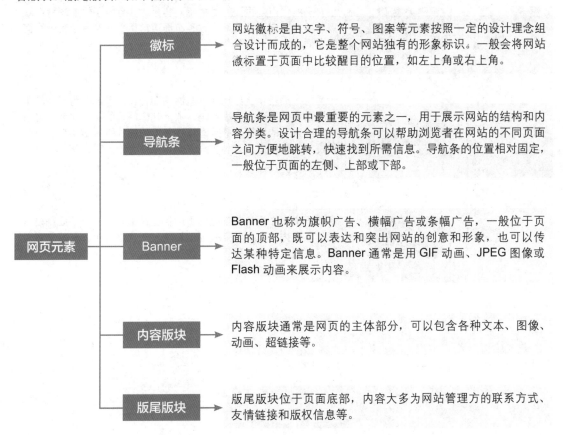

徽标　网站徽标是由文字、符号、图案等元素按照一定的设计理念组合设计而成的，它是整个网站独有的形象标识。一般会将网站徽标置于页面中比较醒目的位置，如左上角或右上角。

导航条　导航条是网页中最重要的元素之一，用于展示网站的结构和内容分类。设计合理的导航条可以帮助浏览者在网站的不同页面之间方便地跳转，快速找到所需信息。导航条的位置相对固定，一般位于页面的左侧、上部或下部。

Banner　Banner 也称为旗帜广告、横幅广告或条幅广告，一般位于页面的顶部，既可以表达和突出网站的创意和形象，也可以传达某种特定信息。Banner 通常是用 GIF 动画、JPEG 图像或 Flash 动画来展示内容。

内容版块　内容版块通常是网页的主体部分，可以包含各种文本、图像、动画、超链接等。

版尾版块　版尾版块位于页面底部，内容大多为网站管理方的联系方式、友情链接和版权信息等。

网页元素

10.2 网页的常用布局方式

网页布局是指对网页中的文本、图像、动画等内容元素进行统筹与安排。网页的常用布局方式如下图所示。

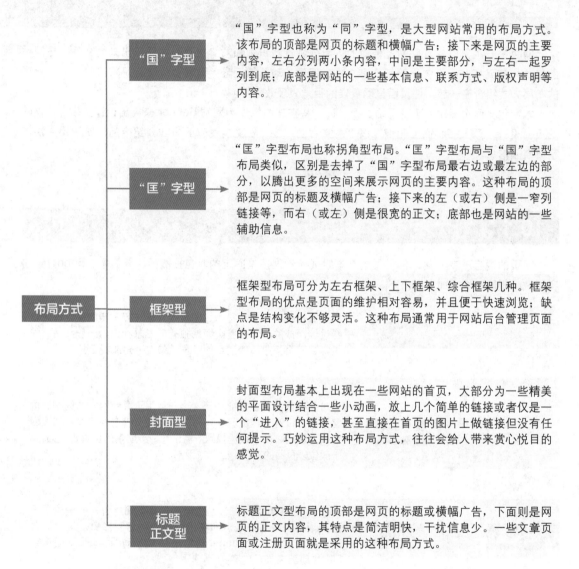

"国"字型 "国"字型也称为"同"字型，是大型网站常用的布局方式。该布局的顶部是网页的标题和横幅广告；接下来是网页的主要内容，左右分列两小条内容，中间是主要部分，与左右一起罗列到底；底部是网站的一些基本信息、联系方式、版权声明等内容。

"匡"字型 "匡"字型布局也称拐角型布局。"匡"字型布局与"国"字型布局类似，区别是去掉了"国"字型布局最右边或最左边的部分，以腾出更多的空间来展示网页的主要内容。这种布局的顶部是网页的标题及横幅广告；接下来的左（或右）侧是一窄列链接等，而右（或左）侧是很宽的正文；底部也是网站的一些辅助信息。

框架型 框架型布局可分为左右框架、上下框架、综合框架几种。框架型布局的优点是页面的维护相对容易，并且便于快速浏览；缺点是结构变化不够灵活。这种布局通常用于网站后台管理页面的布局。

封面型 封面型布局基本上出现在一些网站的首页，大部分为一些精美的平面设计结合一些小动画，放上几个简单的链接或者仅是一个"进入"的链接，甚至直接在首页的图片上做链接但没有任何提示。巧妙运用这种布局方式，往往会给人带来赏心悦目的感觉。

标题正文型 标题正文型布局的顶部是网页的标题或横幅广告，下面则是网页的正文内容，其特点是简洁明快，干扰信息少。一些文章页面或注册页面就是采用的这种布局方式。

布局方式

10.3　萌宠网站页面设计

素　材	随书资源 \ 10 \ 案例文件 \ 素材 \ 01.jpg～05.jpg、06.eps～08.eps
源文件	随书资源 \ 10 \ 案例文件 \ 源文件 \ 萌宠网站页面设计.cdr

10.3.1　案例分析

　　设计关键点：本案例要为某萌宠网站设计主页效果。首先，页面元素需要体现萌宠这个主题；其次，主页中展示的信息比较多，要注意布局方式的选择。

　　设计思路：根据设计的关键点，为了体现宠物主题，在 Banner 位置使用比较醒目的猫咪图像来吸引用户的注意；在页面的布局方式上，以"国"字型布局为基础进行适当变化，工整地展示各个栏目的资讯，便于用户快速找到自己感兴趣的内容。

　　配色推荐：橙黄色 + 沙棕色。橙黄色能给人带来温暖、友善的感觉，并且非常有活力，与很多宠物活泼好动的性格比较吻合；搭配上同为橙色系的沙棕色，能形成和谐统一的画面效果。

10.3.2 | 操作流程

本案例的总体制作流程是先在 Photoshop 中校正猫咪图像的颜色，然后将图像导入 CorelDRAW 中，添加文本和图形，完成页面的排版设计。

【Photoshop 应用】

1．调整猫咪图像颜色

用"自动颜色"命令校正猫咪素材图像的颜色；用"色阶"和"曲线"调整图层调整图像的亮度，使灰暗的图像变得明亮起来；用"选取颜色"调整图层对猫咪皮肤部分的颜色进行修饰，使其变得更加红润。具体操作步骤如下。

步骤 01 执行"自动颜色"命令校正颜色

启动 Photoshop，打开素材图像"01.jpg"，复制"背景"图层，得到"背景 拷贝"图层。执行"图像 > 自动颜色"菜单命令，校正偏色的图像。

步骤 02 设置"色阶"提亮画面

新建"色阶 1"调整图层，打开"属性"面板，在面板中设置色阶值为 0、1.6、234，提亮灰暗的图像。

步骤 03 设置"曲线"进一步提亮画面

新建"曲线 1"调整图层，在打开的"属性"面板中向上拖动曲线中间的控制点，进一步提高画面的亮度。

步骤 04 用"画笔工具"编辑蒙版

❶设置前景色为黑色，单击"曲线 1"图层蒙版缩览图，选择"画笔工具"，❷在选项栏中设置"不透明度"为 30%，❸设置"流量"为 30%，❹用画笔涂抹调整后显得过亮的区域，还原该区域的亮度。

步骤 05 设置"选取颜色"调整颜色

新建"选取颜色 1"调整图层,打开"属性"面板。这里要让猫咪的皮肤部分变得更红润,❶因此选择对"红色"进行调整,❷设置颜色百分比为 -100%、+9%、+20%、+29%。

步骤 06 将蒙版填充为黑色

❶单击"选取颜色 1"图层蒙版缩览图,设置前景色为黑色,❷按快捷键【Alt+Delete】,将图层蒙版填充为黑色。

步骤 07 用"画笔工具"编辑蒙版

❶在工具箱中设置前景色为白色,选择"画笔工具",❷在猫咪的耳朵和嘴巴位置涂抹,对涂抹区域应用选取颜色的调整效果。

步骤 08 用 USM 滤镜锐化图像

按快捷键【Ctrl+Shift+Alt+E】盖印图层。执行"滤镜 > 锐化 >USM 锐化"菜单命令,打开"USM 锐化"对话框,❶在对话框中设置"数量"为70%,❷设置"半径"为 4 px,单击"确定"按钮,锐化图像。最后执行"文件 > 存储为"菜单命令,另存图像。

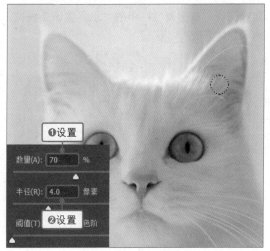

【CorelDRAW 应用】

2.　置入图像并制作导航条

　　用"矩形工具"绘制矩形,然后将处理好的猫咪图像置入矩形;用"文本工具"在猫咪图像上输入导航条的文本;用"矩形工具"绘制图形,复制图形并调整图形的叠放层次,制作出展开菜单的效果。具体操作步骤如下。

步骤01 用"矩形工具"绘制图形

启动 CorelDRAW，执行"文件 > 新建"菜单命令，创建一个新文档。❶在属性栏中设置文档的"宽度"和"高度"分别为 249 cm 和 225 cm，❷双击工具箱中的"矩形工具"按钮，绘制一个与文档页面等大的矩形。选择"交互式填充工具"，❸设置矩形的填充颜色为 R255、G254、B250。然后去除矩形的轮廓线。

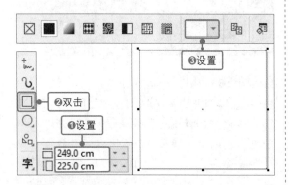

步骤02 导入并翻转图像

执行"文件 > 导入"菜单命令，导入处理好的猫咪图像。单击属性栏中的"水平镜像"按钮，水平翻转图像。

步骤03 将图像置入矩形

选择"矩形工具"，在猫咪图像上方绘制一个矩形。用"选择工具"选中猫咪图像，执行"对象 > PowerClip> 置于图文框内部"菜单命令，在矩形内单击，将猫咪图像置入矩形。在属性栏中设置轮廓宽度为"无"，去除轮廓线。

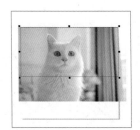
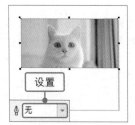

步骤04 用"文本工具"输入文本

选择"文本工具"，❶在属性栏中设置合适的字体和字体大小，在猫咪图像上输入导航条的一级菜单文本。打开"文本"泊坞窗，❷设置文本的填充颜色为 R102、G51、B51。

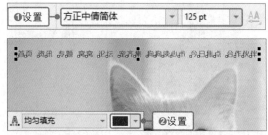

步骤05 用"矩形工具"绘制矩形

用"文本工具"在一级菜单"窝窝"下方输入二级菜单文本，再用"矩形工具"在文本"窝窝"的上方绘制一个矩形。选择"交互式填充工具"，❶单击属性栏中的"均匀填充"按钮，❷设置矩形的填充颜色为 R203、G138、B48。然后去除矩形的轮廓线。

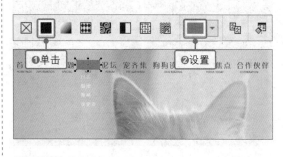

步骤06 复制对象并对齐

用"选择工具"选中矩形，通过按【+】键复制出多个矩形。将复制的矩形分别下移到合适的位置。同时选中几个矩形，单击"对齐与分布"泊坞窗中的"左对齐"按钮，对齐图形。

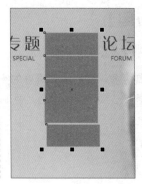
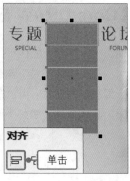

步骤 07 均匀分布对象并调整叠放层次

单击"对齐与分布"泊坞窗中的"垂直分散排列中心"按钮，从所选对象的中心均匀分布对象。按快捷键【Ctrl+PageDown】，将矩形移到文本下方。

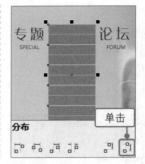

3．制作用户登录框

用"矩形工具"在猫咪图像右侧绘制圆角矩形，用"属性"泊坞窗设置圆角矩形的轮廓属性和填充属性；结合使用"矩形工具"和"椭圆形工具"在圆角矩形中绘制图形，并用"文本工具"添加文本，制作出用户登录框。具体操作步骤如下。

步骤 01 用"矩形工具"绘制圆角矩形

选择"矩形工具"，❶在属性栏中设置"圆角半径"为 3 mm，在猫咪图像右侧绘制一个圆角矩形。打开"属性"泊坞窗，❷设置轮廓颜色为白色，❸设置轮廓宽度为 25 px。

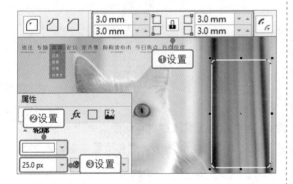

步骤 02 为图形填充渐变颜色

❶单击"填充"按钮，跳转至填充属性，❷单击"渐变填充"按钮，❸设置从 R244、G209、B119 到 R237、G130、B59 的渐变颜色，填充图形。

步骤 03 绘制图形并添加文本

继续用"矩形工具"在圆角矩形框中绘制出更多的图形，并为图形设置合适的轮廓颜色和填充颜色。选择"文本工具"，在绘制的图形旁边或内部输入相应的文本。

步骤 04 绘制图形并输入文本

选择"椭圆形工具"，在账号框和密码框右侧绘制一个圆作为登录按钮，设置圆形的填充颜色为 R239、G198、B18。用"文本工具"在圆形中间输入文本"GO"，并为文本设置合适的字体和字体大小。

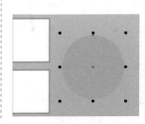

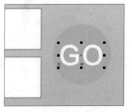

步骤 05 复制对象并更改填充颜色

用"选择工具"选中圆形和圆形中间的文本，按【+】键复制所选对象。调整复制对象的大小和位置，然后将圆形的填充颜色更改为 R255、G102、B0。

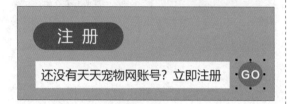

步骤 06 用"常见形状工具"绘制心形

选择"常见形状工具"，❶单击属性栏中的"常用形状"按钮，❷在展开的形状挑选器中单击"心形"，在页面中绘制一个心形图形。设置图形的填充颜色为 R255、G0、B0，并去除轮廓线。

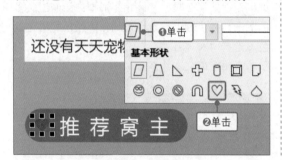

步骤 07 绘制矩形并置入图像

用"矩形工具"绘制一个矩形，打开"属性"泊坞窗，❶设置轮廓颜色为白色，❷设置轮廓宽度为 16 px。执行"文件 > 导入"菜单命令，导入人物素材图像"02.jpg"，通过创建 PowerClip 对象，将图像置入矩形。

4. 制作页面内容

用"文本工具"在下方的空白区域中输入页面内容；用"矩形工具"在栏目标题文本上绘制矩形，将矩形转换为曲线并做变形编辑；用"常见形状工具"在文本前面绘制图形，完善页面效果。具体操作步骤如下。

步骤 01 导入图像并绘制图形

执行"文件 > 导入"菜单命令，导入猫咪素材图像"03.jpg"。选择"矩形工具"，在属性栏中设置"圆角半径"为 1 cm，绘制一个圆角矩形。

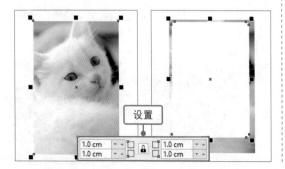

步骤 02 将图像置入圆角矩形

执行"对象 >PowerClip> 置于图文框内部"菜单命令，当鼠标指针变为黑色箭头形状时，在圆角矩形内单击，将猫咪图像置入矩形。

步骤 03　置入更多图像并添加文本

执行"文件 > 导入"菜单命令，导入宠物素材图像"04.jpg"和"05.jpg"。用"矩形工具"绘制图形，通过创建 PowerClip 对象，将导入的图像置入图形。用"文本工具"在图像旁边输入所需的文本。

步骤 04　用"2 点线工具"绘制线条

选择"2 点线工具"，按住【Ctrl】键拖动鼠标，绘制一条横线。打开"属性"泊坞窗，❶ 设置轮廓颜色为 R153、G153、B153，❷ 设置轮廓宽度为 8 px，❸ 在"线条样式"下拉列表框中选择一种虚线样式。

步骤 05　复制线条

选中设置好的虚线，然后按快捷键【Ctrl+C】和【Ctrl+V】复制虚线。将复制出的虚线向下拖动到合适的位置。

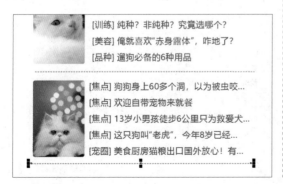

步骤 06　绘制矩形并编辑形状

选择"矩形工具"，在页面中绘制一个矩形，将矩形的填充颜色设置为 R178、G112、B15，并去除轮廓线。按快捷键【Ctrl+Q】将矩形转换为曲线。用"形状工具"编辑图形曲线上的节点，调整图形的外观。

步骤 07　用"文本工具"输入文本

选择"文本工具"，在变形后的矩形中输入所需文本，并为文本设置合适的字体和字体大小。

步骤 08　复制对象并移动位置

用"选择工具"选中图形和文本，按【+】键复制所选对象。调整复制对象的位置，用"文本工具"更改文本内容。

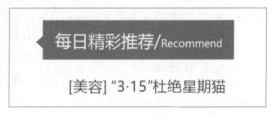

步骤 09 用 "矩形工具" 绘制图形

选择 "矩形工具"，按住【Ctrl】键拖动鼠标，绘制一个正方形。设置正方形的填充颜色为 R255、G198、B69，并去除轮廓线。

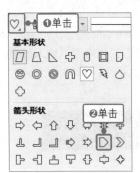

步骤 10 用 "常见形状工具" 绘制箭头

选择 "常见形状工具"，❶单击属性栏中的 "常用形状" 按钮，❷在展开的形状挑选器中单击选择一种箭头形状，在正方形中绘制箭头图形，将箭头图形填充为白色并去除轮廓线。

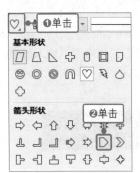

步骤 11 复制对象并调整位置

用 "选择工具" 选中正方形和箭头图形，按快捷键【Ctrl+G】将其编组。通过按【+】键复制出更多编组对象，分别移到下方合适的位置。单击 "对齐与分布" 泊坞窗中的 "垂直分散排列中心" 按钮，均匀分布这些对象。

步骤 12 绘制并复制箭头

用 "常见形状工具" 在文本 "MORE" 右侧再绘制一个箭头图形，将图形填充为灰色。按【+】键复制箭头图形，再将复制的图形移到下方对应的文本前。

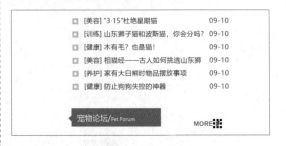

步骤 13 用 "矩形工具" 绘制图形

选择 "矩形工具"，❶在属性栏中设置 "圆角半径" 为 2.5 cm，在页面右下方绘制圆角矩形。打开 "属性" 泊坞窗，❷单击 "渐变填充" 按钮，❸设置渐变颜色为白色到 R196、G194、B195 再到白色，填充圆角矩形。

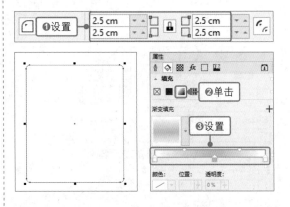

步骤 14 用 "矩形工具" 绘制图形

❶单击 "轮廓" 按钮，跳转到轮廓属性，❷更改轮廓颜色，❸设置轮廓宽度为 8 px。用 "矩形工具" 在中间再绘制一个圆角矩形，将这个图形填充为白色，并去除轮廓线。

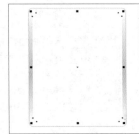

步骤 15 绘制线条并添加文本

执行"文件 > 导入"菜单命令，导入宠物用品素材图像"06.eps ~ 08.eps"。用"2 点线工具"在这些素材图像之间绘制两条横线作为分隔线，然后用"文本工具"在图像右侧输入宠物用品的介绍文本。

步骤 16 绘制图形并添加文本

选择"矩形工具"，在页面底部绘制一个矩形，并填充合适的颜色。用"文本工具"在矩形中输入所需文本，打开"文本"泊坞窗，❶单击"中"按钮，让文本居中对齐，❷设置"行间距"为145%。至此，本案例就制作完成了。

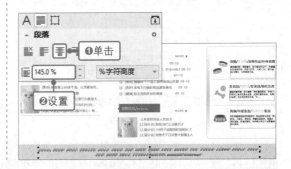

10.3.3 | 知识扩展——移动、添加和删除节点

在 CorelDRAW 中绘制图形时，如果觉得图形的轮廓不理想，可用"形状工具"编辑图形的节点，如移动、添加、删除节点，得到更符合要求的图形轮廓。

1．移动节点

移动节点是将选中的节点移至不同的位置。需要注意的是，只有移动单个或一部分节点才会改变图形的轮廓。如果选中的是图形的所有节点，那么移动这些节点只会改变图形的位置，不会改变图形的轮廓。

选择"形状工具"，单击图形以显示节点，再单击一个节点以将其选中（节点会由空心变为实心），然后拖动该节点，如下左图所示；当拖动到合适的位置时释放鼠标，可以看到图形的轮廓发生了变化，如下右图所示。

用"形状工具"选中多个节点的方法有很多种，其中常用的方法有两种：第 1 种方法是按住【Shift】键不放，然后依次单击节点来将它们选中，

如下左图所示；第 2 种方法是通过拖动鼠标来框选节点，如下右图所示。

2．添加节点

用"形状工具"在图形轮廓线上单击，可添加节点。再拖动添加的节点，就能调整图形形状。

选择"形状工具"，单击图形以显示节点，在需要添加节点的位置单击，如下页左图所示；然后单击属性栏中的"添加节点"按钮，或右击鼠标，在弹出的快捷菜单中执行"添加"命令，即可在鼠标指针所在位置添加一个新的节点，如下页右图所示。

对于添加的节点，可以单击属性栏中的"平滑节点"按钮、"尖突节点"按钮或"对称节点"按钮，转换节点的类型。

点。单击需要删除的节点以将其选中，如下左图所示。然后单击属性栏中的"删除节点"按钮或按【Delete】键，即可删除所选节点，图形的外观会根据剩余的节点自动调整，其效果如下右图所示。

3．删除节点

删除节点的主要作用是删除过渡节点，只保留关键节点，使图形变得更简洁、流畅。

选择"形状工具"，单击图形以显示所有节

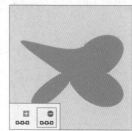

10.4 购物网站主页设计

素　材	随书资源＼10＼案例文件＼素材＼09.jpg～24.jpg
源文件	随书资源＼10＼案例文件＼源文件＼购物网站主页设计.cdr

10.4.1　案例分析

设计关键点：本案例要为一家销售男鞋的网店设计主页。该店铺的目标顾客群体明显是以男性为主，所以在设计时要考虑男性顾客的消费心理和审美偏好；此外，要选择优质的图片来塑造商品的形象，突出商品的卖点。

设计思路：根据设计的关键点，考虑到男性顾客的喜好，采用冷峻的页面设计风格；为了突出商品的卖点，采用场景再现的方式，抠取鞋子图像并将其融入实际场景，引导顾客产生联想；在页面的布局上，将鞋子元素按照 S 线的形式进行编排，不仅具有较强的设计感，而且能引导顾客的视线在页面中迂回流动，减少视觉疲劳。

配色推荐：黑色 + 红色。黑色给人神秘、威严和坚毅的感觉，也是极其适合展示商品光泽的颜色，通过它可以衬托商品的质感；在以黑色为基调的画面中用鲜艳的红色突出重要信息，可以缓解黑色的沉闷感，赋予画面新的生机。

10.4.2　操作流程

本案例的总体制作流程是先在 Photoshop 中制作轮播广告图，并将需要使用的其他商品图像抠取出来，然后将处理好的图像导入 CorelDRAW，进行页面内容的编排。

【Photoshop 应用】

1．合成轮播广告图

将两张风景图像添加到同一个文档中；用"磁性套索工具"选取图像并添加图层蒙版，合成广告背景图；然后将鞋子图像添加到背景右侧，通过添加图层蒙版隐藏多余的背景；用"横排文字工具"输入广告文案，制作出轮播广告图。具体操作步骤如下。

步骤 01 创建新文档

启动 Photoshop，执行"文件 > 新建"菜单命令，打开"新建文档"对话框，❶输入文档名称，❷设置"宽度"为 1920 px，❸设置"高度"为 600 px，单击"创建"按钮，创建新文档。

步骤 02 添加风景图像

打开风景素材图像"09.jpg"和"10.jpg"，将它们依次复制、粘贴到新文档中，得到"图层 1"和"图层 2"图层。

259

步骤 03 用"磁性套索工具"选择图像

选择"磁性套索工具"，❶在选项栏中设置"宽度"为 10 px，❷设置"对比度"为 75%，❸设置"频率"为 100，沿着"图层 2"图层中山峰图像的边缘拖动鼠标，创建选区。

步骤 04 用"快速选择工具"调整选区

选择"快速选择工具"，❶单击选项栏中的"添加到选区"按钮，❷在山峰图像边缘单击，直至完整地选中山峰图像。

步骤 05 收缩选区

执行"选择 > 修改 > 收缩"菜单命令，打开"收缩选区"对话框，❶在对话框中设置"收缩量"为 1 px，❷单击"确定"按钮，收缩选区。

步骤 06 添加图层蒙版

单击"图层"面板底部的"添加图层蒙版"按钮，为"图层 2"图层添加蒙版，隐藏选区外的图像。

步骤 07 设置渐变颜色

新建"渐变填充 1"图层，打开"渐变填充"对话框，❶单击对话框中的渐变条，打开"渐变编辑器"对话框，❷在对话框中设置渐变颜色，❸单击"确定"按钮。

步骤 08 用渐变颜色填充图像

返回"渐变填充"对话框，❶在对话框中勾选"反向"复选框，单击"确定"按钮，应用设置的渐变颜色填充图像。❷然后将"渐变填充 1"图层的混合模式设置为"叠加"。

步骤 09 设置"色阶"调整明暗对比

新建"色阶 1"调整图层，❶在打开的"属性"面板中设置色阶值为 20、1、210，调整图像的明暗对比。单击"色阶 1"图层蒙版缩览图，选择"渐变工具"，❷在选项栏中选择"黑，白渐变"，❸从下往上拖动填充渐变，还原部分图像的亮度。

步骤 10 设置"亮度 / 对比度"调整明暗对比

新建"亮度 / 对比度 1"调整图层，❶在打开的"属性"面板中设置"亮度"为 80，❷设置"对比度"为 31，提亮图像，增强对比效果。

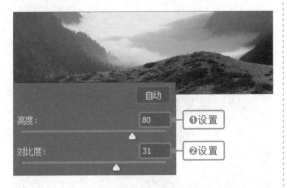

步骤 11 用"钢笔工具"绘制路径

打开素材图像"11.jpg"，将其中的鞋子图像复制到背景中，得到"图层 3"图层。按快捷键【Ctrl+T】打开自由变换编辑框，调整鞋子图像的大小和角度。选择"钢笔工具"，沿着鞋子图像边缘绘制路径。

步骤 12 将路径转换为选区并添加图层蒙版

按快捷键【Ctrl+Enter】，将路径转换为选区。单击"图层"面板底部的"添加图层蒙版"按钮，隐藏选区外的背景图像。

步骤 13 设置"投影"样式

双击"图层 3"图层缩览图，打开"图层样式"对话框。在对话框中单击"投影"样式，在展开的选项卡中设置样式选项，设置后单击"确定"按钮，为鞋子图像添加投影效果。

步骤 14 分离图像与投影

❶右击"图层 3"图层下的"投影"样式，❷在弹出的快捷菜单中单击"创建图层"命令，❸在弹出的"Adobe Photoshop"对话框中单击"确定"按钮，将投影从图层中分离，得到独立的图层。

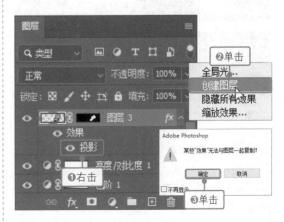

261

步骤15 编辑投影图像

❶选中"'图层3'的投影"图层，为其添加图层蒙版。❷单击图层蒙版缩览图，然后选择"渐变工具"，❸在选项栏中选择"黑，白渐变"，❹从鞋子的后跟向鞋头拖动，设置渐隐的投影效果。

步骤16 设置"自然饱和度"调整图像颜色

❶按住【Ctrl】键单击"图层3"图层蒙版缩览图，载入蒙版选区。新建"自然饱和度1"调整图层，❷在打开的"属性"面板中设置"自然饱和度"为+100、"饱和度"为+5，增加鞋子图像颜色的饱和度。

步骤17 设置"色阶"调整图像亮度

再次载入蒙版选区，新建"色阶2"调整图层，在打开的"属性"面板中设置色阶值为5、0.76、255，调整鞋子图像的亮度。

步骤18 用"横排文字工具"输入文本

创建"文案"图层组。选择"横排文字工具"，❶在选项栏中设置合适的字体和字体大小，输入文本"金秋时尚"。打开"字符"面板，❷单击面板中的"仿斜体"按钮，将文本更改为倾斜的效果。

步骤19 设置"投影"样式

双击文本图层，打开"图层样式"对话框。在对话框中单击"投影"样式，在展开的选项卡中设置样式选项，为文本添加投影效果。

步骤 20 添加更多文本和装饰线条

用"横排文字工具"输入更多文本，为文本分别设置合适的格式。用"直线工具"在文本上方绘制一条白色的线条，通过添加和编辑蒙版得到渐隐的线条效果。

步骤 21 用"钢笔工具"绘制路径

打开素材图像"12.jpg"，选择"钢笔工具"，沿着鞋子图像的边缘绘制路径。

步骤 22 将路径转换为选区并抠取图像

按快捷键【Ctrl+Enter】，将绘制的路径转换为选区。按快捷键【Ctrl+J】复制选区中的图像，抠出鞋子图像。执行"文件 > 另存为"菜单命令，将图像另存为 PNG 格式文件。

步骤 23 继续抠取鞋子图像

打开素材图像"13.jpg"和"14.jpg"，用相同的方法抠出鞋子图像，然后存储为 PNG 格式文件。

【CorelDRAW 应用】

2. 制作店招和导航条

用"矩形工具"绘制图形，用"文本工具"在图形上输入文本，制作出网店的店招和导航条。具体操作步骤如下。

步骤 01 用"矩形工具"绘制图形

启动 CorelDRAW，执行"文件 > 新建"菜单命令，新建一个"宽度"为 1920 px、"高度"为 4600 px 的文档。选择"矩形工具"，在新文档的页面顶部绘制一个矩形，并填充为白色，作为放置店招的区域。

步骤 02 设置轮廓属性

用"选择工具"选中矩形，打开"属性"泊坞窗，❶单击"轮廓"按钮，跳转至轮廓属性，❷设置轮廓颜色为 R196、G196、B196，❸设置轮廓宽度为"细线"。

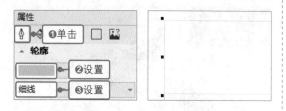

步骤 03 用"矩形工具"绘制图形

选择"矩形工具"，在页面顶部矩形的右上方再绘制两个矩形，将这两个矩形的填充颜色分别设置为 R179、G179、B179 和 R78、G78、B78。

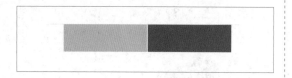

步骤 04 绘制五角星并输入文本

选择"星形工具"，在属性栏中设置"点数或边数"为 5、"锐度"为 30，在左侧的浅灰色矩形中绘制一个五角星，并填充为白色。用"文本工具"在五角星旁边输入文本"收藏店铺"。

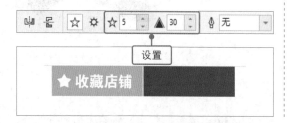

步骤 05 绘制心形并输入文本

选择"常见形状工具"，❶单击属性栏中的"常用形状"按钮，❷在打开的形状挑选器中选择心形，在右侧的深灰色矩形中绘制一个心形，❸设置心形的填充颜色为 R251、G26、B8。用"文本工具"在心形旁边输入文本"关注"。

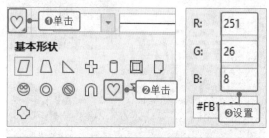

步骤 06 绘制矩形并输入文本

选择"矩形工具"，在白色矩形下方绘制一个与页面等宽的矩形，并填充颜色 R16、G16、B16，作为放置导航条的区域。选择"文本工具"，在店招区域和导航条区域输入店名及导航条信息，并分别设置文本格式，完成店招和导航条的设计。

3. 绘制图形对页面进行分区

导入编辑好的轮播广告图，放置于导航条下方；用"椭圆形工具"在轮播广告图下方绘制圆形；用"钢笔工具""多边形工具"等图形绘制工具在页面中绘制出更多的图形，完成页面的整体布局。具体操作步骤如下。

步骤 01 导入图像并设置对齐方式

执行"文件 > 导入"菜单命令，导入轮播广告图，并移至导航条下方。❶单击"对齐与分布"泊坞窗中的"页面边缘"按钮，❷再单击"左对齐"按钮，将导入的图像与页面左边缘对齐。

步骤02 用"椭圆形工具"绘制圆形

选择"椭圆形工具"，按住【Ctrl】键并在轮播广告图下方拖动鼠标，绘制一个圆形。打开"属性"泊坞窗，❶设置轮廓颜色为白色，❷设置轮廓宽度为 3 px。然后去除圆形的填充颜色。

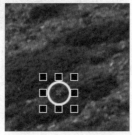

步骤03 复制图形并填充颜色

通过按【+】键复制几个圆形，将复制的圆形分别移到右侧合适的位置，然后将第 2 个圆形的填充颜色设置为白色。

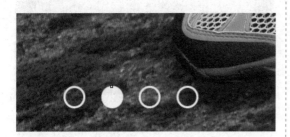

步骤04 绘制矩形和四边形

选择"矩形工具"，在轮播广告图下方绘制一个矩形，并填充为黑色。然后用"钢笔工具"在黑色矩形上绘制两个不规则的四边形，将它们的填充颜色设置为 R251、G26、B4。

步骤05 用"2 点线工具"绘制线条

选择"2 点线工具"，在黑色矩形中绘制几根长短不同的线条。选择"选择工具"，选中这些线条，❶在"属性"泊坞窗中设置轮廓颜色为 R251、G26、B4，❷设置轮廓宽度为 3 px。

步骤06 用"多边形工具"绘制图形

选择"多边形工具"，❶在属性栏中设置"点数或边数"为 6，在黑色矩形中绘制一个六边形。❷在"属性"泊坞窗中设置六边形的轮廓颜色为 R251、G26、B4，❸设置轮廓宽度为 3 px。

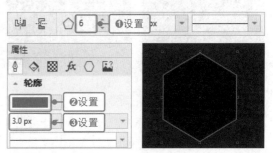

步骤07 复制图形并调整大小和位置

通过按【+】键复制出更多的六边形，分别调整复制的六边形的大小和位置。

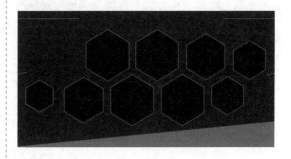

步骤08 设置图形的透明度

选择"选择工具"，按住【Shift】键依次单击选中其中两个六边形。选择"透明度工具"，❶单击属性栏中的"均匀透明度"按钮，❷设置"透明度"为 60，得到半透明的图形效果。

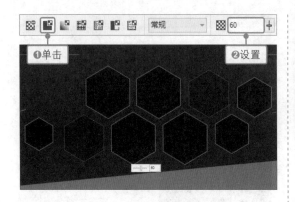

步骤 09 继续设置图形的透明度

用"选择工具"选中其他六边形。选择"透明度工具"，分别将透明度设为 75 和 90，得到不同透明度的图形，丰富画面的层次。

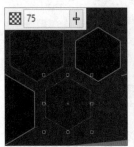

步骤 10 绘制矩形并填充渐变颜色

选择"矩形工具"，在页面下方绘制一个矩形。❶在"属性"泊坞窗中单击"渐变填充"按钮，❷设置矩形的填充颜色为从 R153、G153、B153 到 R68、G68、B68 的渐变颜色。然后去除矩形的轮廓线。

步骤 11 复制图形并调整高度

通过按【+】键复制一个矩形。用"选择工具"选中复制的矩形，将其移到右侧合适的位置上，然后用鼠标向上拖动矩形的上边框，调整矩形的高度。

步骤 12 用"矩形工具"绘制图形

选择"矩形工具"，在属性栏中设置"圆角半径"为 2 px，在页面中拖动鼠标，绘制一个矩形。将矩形的填充颜色设置为 R249、G167、B94，并去除轮廓线。

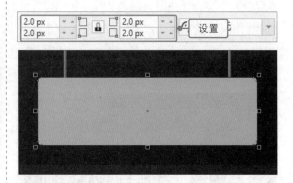

步骤 13 用"立体化工具"创建立体图形

选择"立体化工具"，在矩形上拖动，为矩形应用立体化效果。❶然后在属性栏中设置"深度"为 10，❷单击"立体化颜色"按钮，❸更改立体化颜色。

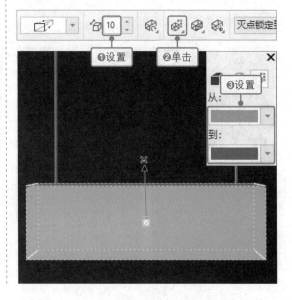

步骤 14 用 "阴影工具" 添加阴影

选择 "阴影工具"，❶单击属性栏中的 "内阴影工具" 按钮，从矩形中间向右侧拖动，❷在属性栏中设置 "阴影不透明度" 为 36、"阴影羽化" 为 20，为矩形添加内阴影效果。

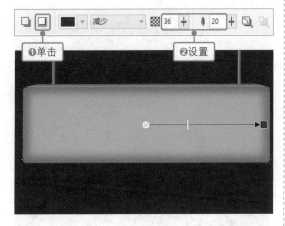

步骤 15 复制图形并更改属性

通过按【+】键复制一个矩形。清除复制矩形的阴影和立体化效果，然后打开 "属性" 泊坞窗，❶设置轮廓颜色为 R255、G145、B34，轮廓宽度为 3 px，为复制的矩形添加轮廓线，❷单击 "无填充" 按钮，删除填充颜色。

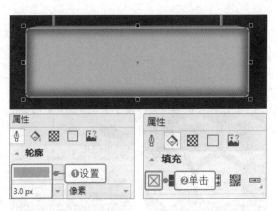

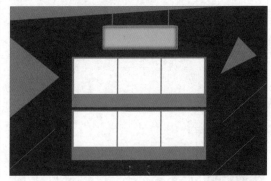

步骤 16 绘制更多图形

用图形绘制工具在下方绘制出更多图形，分别将它们的填充颜色设置为 R251、G26、B4 和白色，完成页面的布局设置。

4. 添加商品图像

将鞋子图像导入页面；通过创建 PowerClip 对象，将一部分鞋子图像置入前面绘制的六边形和矩形中；然后用 "阴影工具" 为其余鞋子图像添加阴影。具体操作步骤如下。

步骤 01 导入图像并调整叠放层次

执行 "文件 > 导入" 菜单命令，将鞋子素材图像 "15.jpg" 导入页面，按快捷键【Ctrl+PageDown】，将鞋子图像移到六边形下方。

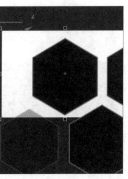

步骤 02 创建 PowerClip 对象

用 "选择工具" 选中鞋子图像，执行 "对象 > PowerClip> 置于图文框内部" 菜单命令，在六边形内单击，将鞋子图像置入六边形。

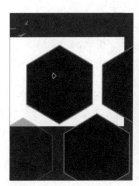

步骤 03 导入更多的图像

用相同方法导入鞋子素材图像"16.jpg～24.jpg"，调整叠放层次后，通过创建 PowerClip 对象，将导入的图像分别置入六边形和矩形中。

步骤 04 导入图像并添加阴影

执行"文件 > 导入"菜单命令，导入抠取的鞋子图像"12.png"。选择"阴影工具"，❶单击属性栏中的"阴影工具"按钮，在鞋子图像上拖动鼠标，为图像添加阴影，❷在属性栏中设置"阴影不透明度"为 35，❸设置"阴影羽化"为 5，❹设置阴影偏移值为 -3.84 px 和 -16.01 px，调整阴影的外观。

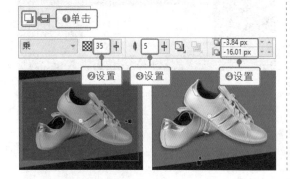

步骤 05 继续导入图像并添加阴影

执行"文件 > 导入"菜单命令，导入前面抠取的鞋子图像"13.png"和"14.png"。用"选择工具"选中下方的板鞋图像，选择"阴影工具"，在图像上拖动鼠标，为图像添加阴影，并设置与步骤 04 相同的阴影参数值。

5. 添加商品信息

用"文本工具"在页面中输入商品的广告文案等文本，根据设计需要设置文本的颜色、字体、字体大小等格式；用"矩形工具""形状工具""钢笔工具"等图形绘制工具绘制矩形、箭头等图形，对文本进行修饰。具体操作步骤如下。

步骤 01 用"文本工具"输入文本

选择"文本工具"，在属性栏中设置合适的字体和字体大小，在页面中输入所需文本。

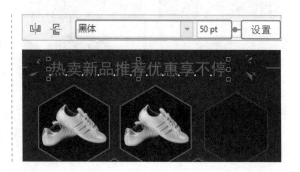

步骤 02 选择文本并更改格式

❶在文本中拖动鼠标，选中"推荐"二字，❷然后在属性栏中更改所选文本的字体和字体大小，使文本变得更醒目。

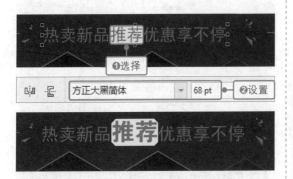

步骤 03 绘制矩形并输入文本

选择"矩形工具"，在下方的鞋子图像上绘制一个矩形，设置矩形的填充颜色为 R251、G26、B4，并去除矩形的轮廓线。用"文本工具"在矩形中输入文本"秋冬尚新"，并为文本设置合适的字体和字体大小。

步骤 04 对齐对象

用"选择工具"同时选中矩形和文本，❶单击"对齐与分布"泊坞窗中的"水平居中对齐"按钮，让所选对象沿垂直轴居中对齐，❷再单击"垂直居中对齐"按钮，让所选对象沿水平轴居中对齐。

步骤 05 复制对象并调整位置和文本内容

按快捷键【Ctrl+G】将对象编组，再按【+】键复制编组对象。分别将复制的对象移到另外几个鞋子图像上，用"文本工具"更改矩形中的文本内容。

步骤 06 用"矩形工具"绘制图形

选择"矩形工具"，❶在属性栏中设置"圆角半径"为 2 px，❷设置轮廓宽度为 4 px，绘制一个圆角矩形。将矩形的填充颜色设置为 R251、G26、B4，将轮廓颜色设置为黑色。

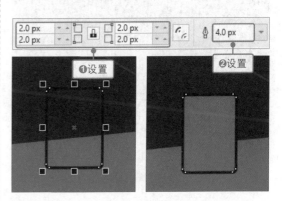

步骤 07 将图形转换为曲线并编辑节点

按快捷键【Ctrl+Q】将矩形转换为曲线。❶选择"形状工具"，按住【Shift】键依次单击选中左上角的两个节点，❷然后按【↓】键移动节点，更改图形的外观。

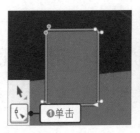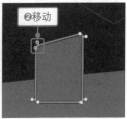

269

步骤 08 用"文本工具"输入文本

选择"文本工具"，❶在属性栏中设置合适的字体
和字体大小，在图形中输入数字"01"。用"选择
工具"同时选中图形和文本，❷单击"对齐与分布"
泊坞窗中的"水平居中对齐"按钮，对齐对象。

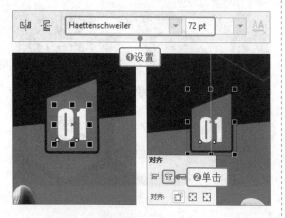

步骤 09 添加更多文本

选择"文本工具"，在序号下方输入更多文本，
根据需要调整文本的字体和字体大小。

步骤 10 用"钢笔工具"绘制箭头

选择"钢笔工具"，在文本"炫酷运动风"右侧
绘制一个箭头图形，设置图形的轮廓颜色为白色、
轮廓宽度为 3 px。按【+】键复制一个箭头图形，
移动复制箭头的位置，得到双箭头图形。

步骤 11 添加更多文本和装饰图形

继续用"文本工具"输入文本，用图形绘制工具
绘制图形，装饰画面效果。至此，本案例就制作
完成了。

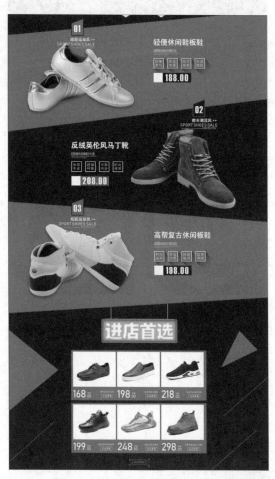

10.4.3 | 知识扩展——用"磁性套索工具"选取对象

　　Photoshop 的"磁性套索工具"能够自动检测和跟踪对象的边缘，从而快速地选择边缘复杂且
与背景对比强烈的对象。选择"磁性套索工具"后，单击对象边缘的某一点作为起点，然后沿对象

边缘拖动鼠标，创建贴近对象外形轮廓的路径，当路径的终点与起点重合时单击，即可得到相应的选区，将对象选中。

　　"磁性套索工具"的选项栏如下图所示。在选项栏中合理设置选项，可以控制选取图像的精细程度。下面对选项栏中的主要选项进行介绍。

❶ 羽化：用于定义羽化边缘的宽度。设置的数值越大，得到的选区边缘越柔和；设置的数值越小，得到的选区边缘越生硬。"羽化"的默认值为 0 px，得到的选区效果如下左图所示；当设置"羽化"为 30 px 时，得到的选区效果如下右图所示。

❷ 宽度：用于设置检测像素的范围，参数的取值范围为 1 ～ 256 px。宽度值决定了以鼠标指针中心为基准，其周围有多少个像素能被工具检测到。如果待选取对象的边缘比较清晰，可以设置较大的宽度值；如果待选取对象的边缘不够清晰，则需要设置较小的宽度值，以更精确地选取对象。

❸ 对比度：用于设置检测边缘的灵敏度，它决定了对象与背景之间的对比度为多大时对象的边缘才能被工具检测到，参数的取值范围为 1% ～ 100%。设置较小的数值时，工具可以检测到低对比度的边缘；设置较大的数值时，工具只能检测到对比鲜明的边缘。

　　如下两幅图所示为当"宽度"和"频率"一定时，设置不同的"对比度"值所生成的路径。

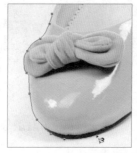

❹ 频率：用于设置生成路径锚点的密度，即工具以什么样的频率设置锚点，参数的取值范围为 0% ～ 100%。设置的值越高，生成锚点的速度越快，锚点数量也就越多。如下两幅图所示分别为设置"频率"为 10 和 80 时生成的路径效果。

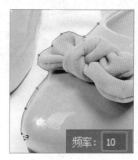

❺ 选择并遮住：单击"选择并遮住"按钮，会进入"选择并遮住"工作区，在该工作区中可对选区做进一步的调整。

技巧提示　删除锚点

　　用"磁性套索工具"沿对象边缘拖动鼠标时，如果觉得生成的路径锚点位置不合适，可按【Delete】键删除路径锚点，再重新沿对象边缘拖动鼠标。

10.5 课后练习——家居网站页面设计

素　材	随书资源 \ 10 \ 课后练习 \ 素材 \ 01.jpg～05.jpg、06.png～08.png
源文件	随书资源 \ 10 \ 课后练习 \ 源文件 \ 家居网站页面设计.psd

本案例要为某家居品牌网站设计主页。该品牌的目标客户定位为 20～40 岁的人群，所以页面采用灰色与玫红色的配色方案，并做了大量的留白处理，让整体画面显得整洁和简约，以契合该年龄段该人群的审美喜好。

● 在 CorelDRAW 中用"矩形工具"绘制一个与页面等大的矩形并填充白色，作为页面背景，在背景中输入所需的文本，并绘制小图标；

● 创建图层，在图层中用"矩形工具"分别绘制不同大小的圆角矩形，并对矩形进行旋转；

● 在 Photoshop 中打开编辑好的页面，置入家居图像，然后通过创建剪贴蒙版，隐藏多余的图像；

● 创建"曲线"和"色彩平衡"调整图层，调整家居图像的亮度和颜色。